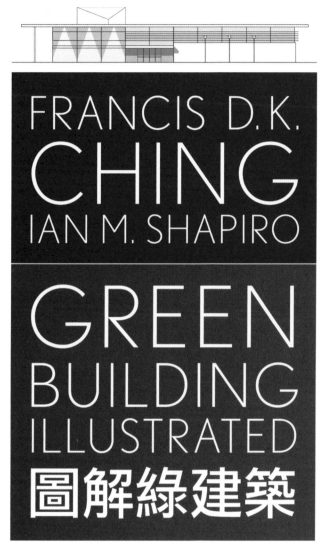

FRANCIS D.K. CHING

IAN M. SHAPIRO

GREEN BUILDING ILLUSTRATED

圖解綠建築

世界名師經典

聲明

本書旨在提供關於所涉主題正確和專業的資
訊，如需進一步的專業諮詢或協助，建議尋
求合格專業人員。

目錄

前言

綠建築是一個比較新的領域。其目標是大大減少建築物的環境影響，同時在建築物內提供健康的環境。本書旨在介紹綠建築領域、探索綠色設計和施工的各種基本概念，為從事該領域的專業人士提供指導。

設計和建造建築物是在做出不同的選擇。在專案開始時創造選擇、在設計過程中對選擇的評估、與建築業主的選擇、圖面選擇以及透過施工方法的選擇。在這本書中，我們試圖為綠建築的設計和建造提供多種選擇。

本書首先探索綠建築的目標、並定義綠建築。在減少與建築相關的碳排放量以抵消氣候變化日益增加的影響，它是強烈的背景化的知識。之後介紹了各種規範、標準和指導原則，其中也規定了綠建築進一步定義的要求。

對綠色設計有條不紊的探索是「由外而內」的，從社區和基地，再到建築外殼的各個層面進行工作，並著手審查照明、加熱和冷卻的綠色環境。其他相關主題，包括水資源保護、保護室內環境品質、材料保護和再生能源等。

對於與能源有關的討論，引用了各種物理學的第一項基本原理，其結合也逐漸被稱為「建築科學」，例如，傳熱的第一原則應用於熱損失，並減少這種損失。我們發現照明方面的內容，涉及照明能源的使用以及人類的相互作用和人體工程學的照明。流體動力學的第一個原則在於這樣的建築相關現象的討論，如「煙囪效應」繞過建築物的浮力氣流展現。熱力學的第一個原則被應用於有效地產生和傳遞熱量，將熱量從建築物傳輸到冷卻中，以及如何提高相關效率以減少能量消耗。

本書提供詳細的說明將這些原則和討論轉化為綠建築設計和施工的具體做法。提供了各種最佳實踐的原則，旨在為建築師、設計師和建構業主夢想的綠建築提供足夠的靈活性。本書插圖相當豐富且清楚明瞭，能夠為綠建築提供多樣且廣泛的選擇。

最後，對落實品質的討論被用來探討設計和施工如何最有效地實現綠色設計和施工所尋求的目標。

建議讀者將本書所涵蓋的方法作為工具使用。綠色的建築物不需要將本書中提出的所有方法納入。本書也是一個廣泛的概要，很難覆蓋所有新興的綠建築改良技術、方法和產品。但重點在於基礎工具和策略，專業人士可以從中創造必要的選擇來設計和建構高性能的綠建築。

致謝

首先，感謝 Florence Baveye 的研究和概念圖繪製、Marina Itaborai Servino 的檢查和計算、以及 Zac Hess 和 Daniel Clark 的進一步檢查。更要感謝 Roger Beck 在 40 年前鼓勵我寫作，並在 40 年後審查這份手稿。感謝北卡羅來納分校夏洛特大學的 Mona Azarbayjani 和 EPA / Water 的 Jonathan Angier 審閱稿件。我的妻子 Dalya Tamir、我的女兒 Shoshana Shapiro、Susan Galbraith、Deirdre Waywell、Theresa Ryan、Jan Schwartzberg、Daniel Rosen、Shira Nayman、Ben Myers、Bridget Meeds 和 Courtney Royal 也提供了寶貴的評論與建議。感謝 Lou Vogel 和 Nate Goodell 提供有關功能驗證的資訊、Javier Rosa 和 Yossi Bronsnick 提供有關結構設計的資訊，以及 Umit Sirt 提供有關建模的資訊。感謝 Nicole Ceci 在早期的能源分析。感謝 Taitem 所有的同事對這本書背後的研究、觀察和討論。感謝 Sue Schwartz 讓我使用她在 Cayuga 湖上的公寓寫作。感謝 Wiley 的 Paul Drougas 周到的編輯意見。感謝我的家人 —— Dalya、Shoshana、Tamar 和 Noa，因為他們的支持，才有本書誕生。感謝我的母親 Elsa Shapiro 每天關注我的撰寫進度。最後且最重要的，感謝合著者 Francis D.K. Ching 將這樣一個禮物留給了世界，我的同事 Theresa Ryan 更這樣推崇此書：「讓我們都想住進 Frank 的圖畫裡了。」感謝 Frank 的插圖、指導、安排、協作和編輯讓這本書付諸實現。
——Ian M. Shapiro

公制單位

國際單位制是一個國際認可通用的物理單位系統，以公尺、公斤、秒、安培、克爾文、燭光作為長度、質量、時間、電流、溫度和發光強度的基本單位。為了使讀者了解國際單位制，根據以下慣例，本書所涉及的尺寸皆以下列慣例進行轉換：

- 除非另有說明，圓括號中的所有數字均表示公厘。
- 3 英寸及以上的尺寸將四捨五入為最接近 5 毫米的倍數。
- 公稱尺寸直接轉換；例如，即使其實際的 1 $^1/_2$" × 3 $^1/_2$" 尺寸將被轉換為 38×90，標稱 2"×4" 則轉換為 51×100。
- 請注意，3487 mm = 3.487 m。
- 所有其他尺寸的公制單位都會特別加以註明。

1
緒論

這些年來在規劃、設計、施工的領域，永續發展與綠建築被如火如荼的討論起來。在建築設計工作室中或是施工現場，我們都在學習新的綠建築語彙、新的建築需求與新的設計、施工標準。因此現今的建築環境中，我們將所學習的建築語彙與新技術、新工法，豐富且多元的應用在建築設計當中，而我們不禁要問：這是怎麼發生的呢？而這又是怎麼一回事呢？

永續性這個名詞代表的是將事物延續重複使用的一項承諾 —— 包括建築物可以延長使用壽命、能源能夠生生不息、環境發展可以世代延續。而綠建築即是將永續發展的承諾變成現實的實踐。

永續發展被大力倡導，是因為有越來越多的危害被科學家們發現並再三地提醒我們環境危害所造成的影響。而這些危害也是我們可以很明顯觀察到的問題。然而，有些方法可以讓我們改善這些危害，我們必須面對危害問題、並試著提出方法解決危害問題。最後，面對環境破壞所造成的各種生態問題，提出解決方法很可能就是推動永續發展最大的動力。

1.01 地球上生命的脆弱性可以從太空往地球觀察的角度發現，例如 1990 年的「航海者 1」號太空梭的照片。天文學家卡爾·薩根（Carl Sagan）將地球描述為淡藍色的圓點，「我們已知唯一的家」。（資料來源：美國航空局 NASA）

面對環境挑戰

一些環境危機促使我們重新評估我們設計、規劃、建造建築物的方式。使用石化燃料而造成的空氣污染、核電廠廢水所造成的水體污染和氣候變化的破壞都指向了一個最大的關鍵——必須減少能源的使用。而暴露於有毒化學物質導致人類產生各種疾病，也迫使我們重新檢視人類對於材料的使用是否適當，尤其是建築物的建材使用。

特別值得關注的議題是氣候變遷。政府間氣候變化專門委員會（IPCC）之中就擁有 1,300 多位來自美國及其他國家的科學家，他們提出的報告指出：「氣候變遷是無庸置疑的。現在從全球平均氣溫和海洋溫度上升的觀測，還有因為南北極冰山融化而上升的海平面，都可以看出氣候變遷的影響。」根據 IPCC 的說法，氣候變遷的影響已經開始，而且只會越來越糟。氣候變化的後果還包括極端天氣事件的出現更頻繁、強度更強。例如嚴重的熱浪，造成乾旱與融雪、沿海地區的洪水、動植物的多樣性越來越低、人類可用來灌溉或生產能源的水源逐漸減少等等。

全球儀器觀測

預測

透過代用氣候數據觀察北半球

幾種模型所產生的預測範圍

從 1990 年以來的溫度偏差

6.0
5.5
5.0
4.5
4.0
3.5
3.0
2.5
2.0
1.5
1.0
0.5
0.0
−0.5
−1.0

年　1100　1300　1500　1700　1900　2100

1.02 從 1000 年到 2100 年，地球表面溫度的變化。（資料來源：IPCC）

主要工業化國家的國家科學機構都指出，氣候變遷主要的原因是由於人類活動：例如砍伐森林、改變土地使用用途、還有燃燒石化燃料所產生之溫室氣體（GHG）的濃度越來越高，因此造成氣候變遷加劇。

溫室氣體主要由水蒸氣、少量的二氧化碳（CO_2）、甲烷（CH_4）和一氧化二氮（N_2O）組成。溫室氣體排放並上升至大氣中，作為隔熱層使用，可以吸收太陽放出的熱量，並將紅外線的熱量保存在大氣中。而這種輻射向下的現象稱作溫室效應，一般的狀況下自然的溫室效應讓地球的溫度保持在約攝氏 15°C（華氏 59°F），讓地球上的生命有辦法生存，若沒有自然溫室效應，地球上的生命將無法存活。

• 雖然一些紅外線輻射經由大氣回到太空，但大部分被大氣中的溫室氣體吸收並往各個方向重新反射

• 大多數到達地球大氣的太陽能穿過並被地球的陸地和海洋所吸收

• 吸收的能量作為紅外線輻射反射回到太空

• 這種紅外線輻射的反射部分就是溫室效應，提高了較低的大氣溫度和地球表面的溫度

1.03 溫室效應。

隨著工業革命開始，因為不斷增加石化燃料的燃燒，碳排放的濃度已達到較高的值，二氧化碳、甲烷和一氧化二氮不斷排放到大氣中，也加劇了自然溫室效應而導致全球變暖和氣候暖化。

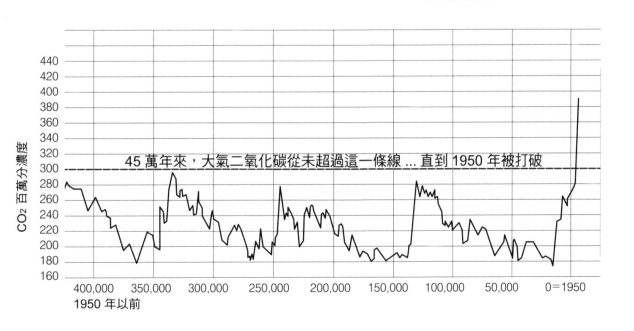

1.04 冰芯中包含的大氣樣本和近期的直接量測提供了自工業革命以來大氣二氧化碳增加的證據。（資料來源：NOAA）

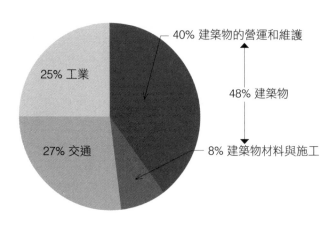

來自美國能源資訊局的數據顯示，建築物每年幾乎消耗占據一半的美國能源總消耗和溫室氣體總排放量，而在全球，這樣的百分比可能更大。與永續建築相關且值得我們討論的是，建築物大部分的能源消耗並非由建材的生產或建造過程產生，而是由營運使用的階段產生，例如建築物的暖氣、空調與通風系統（HVAC 系統）和照明系統。這意味著，為了減少建築物在其營運與維護使用期間所產生的能源消耗和溫室氣體排放，必須對建築物進行適當的設計，包括座向和造型，並採用高效率的冷暖通風空調系統和照明策略。

1.05 美國的總體能源消耗。建築相關的能源使用已被確定為溫室氣體的主要原因之一，其中二氧化碳最為顯著。（美國能源資訊局 U.S. Energy Information Administration）

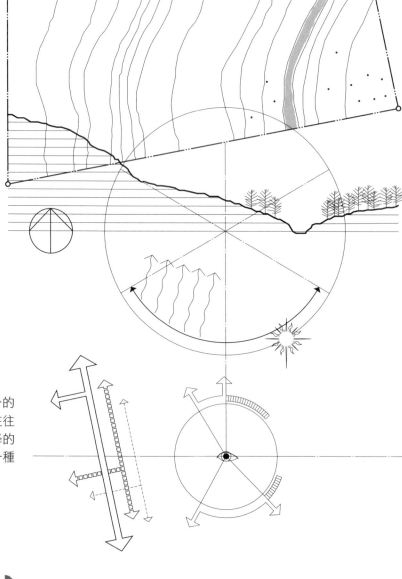

1.06 精心設計和節能的建築物也可以減少其他部分的碳排放，包括減少生產和運輸建材的能源以及人們在往返建築物的交通需求。此外，未來能源成本可能下降的潛在優勢也被視為是抵消碳排放所需的初期投資的一種方式。

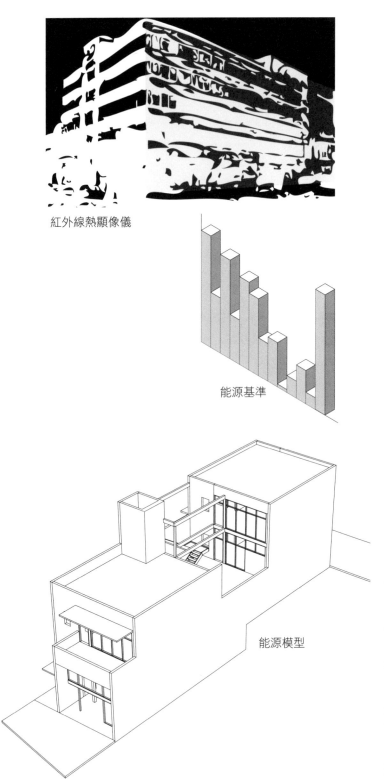

紅外線熱顯像儀

能源基準

能源模型

1.07 每年都會有新的方法、新工具和新產品，為減少建築物的能源和材料使用提供選擇。

新的資訊、新的風險與新的機會

隨著對氣候變化和其他環境風險的了解越來越多，過去幾十年來，不論是正式或非正式的研究已經發現建築物營運使用的方式，且建築是如何造成環境的破壞，以及要如何減低或防止這樣的破壞。多樣的環境危機其實也因為新資訊的發展，提供了建築物設計者更多的機會，可以設計出結合環境與需求的建築。綠建築的領域才剛剛起步，有著無限的可能性。在設計和施工方面提供許多新的機會與可能性，包括提高能源和資源的使用效率、減少有毒化學品的使用，並盡可能用更經濟的方式達成。

然而，在綠建築設計和施工中存在許多潛在的風險和隱憂。其中最明顯的就是容易被號稱是綠色的新產品或新方法吸引並採用，但實際上是無效、或是成本太高，而影響原本可以拿來用於其他更具成本效益的改進方案。對於建築設計者最大的挑戰是使用簡單且合理，不使用浮誇卻無效的建築手法或設備，同時保持對新概念或新工法保持開放的胸襟。在思考新想法時，需要用批判性思考，來確認其是否合適，在學習快速發展的變革時，則需要保有靈活性來確保各種創意發展的可能性。

綠建築設計不僅需要將建築物添加功能以讓建築更加「綠色」。增加隔熱材料將提高建築物的能源使用效率，增設太陽能光電系統將減少對非再生的電力需求，透過優質的設計並整合許多要素，不單只是將材料或設備添加，這就是所謂的整合式設計。例如，我們可以使用高反射性的室內裝飾材料，這減低了室內的人造光源需求，卻還能保有相同的照度；我們也可以選擇具有較低表面積的建築造型，因為對於相同的地板面積來說，使用簡單的形狀比複雜的建築形狀更加的節能。

建築設計與自然美學是脫不了關係的，我們可能還會思考：綠色設計對建築環境的美感有什麼影響呢？幸運的是，讓建築成為綠建築並不需要犧牲建築物的美觀。綠建築可以挑戰傳統的美學概念，有機會重新定義建築的美學概念，甚至找尋出新的綠建築形式的建築語彙與設計手法在實際上應用的可能。

什麼是綠建築？

本書一開始所提的「什麼是綠建築？」一直反覆的被提出。這個問題有多種意涵：一個綠建築比原來的建築更綠色嗎？綠建築是否符合綠建築評估標準？綠建築對環境和人類的健康具有較低或零負面影響嗎？所有建築物都應該是綠色的嗎？綠建築是否過時？綠建築隨著時間的推移繼續保持綠色嗎？

「什麼是綠建築？」的答案仍讓我們有很多思考的空間。我們發現某些獲得綠建築評估系統認證的綠建築實際上是高耗能的狀況，或是建築還是產生出其他污染的方式。相反地，許多零耗能或近零耗能的建築成功的設計和建造出來，卻沒有獲得任何綠建築評估系統認證。這不是說所有被認證的綠建築的環境績效不好，事實上綠建築評估標準和認證體系對永續設計的進步提供了不可估計的貢獻，但獲得綠建築標章不保證建築物實際上真的是綠建築。在綠建築認證能夠保證建築物高效率的能源或低排放的污染之前，我們可能還有一條很長的路要走。

美國綠建築委員會商標（USGBC）

森林管理委員會版權標誌
（Forest Stewardship Council）

Reduce

Reuse

Recycle

1.08 綠色材料、流程和執行實踐的標誌。

與「什麼是綠建築」這個問題並行，有點類似卻又不同的一個問題是「什麼是更加綠色的建築？」在建築設計的許多特定領域中，我們可以比較使用不同方法是否可以讓建築物更加綠化或環保。而我們追求的是綠建築的整體表現，而不是單單為了提倡某項功能所採取的的環保措施。因此，當面對在規劃建築物中需要做出的許多設計決策時，我們可以提出「這種設計方法是更加綠色的做法嗎？」這樣的一個問題。通常值得提出的問題無論是否遵守特定的綠建築法規或標準，我們都必須仔細思考。

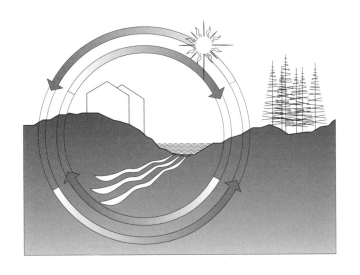

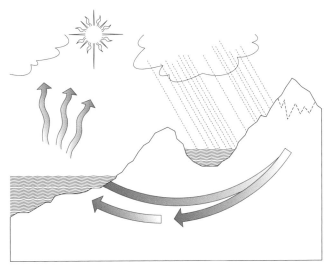

綠建築的目標

綠建築的規劃和設計有許多目標值得探討,而最廣泛公認的目標與環境破壞息息相關:

- 透過節能手段,減少溫室氣體排放和透過生物過程(如重新造林和濕地恢復)進行碳封存來減緩全球暖化。
- 最大限度減少煤、天然氣和石油的開採對環境的影響,包括油汙洩漏、開採煤礦和與天然氣的洩漏等相關的污染。
- 減少空氣、水和土壤的污染。
- 保護乾淨的水源。
- 減少可能破壞夜間生態系統的光污染。
- 保護自然棲息地和生物多樣性,特別關注受威脅和瀕危物種。
- 防止不必要和不可回復地將農田轉變為非農業用途。
- 保護表土,減少洪水的影響。
- 減少垃圾掩埋場的使用。
- 降低核污染的風險。

1.09 透過保護來減少污染物,保護水資源和自然資源,減少環境退化。

綠建築的目標包括改善人類的健康和舒適：

- 改善室內空氣品質。
- 改善室內水質。
- 提高熱舒適度。
- 減少噪音污染。
- 提振精神。

一些目標可能被認為是有經濟效益的：

- 降低能源成本。
- 提高生產力。
- 創造綠色就業機會。
- 增加產品市場吸引力。
- 改善外部公共關係。

一些目標則可能被認為是政治性的效果：

- 減少對外國進口燃料的依賴。
- 提高國家競爭力。
- 避免耗盡不可再生的燃料，如石油、煤或天然氣。
- 減少電網（電力系統）上的調度與停電風險。

1.10　改善環境和經濟健康。

有些人則將綠建築的目標從寬解釋，包括社會性的或社會目標：

- 遵守公平的勞動權益。
- 為行動不便者提供服務。
- 保護消費者權益。
- 保護公園土地。
- 保護歷史建築物。
- 提供社會住宅或青年住宅。

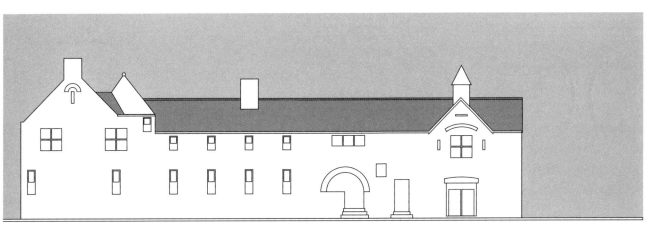

1.11 社會性的目標。

而一些目標反映了人類精神的獨特需求：

- 與地球和自然緊密相連並熱愛地球的渴望。
- 能夠自力更生的想像。
- 滿足人類對美的追求。

還有一些目標可能沒有非常明確的說明，但代表更高階的需求，如追求個人的地位或聲望。

無論前述目標如何分類，都必須將各類型的目標確認其必要性以及安排其優先次序，以保有永續性。在大多數情況下，在建造綠建築時盡量以和諧的方式實現一個或多個目標。然而，在某些情況下，在兩個或更多目標之間可能發生衝突，而這些衝突解決的優先次序也代表了對於我們人類重要性的程度。

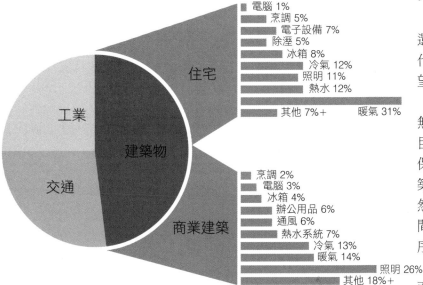

1.12 美國的能源消耗（資料來源：能源部 DOE）。
能源消耗和相關碳排放量的降低在我們執行規劃、設計和建造建築物方面至關重要。

面對氣候變遷的趨勢和形成對於環境的影響，如植物和動物棲息範圍的轉移、低窪地區的頻繁洪水和極地冰山的融化，科學家幾乎一致認同：綠建築將可以減少能源消耗和相關的碳排放。

綠建築的方法

我們常常使用常識和邏輯來幫助我們在綠建築設計和施工中初步判斷。大部分不同技術和策略的能源和用水效率可以容易被量化，因此可以用來影響決策決定使用哪一種技術或策略。具有危險性的材料是相當容易被發現的，因此可以避免使用有危害性的建材。我們對於設計的邏輯也有助於解決一些複雜的情況，例如考慮是否採用新技術，並防止在綠色設計和施工過程中面臨許多選擇和未知情況時出現的設計僵局。

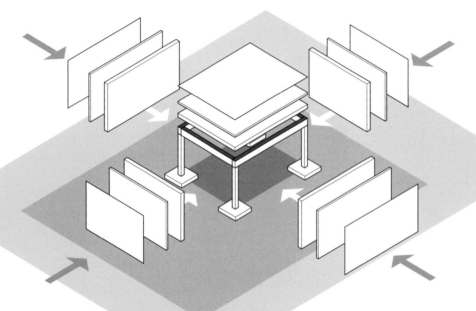

1.13 從外部設計，逐漸增加一層層的保護層。

本書我們提供一種設計綠建築的方法：在外部設計時，從建築場基地的周邊慢慢朝向建築物發展，透過其外殼以及其核心設計可以實現各種好處。透過多層式外殼的遮蔽或是皮層，可以確保這些層中每一個的完整性和連續性，並可以顯著的減少各種能量負載。如果採用這樣的設計原則，綠建築在建造的過程甚至可以降低建築成本，使得可能的建築物不僅使用更少的能量、更少的水和更少的材料，而且建造起來更便宜。

根據建築科學中一些值得注意的最新發展，本書重點性的介紹了綠建築的設計策略，而非根據一些規範、標準或指南的具體要求。然而內容所提出的原理和方法希望是具有較高層級的整體概念，不是只符合或超過現有規範、標準和準則中的要求，而是適用於所有類型的建築物，無論是木造住宅還是鋼筋混凝土的高層建築。

綠建築設計的各種標準通常內部與外部是一致的，然而，許多現有的綠建築標準相對於假設的建築物計算節能時，都是直接採用設計出的建築形狀來計算建築樓板面積，將每單位建築面積的耗能做估算。而目前的綠建築標準不會去質疑建築量體造型本身是否適當。因此從外部往內部設計可以讓我們檢討樓板面積和建築量體造型更加合理。

綠建築也許可以採用特定的設計方法，並將成本花費於改善的建築構造（例如採用較厚的牆中具有更多隔熱建材、更緊密的建築外殼、更節能的窗戶或更高效率的空調系統），這樣的設計可能可以減低 10%、20% 或 30% 的能源消耗。雖然這種花錢買設備的方法是有效的，但是我們更該思考的是，如何透過設計的方式來改變傳統建築的能源消耗，既滿足人類對於不同類型的建築物的需求，且讓使用者負擔得起，使用更少的能源甚至淨零耗能達到一樣的功能。

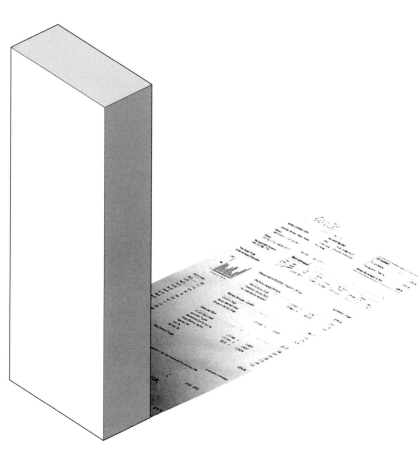

1.14 我們可以透過追蹤紀錄建築物中的水電費帳單來估計水與能源的消耗。

建築物在它們的水電費帳單中可以看到其消耗的狀況，這些單據或數據將被保留數十年。近年來在資料庫中追蹤查詢建築物中的能源使用情況，有越來越多的建築物可以利用這些數據來判斷其狀況，並對建築之間的能源進行廣泛比較。從過去的資訊判斷讓我們開始對浪費能源的建築物更加重視，尤其是聲稱本身是綠建築的建築物。好消息是用來設計和建造節能建築的工具越來越多了，不過真正的挑戰在於它們的應用與實踐。

除了建築的形式和功能之外，我們看到了建築設計中的一個新層面：性能。除了服務於其居住者的需要，像是呼吸、視覺、心靈和精神之外，建築物現在還必須考慮性能表現，並且隨著時間的推移，持續地保持消耗更少的能源和資源，同時提供高水準的舒適和健康條件。一方面來說，似乎對建築設計增加了一些約束與限制。但另一方面，卻也有機會突破目前的狀態限制，並避免浪費和不健康的建築物，讓建築達到更高的標準。

請各位持續的參與對建築物的探索，盡可能減少對環境的影響，使用比目前更低的能源、更少的水和材料。讓我們將建築物的成本比既有建築物更加降低，同時對於人類的健康更加友善。讓我們將人為的建築與自然環境互相融合，且讓我們設計並建造出我們引以為傲的建築。

然後讓我們努力大膽地將這些理想付諸實現。

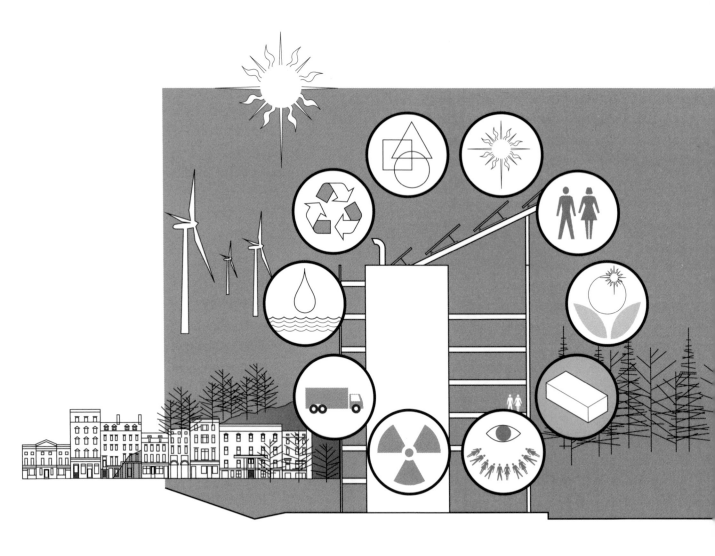

2
第一項原則

什麼是綠建築？在緒論中，我們探討了建築物對我們
自然環境的重大影響，而能夠減輕這些影響的建築，
不僅降低了能源和水的使用，也減少了在建築中使用
的材料和資源。因此，減少對自然環境的影響是綠建
築的最主要目標。

還有什麼能讓建築變成綠色嗎？在討論綠建築和各種
綠建築規範和標準時，我們發現了一些更加廣義的目
標，這些目標不一定直接有助於減少建築對自然環境
的影響。這些目標包括改善室內空氣品質、提供從建
築物室內到戶外的景觀，或是加強室內人體的熱舒適
性。因此，我們可以擴大綠建築的定義，其中包括有
利於人類健康的室內環境設計。

讓我們從以下的定義開始：一棟綠建築是對自然環境影響能夠明顯減少，並提供有利於人類健康的室內環境的建築。

但是，其他的問題很快就會出現。當我們說「明顯減少對自然環境的影響」時，減少的幅度是多大？而且，為了知道減少幅度有多大，是否有一些方法可以衡量建築物的綠色程度呢？如果可以的話，我們該衡量什麼指標？我們是否以相對的方式量測它，或與符合一些現行規範或標準的相同大小和形狀的假想建築物比較？或者我們如何對同類型的其他建築物進行量測呢？

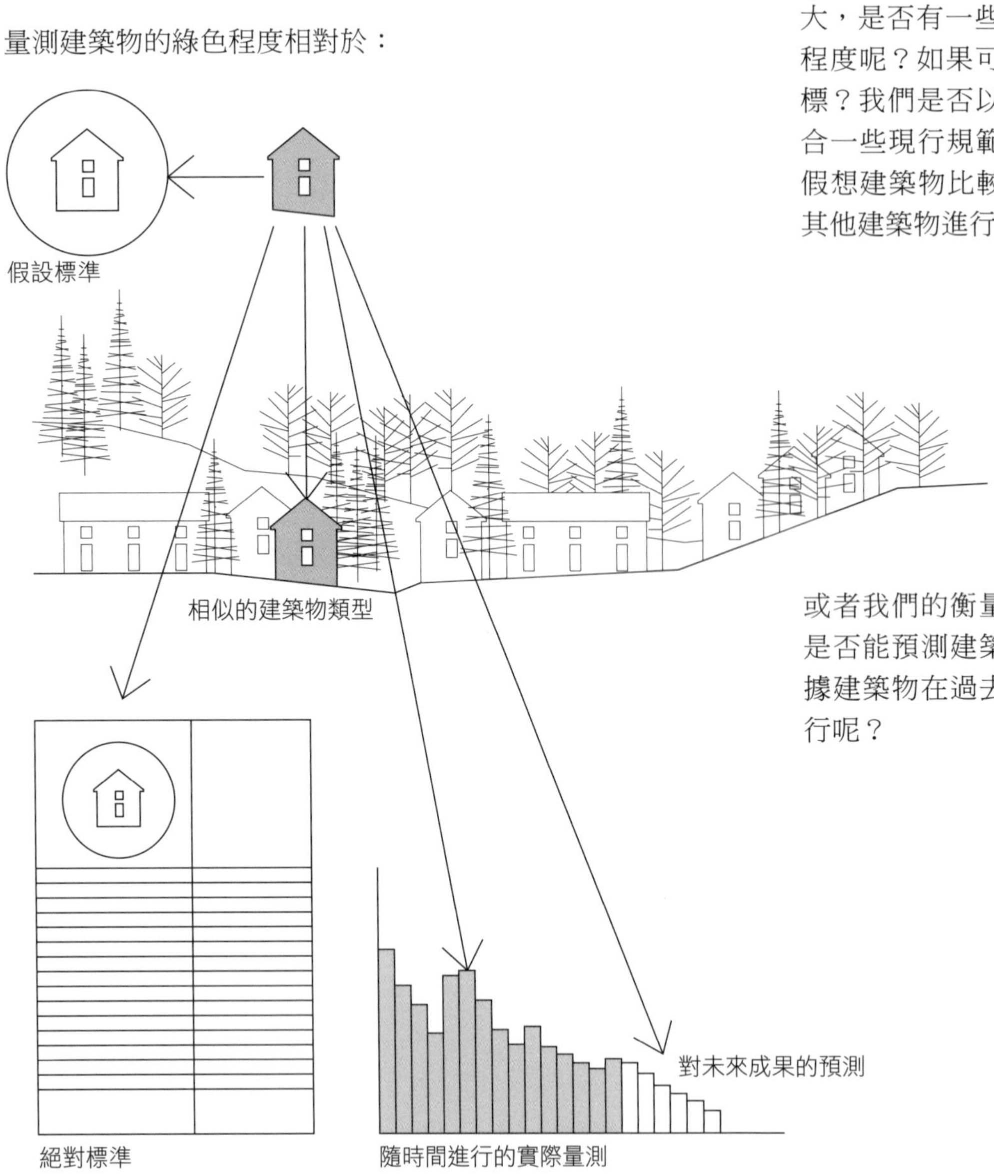

量測建築物的綠色程度相對於：

假設標準

相似的建築物類型

或者我們的衡量有所謂的絕對標準嗎？我們是否能預測建築物未來產生的影響，或者根據建築物在過去一段時間的實際量測結果進行呢？

對未來成果的預測

絕對標準

隨時間進行的實際量測

2.01 我們應該如何衡量建築物的綠色程度？

這些問題是正向且有意義的，綠建築的成效到底如何正積極的被挑戰。用我們常見的方式說叫做 —— 充滿了正面與負面的討論，但是答案終究會漸漸浮現。

相對和絕對

對於「我們應該使用什麼基準?」這種問題,可以透過將目前設計或建造出的綠建築與一般建築比較,一般建築是指沒有任何綠建築特性、但符合當前建築法規的相同尺寸和形狀的假設建築,我們可以稱之為綠建築設計的相對方法。這個目標是相對於一個假設的建築,與一個「沒有綠建築特性的同一建築物」比較,對環境的影響相對較低,並可以改善人類的身體健康。然而,另一個重要的討論出現了,我們是否也應該檢查絕對性的環境影響和健康性的量測,例如滿足建築物每單位面積的能源和用水的需求,甚至達到建築物中零能耗和用水的目標。

在能源和水的範圍來說,預估建築未來使用的量具有很大的價值,可以影響許多設計的決定和策略。但目前也發展出這樣的共識 —— 必須量測實際的能源和水的使用量,並節省能源與水資源,不能只依照預估值做設計。

其他相關領域,例如材料節約和室內環境品質,比起能源和水的消耗定義、量測是比較困難的,我們仍然需要為構成綠建築的專案達成共識,以便設定目標和衡量我們目前的進展。

「什麼是綠建築?」的答案將繼續改變和演化,只要我們自己對自然環境的影響的標準是可接受的,以及符合人類健康的標準。事實上,有效地設計和建造綠建築本身就意味著重複詢問自己「什麼是綠建築?」,並不斷尋求具有共識的答案。

對於設計和建造一座企業的辦公大樓是極具挑戰性的。要完成任何單棟建築,需要數百甚至數千個決策,因為計劃、形式、品質、成本、時間的安排和法規都需要被權衡。而設計與建造一個綠建築因為增加了限制或是往往難以實現的性能目標,所以產生了更多的挑戰。設計和建造一個經濟實惠的綠建築,不但需要滿足居住者的需求、對環境友善、有利於人體健康且需要滿足業主的成本預算,這些都是很大的挑戰。因此一些指導性的原則有時可以幫助我們管理如何應對這樣高難度的挑戰。

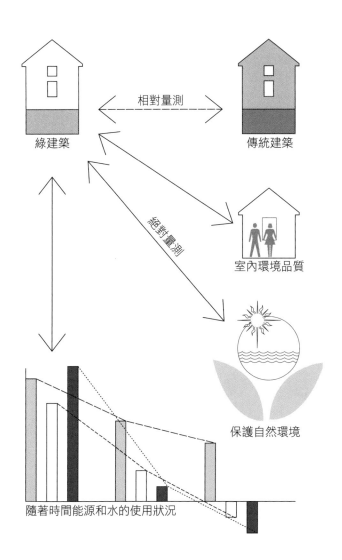

2.02 相對與絕對綠色程度。

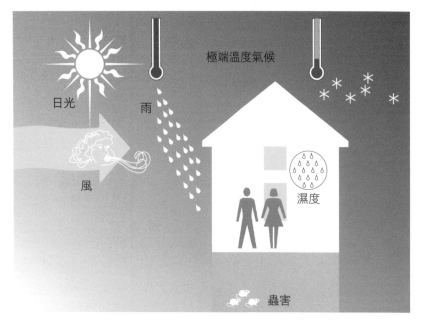

環境影響與建築外殼

建築物的外殼與結構主要是用來保護裡面的居住者，保護不被外部環境的侵擾或影響。這些影響包括結構負載，可能是我們的建築物的靜載重或是我們的日常生活上產生的應力或壓力。或者是其他光、聲、熱等影響，其中這些環境影響裡溫度的落差是極重要的，也是影響建築物冷熱最重要的原因。除了溫度落差以外，我們也要求建築物具有遮蔽性的構造，遮蔽例如大風、下雨和灼熱的太陽，讓我們免受太陽的紫外線侵害，而免於皮膚癌或建築材料的老化。有一些環境因子在其影響方面相當微妙，例如濕度，這不但危害人類健康，也影響著建築物的耐久性，有一些影響是有生命的，例如昆蟲、嚙齒動物、鳥類或其他的動物，另外一些影響則源自於人類活動，例如噪音、空氣和光污染。

2.03　各種類型的環境負載。

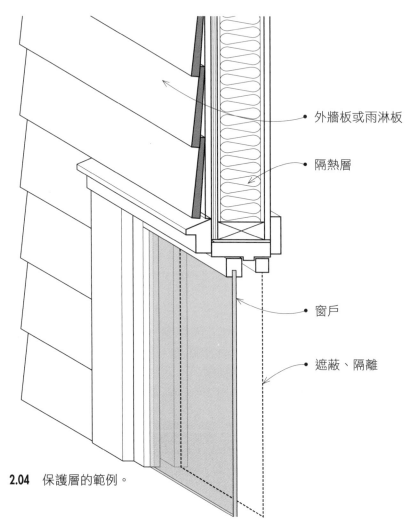

外牆板或雨淋板

隔熱層

窗戶

遮蔽、隔離

2.04　保護層的範例。

建築對我們來說很重要，因為它們是我們生活、工作、教學、學習、購物和聚集社交和活動的環境。我們還體認到，建築物的根本功能就是提供一個遮蔽性的環境，來阻擋許多來自外界的環境影響因子或負載。

我們將建築皮層定義為抵抗外部環境的建築構造。在牆體中的隔熱層是一個緩衝區，用於緩和溫差的影響。建築物的側板或披覆是用來防止風和雨侵入的皮層，同時也遮蔽紫外線輻射和其他環境的影響。

另外一些建築皮層構造是具有彈性的，可以根據需求適當的調整，或可以選擇讓某些環境因素適當的穿透。例如，窗戶允許光線的透入，卻不讓室內的空氣洩漏。紗門或紗窗讓空氣換氣，卻讓蚊蟲不會進入。

綠色設計的原則是使用多層的建築皮層，以提高對於外部環境的有效性防護。例如，空氣洩漏或灌入常被認為是造成建築物中的空調系統加熱或冷卻負載增加的主要原因。如果風已經先被外部的樹木或其他遮風構造阻擋而減速，則門窗的擋風氣密條則能夠發揮更好的效果，抵抗風雨的侵入。換句話說，樹木可以成為建築物最外部的遮蔽。同樣地，如果牆壁的縫隙都用填縫材料良好地密封，則空氣不太可能容易進入到建築物當中，牆壁具有多層的保護構造可以比單層的構造發揮更大的效果。

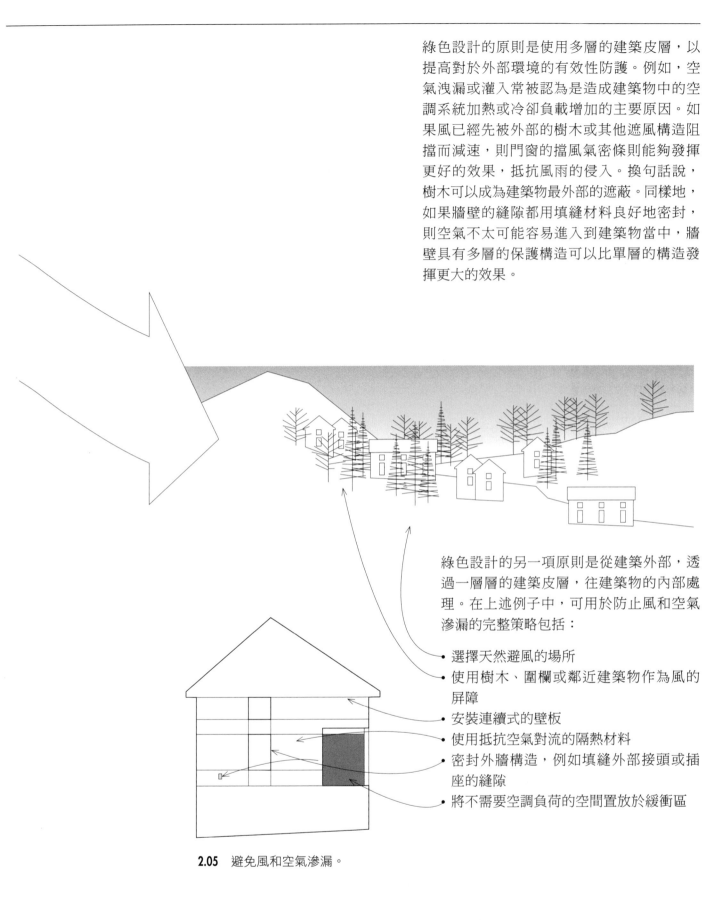

綠色設計的另一項原則是從建築外部，透過一層層的建築皮層，往建築物的內部處理。在上述例子中，可用於防止風和空氣滲漏的完整策略包括：

- 選擇天然避風的場所
- 使用樹木、圍欄或鄰近建築物作為風的屏障
- 安裝連續式的壁板
- 使用抵抗空氣對流的隔熱材料
- 密封外牆構造，例如填縫外部接頭或插座的縫隙
- 將不需要空調負荷的空間置放於緩衝區

2.05 避免風和空氣滲漏。

整體建築物會遇到的問題我們必須從源頭解決，才不會造成頭痛醫頭、腳痛醫腳這樣的狀況。如果現在的狀況是溫度很低，我們當然可以直接開啟暖氣解決這樣的症狀，這樣做很簡單，卻不是釜底抽薪的辦法。真正從來源解決問題的方法是透過結構化的方法與多層皮層減少風壓和防止滲透。換句我們平常常遇到的狀況來說，遇到健康問題的時候「預防勝於治療」的醫學是解決的根本之道。

可用於保護建築物不受來自外部環境的負荷的遮蔽層的優先順序包括：

• 社區

• 基地
• 建築造型
• 建築周圍設施

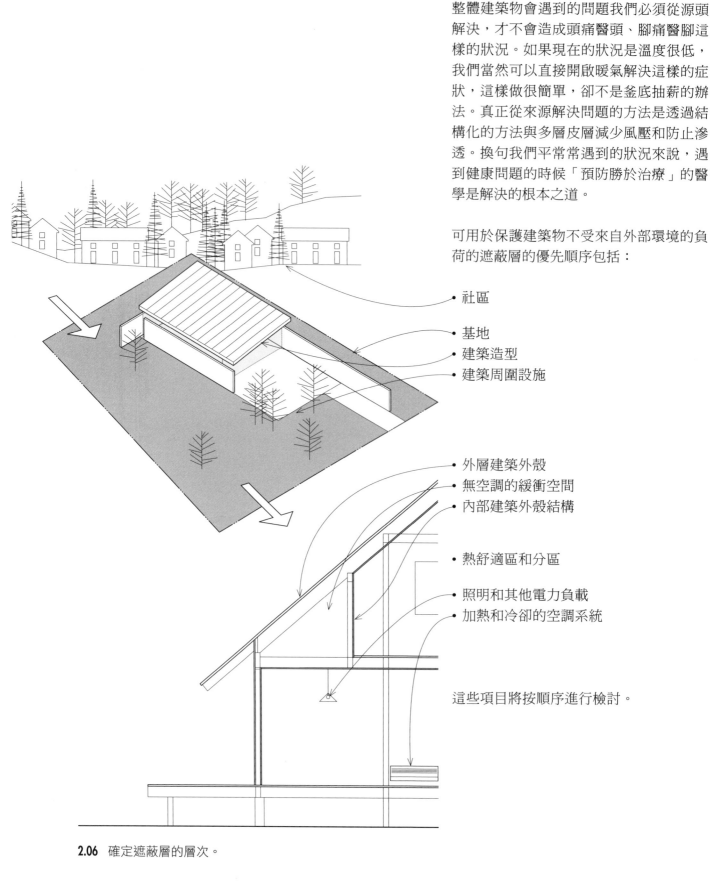

• 外層建築外殼
• 無空調的緩衝空間
• 內部建築外殼結構

• 熱舒適區和分區

• 照明和其他電力負載
• 加熱和冷卻的空調系統

這些項目將按順序進行檢討。

2.06 確定遮蔽層的層次。

連續性

綠色設計的另一個原則是不僅要設計堅固耐用的建築外皮層，還需要確保每層空間的連續性。近年來，建築物熱邊界連續性的重要性已得到廣泛認可。當這些皮層有裂縫或不連續時，效果就會大打折扣。大多數一般的建築物都具有許多這樣的不連續性。例如，斜屋頂建築物的閣樓板具有這樣的不連續性，例如沒有加蓋的壁爐、燈具、排風扇、管道通風口和煙囪周圍的未密封間隙。

熱邊界可能遭受的侵入方式不單單只有實體性的裂縫。不連續性也可以由「熱橋」產生，熱橋是穿透牆壁、地板或屋頂構件中隔熱層的導熱材料。例如，牆壁木材中的金屬螺柱可以形成熱橋，讓熱量穿透其中進入室內。

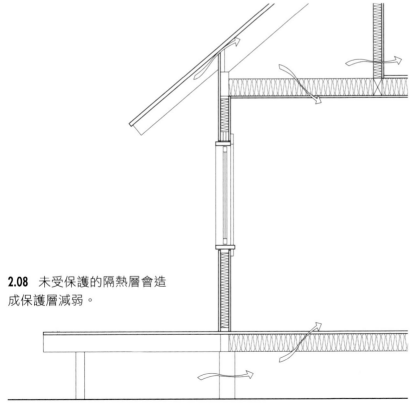

建築物實體組裝的縫隙

熱橋效應

2.07 一個較薄弱的保護層具有許多不連續性的地方，無論是實體的間隙還是熱橋的位置。

2.08 未受保護的隔熱層會造成保護層減弱。

在牆壁、地板或屋頂構造的兩側中，如果僅在一側具有保護隔熱的材料，這樣並不是優良的隔熱構造。例如，地下室或天花板的上方通常是分離的隔熱材料。閣樓中的矮牆通常只在一側有做隔熱構造，而這樣的材料具有損壞或掉落的風險。即使隔熱材料保持在適當位置，空氣也可能圍繞集中在隔熱材料的內壁形成冷側，增加了空間中的熱損失。

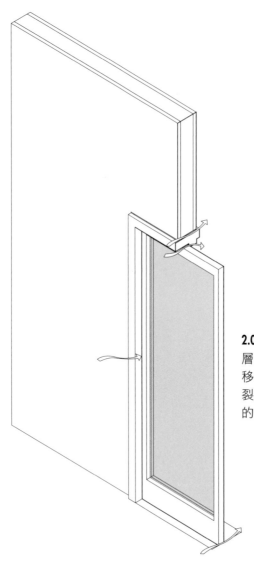

有些部分從一開始就是比較弱的，因為本質上即是較為弱面。我們有時設計一個非破壞性的構造一開始可能是很強很堅固的，但隨著時間則越來越老化形成弱面。例如一個隔熱良好的門，具有良好的防風雨能力、很強的抗風暴或侵害的能力，很可能一開始是很好的遮蔽構造。然而，隨著時間的推移，門的框架可能產生位移或鬆動、門開啟後可能無法完全回歸到原本位置、圍繞門框的鉚接可能收縮或破裂、擋風雨氣密條可能失去彈性或脫落，或是彈簧經年累月的使用造成彈性疲乏。因此門的構件本質上就是較弱的部位，其隨時間的磨損和老化削弱了其作為建築皮層的功能。

2.09 雖然牆壁通常是堅固的皮層，但是門的保護層隨著其框架移動或沉陷，填縫材料收縮或破裂讓擋風雨效果失效而隨著時間的推移而減弱。

2.10 以公寓大樓與連棟別墅相比較，前者提供中間內部的通道和連棟的佈局，而後者每個都有獨立的戶外門。

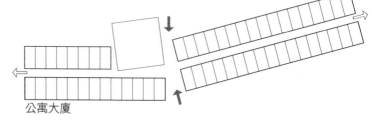

公寓大廈

↓ = 戶外門

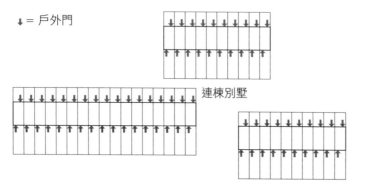

連棟別墅

而剛性的牆壁總是比門窗等組件更為堅固，所以可以用作於較長時間、更強的保護層。但是建築物顯然不能沒有門構造，所以在設計時，如果能夠盡量減少戶外門的數量，則耐久性就會較佳。例如，具有兩個戶外門加上一個室內走廊連通於室內各單元的公寓建築物就比每個單元都設有戶外門直接連通於外部具有更少的戶外門設置。

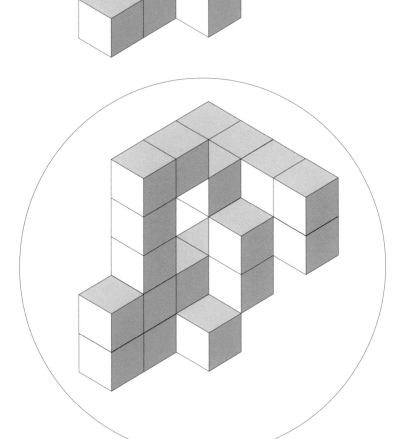

整體設計

綠色設計的另一個原則是整體規劃與設計，將建築及其環境視為一個整體，並從外部設計時檢查所有構造與組件。其中可以發現能源在許多方面被消耗和浪費。例如，由於透過建築外殼結構的傳導和滲透損失，需要拿來加熱的能量經過了轉換損失和加熱設備的效率損耗，實際上的效果就大打折扣。為了明顯減少這種能源損失，建築物必須進行整體規劃與設計，將所有損失最小化。

一個全面處理的建築我們可以在其中進行許多小的微調與改進，「細節藏在魔鬼裡」，好的建築必須關注其整體性。即便有著 12 英寸（305mm）厚的超級隔熱牆，但窗戶的熱阻較低，或是閣樓的構造有著很差的空氣氣密性，又或者加熱系統的效率非常低落，這樣無論隔熱牆再怎麼優良，也無法使建築物節能。綠建築常常具有單一高效率的建築設備，但整體而言仍然使用太多的能量，這就是因為對建築物的整體關注不足。

2.11 就像解決 3D 拼圖一樣，有效的綠色設計涉及到大量收集各式小細節，辨識出業主全部的利益，以針對綠建築且符合經濟的複雜挑戰。

整合式設計

在綠建築領域中越來越常見的設計方法被稱為整合設計（Integrated Design），有時候也被稱為整合式設計（Integrative Design）。透過整合式設計，專案的參與者，包括業主、建築師、工程師、顧問、承租戶或承包商，都可以從專案的早期初始階段形成一個團隊一起工作。這種合作方法旨在確保所有利益關係人都可以為建築物的綠化做出貢獻，並在設計過程的早期考慮重要的決策與需求。整合的設計對綠建築設計做出了無價的貢獻，對能源系統的設計與節能需求就是早期評估介入後能達到最顯著的效果。

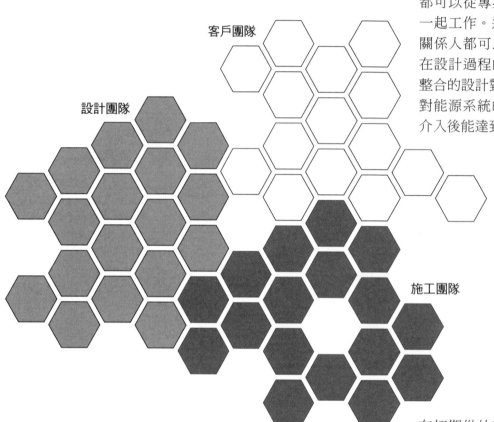

客戶團隊

設計團隊

施工團隊

2.12 整合式設計過程涉及並加入許多不同的利益關係人，並強調客戶、設計和施工團隊之間的聯繫和溝通。

在初期從外部往內部規劃時，我們不會將之後的細部設計階段的內容，如照明、加熱和冷卻系統的細部和規格排到後面的優先次序。因為早期的綜合討論是必要不可缺少的，不過這些細部的建議在後面的過程中還是會有部分的修改，不一定在一開始討論後即完全確認。

我們將討論如何在早期的過程清楚地識別出所有參與者的目標，這時候盡可能多納入需求的細節，包括哪些空間應該具有空調的溫度控制、預期在建築物中有多少使用者以及訪客等等。這些早期的需求將整體性地影響其他的技術與策略，例如所使用的空調系統的類型，而這又將影響諸如建築物高度和是否需要機械機房的決定。整合式設計是使用常識，讓所有的建築的設備能夠一起運作，而不是孤立的設計拼圖，散落卻沒拼湊出整體樣貌。

經濟可負擔性

經濟性一直在建築設計和施工中扮演重要的角色。建築是社會中最大的資本成本之一，負擔得起的房屋代表了社會為窮人提供住所的能力。能夠擁有一個自己的住宅已成為實現夢想的代名詞。所以建築的經濟負擔能力非常重要，因為這些金額很少能夠自己完全負擔，通常透過房屋貸款、抵押貸款來借貸及償還。

對於綠色設計和施工來說，成本則具有挑戰性和機會性。我們通常認為，建造綠建築是需要更多的成本，所以綠建築就是那些比較有錢、有能力負擔的人的責任，而這種看法是綠建築的最大障礙之一。

另一個新興的觀點是，我們需要在建築的生命週期的基礎上分析成本，同時考慮到綠建築在其預期壽命中的較低營運維護成本，因為綠建築的能源成本通常低於傳統建築的能源成本。一些綠色新技術的盛行，例如地熱加熱和冷卻系統，相對於傳統方法的維護成本也是降低的。還有一種情況是，由於室內空氣品質的改進、熱舒適性更佳、視覺景觀更棒，居住的人類其工作及生產的效率在綠建築中會更高，這樣的效益隨時間抵消了更高的初期建造成本。

綠色的設計策略顯示了各項進步，事實上可以降低能源成本和設備成本。例如，如果天花板高度不是非常高，材料和建築成本可以減少；照明需要更少的燈具就可以有很好的光線；只需要較少的加熱和冷卻設備就可以獲得良好的熱舒適性。

綠色設計和建造不是完全沒有衝突的，必須誠實地評估增加的建造成本以及節約的營運成本，或是增加、減少的維護成本，最後將實際的成本計算出來並評估。如果綠建築要讓創新的建築師早期採用，甚至說服那些認為成本增加的人採用綠建築，在設計討論中將經濟效益與成本公開，是個值得採用的方法。

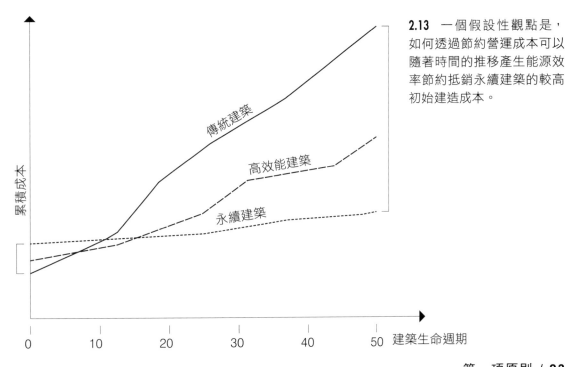

2.13 一個假設性觀點是，如何透過節約營運成本可以隨著時間的推移產生能源效率節約抵銷永續建築的較高初始建造成本。

傳統建築

高效能建築

永續建築

累積成本

0　　10　　20　　30　　40　　50　建築生命週期

建築能源模型

隨著建築設計的改進，使用電腦建築的能源模型來分析與比較非常方便。在不到一天的時間內就可以輕易地完成牆壁、窗口、建築物形狀、選擇空調系統和其他的設計參數。更進階的能源模型還可以檢討這樣的系統，例如採光或能源控制的詳細數值，可能會需要更長的時間解釋與討論，但與建築物完成後未來的能源使用成本相比仍然是非常值得的。在建築設計必須實現能源效率方面不再需要猜測或依靠經驗。能源建模應該被視為綠建築設計的必要條件。

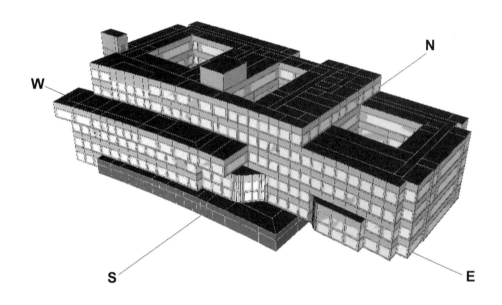

2.14 Stantec 建築顧問負責位於華盛頓西雅圖（Seattle, Washington）的 VA 心理健康與研究中心（VA Mental Health and Research Complex）。能源建模使用電腦軟體來分析建築物的許多熱構件，包括牆壁和建築物圍牆的其餘部分的材料；建築物的大小、形狀和方向；建築如何被使用和操作；當地氣候；系統性能和能源使用等。

3
規範、標準和指南

近年來全世界已經開發了各種綠建築規範、標準和指南。這些都反映了對保護環境和人類健康的承諾越來越被重視，且每個部分都有不同的觀點和價值觀。而這幫助我們在推動綠建築的努力有依循的方向，減少了犯錯的機率。

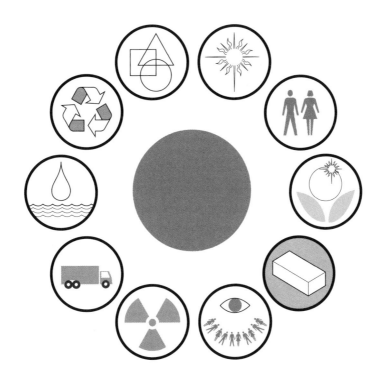

綠建築規範、標準和指南通常包括基地選址、節水、節能、材料選擇和室內環境品質的規定。或是包括一些較為軟性的方法，例如聲學、安全性、歷史和文化意義以及美感的要素。

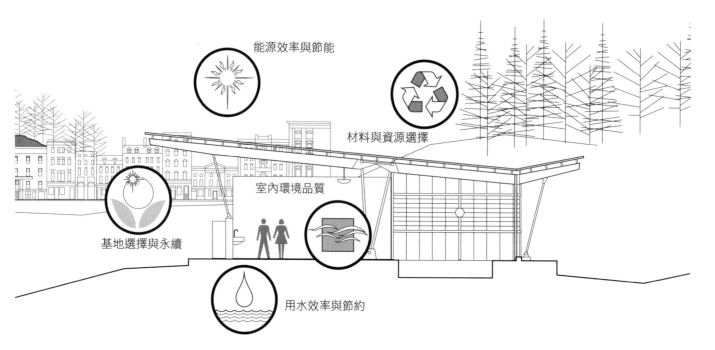

能源效率與節能

材料與資源選擇

室內環境品質

基地選擇與永續

用水效率與節約

3.01 綠建築規範的常見類別。

能源和大氣（33 個得分）
[ ] 先決條件 1 基本功能驗證（必要）
[ ] 先決條件 2 最低能源表現（必要）
[ ] 先決條件 3 建築整體能源計畫（必要）
[ ] 先決條件 4 基本冷媒管理（必要）
[ ] 得分條件 1 進階功能驗證 6
[ ] 得分條件 2 能源效率優化 18
[ ] 得分條件 3 進階能源計畫 1
[ ] 得分條件 4 需求回應 2
[ ] 得分條件 5 可再生能源 3
[ ] 得分條件 6 進階冷媒管理 1
[ ] 得分條件 7 綠色電力和碳中和 2

3.02 能源與大氣是 LEED v4 評估體系中解決的環境影響類別之一，具有強制必要但沒有得分的四個先決條件，以及七個得分項，如果滿足條件，則為取得 LEED 認證所需的得分貢獻。

許多的綠建築評估系統制定了一套必要要求（先決條件），而這些內容通常都是由之前經驗累積而成的最佳實踐的做法。

這樣一個評等化的指標，包括在節能的情況下，針對節能目標進行相關量測並度量其結果。在這些綠建築的評估系統中，對綠建築有強制性指標以及一些可選擇性的指標。強制性要求表示要達到綠建築時必須達到的基本門檻。為了確認綠建築同時具有靈活性和平衡性，得分條件要求通常是一項清單，設計者可以從中選擇適合建築物的指標項目。而取得一定的得分後通常可以加總，然後根據足夠的得分讓建築物取得綠建築標章，或者再根據不足的地方加強，提高分數取得更高級的的綠色標章。

這些評估系統已被廣泛的使用以推動綠建築設計。也許是因為標章本身能夠吸引人，越來越多人尋求有組織的評估系統，藉由認證的過程得分、拿到標章、取得榮譽的象徵向世人證明，綠建築評估系統也成為綠建築設計的熱門焦點。

本書認同且承認評估系統對於綠建築的討論、科學性都有促進的效果，但不著重於評估系統的合理性與介紹，而是關注於解決綠建築設計的策略，以及探索綠建築設計當中真正實際層面會遇到的一些問題。本書也發現了一些評估系統的弱點，並建議建築可以改進以被設計為更加綠色的方式，而其與在綠建築規範、標準或指南的得分或規定無關。

規範

綠色相關的規定基本上都包含於國際建築規範（IBC）以及其相關的法規當中，而這也是美國大多數建築規範的基礎。國際建築規範中包括大量的綠建築規定，其中包括國際節能規範（International Energy Conservation Code）中的節能要求、國際機械規範（International Mechanical Code）中的通風要求以及節水要求。這些不同的規範都是在過去二十年中慢慢發展起來，而源頭最初是由加州於 1978 年頒布的 T-24 法案（California's Title 24）和 1983 年頒布的能源模型守則（Model Energy Code），這也慢慢演進成為當今的綠建築標準。

這些建築規範仍然是相當有用的參考資料，因為在許多情況下，它們還是目前綠建築的規範、標準和指南的基準，而且，在綠建築要求當中，國際建築規範恰恰是許多規定的法源。所以在設計綠建築時剛好可以引用國際建築規範中的要求，同時達到建築法規的規定，又符合綠建築的需求。目前國際建築規範及其相關法規是由國際規範委員會（International Code Council）制定和維護。

最近，國際規範委員會與美國建築師協會（American Institute of Architects, AIA）、美國綠建築委員會（United States Green Building Council, USGBC）、美國冷凍空調學會（American Society of Heating, Refrigerating and Air-Conditioning Engineers, ASHRAE）、照明工程學會（Illuminating Engineering Society, IES）、美國材料試驗協會（ASTM International）合作，發布了國際綠建築規範（International Green Construction Code）。這個規範涵蓋了大部分的綠建築要求，並與國際規範委員會之中的其他建築規範都相容，還提供了一個可執行的準則，讓工程師採用有依循的方向。

室內環境品質：
國際機械規範（International Mechanical Code）

能源：
國際節能規範
（International Energy Conservation Code）

節水：
國際管道規範（International Plumbing Code）

基地：國際建築規範
（International Building Code）

3.03 綠建築中所涉及的國際建築規範。

能源和環境設計先導（LEED®）綠建築認證評估系統，最初由美國發起進而推展到世界各地，目前在綠建築的標準中占據領導的地位。其中五個主要面向分別是——永續基地、用水效率、能源與大氣、材料與資源以及室內環境品質，而這些都已成為綠建築設計的部分詞彙。美國綠建築委員會（USGBC）制定了分級制度，以作為其各關係人——聯邦／州／地方機構政府、供應商、建築師、工程師、承包商和業主之間的共識，並根據收到的回饋與建議推陳出新，發布更新的綠建築標準。2003 年 7 月，加拿大獲得 USGBC 的許可，根據加拿大的當地情況調整 LEED 評估系統，發展成 LEED-Canada 評估系統。

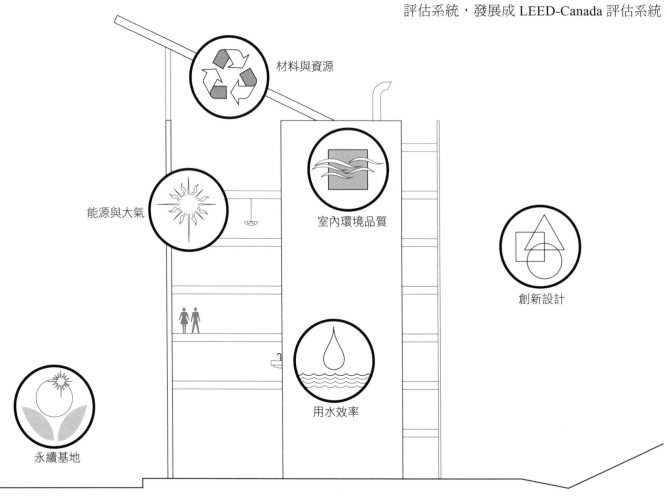

材料與資源

能源與大氣

室內環境品質

創新設計

用水效率

永續基地

3.04 LEED 綠建築認證（LEED Green Building Certification Program）的核心要求領域。

LEED 從新建建築專案到既有建築、社區型、開發商主導的核心和外殼建築、承租戶為主的室內裝修版以及住宅型、學校型、醫療保健型和零售型等特定建築物，含括了廣度和深度提供了不同的標準。

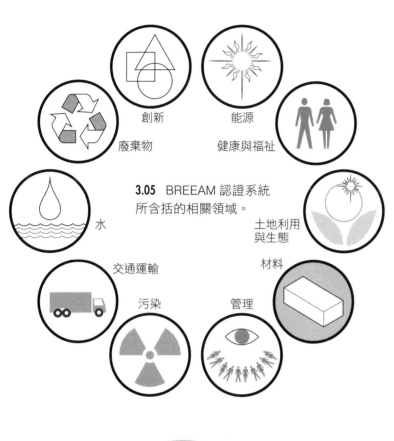

3.05 BREEAM 認證系統
所含括的相關領域。

創新

能源

健康與福祉

廢棄物

水

土地利用
與生態

交通運輸

材料

污染

管理

3.06 「綠色地球」線上環境評估和認證體系
（Green Globes online environmental rating
and certification system）的商標。

建築研究環境評估法（Building Research Environmental Assessment Method, BREEAM）是由英國建築研究機構（Building Research Establishment, BRE）在英國建立的評估系統，用來衡量和評估建築物在以下領域的永續性和環境性能：管理、健康與福祉、能源、交通運輸、水、材料和廢棄物、土地利用與生態以及污染。BREEAM 建築的評估等級包括合格（Pass）、良好（Good）、非常好（Very Good）、優秀（Excellent）和傑出（Outstanding）等五種分級的認證。它於 1990 年即推出，也是目前最古老和最廣泛採用的綠色評級系統之一，除了在歐洲被廣泛使用，BREEAM 也已在世界各地的建築應用不勝枚舉。而在 LEED 評估系統和其他規範中，也都引用了幾項 BREEAM 的方法。

另一個綠色標準是由 ASHRAE 與 USGBC 和照明工程協會（IES）聯合開發的高性能綠建築設計標準——低層住宅建築除外（Standard for the Design of High-Performance Green Buildings Except Low-Rise Residential Buildings），並正式引用成為 ANSI／ASHRAE／USGBC／IES 標準 189.1。該標準提供簡單的途徑和更靈活的性能選項，以相關規範開發，以便聯邦、州和地方政府容易採用。這個標準的本身並不是設計指南，也不是為了與當前的綠建築評估系統競爭，只是在補充評估系統不足之處。雖然此標準特別注重節能的要求，但也為永續基地、用水的效率、室內環境品質、對大氣、材料和資源的影響以及營運及維護計劃設定了最低的要求。

另一個綠色地球（Green Globes）是一個商業建築的線上環境評估和認證系統，算是替代 LEED 評估系統更為經濟實惠的選擇。綠色地球系統專注於建築設計、營運和管理的七個方面，並以建築生命週期評估：分別是專案管理、基地、能源、水、資源材料和廢棄物、污染排放和室內環境。綠色地球系統源自於 BREEAM 系統，但現在加拿大是由建築物業主與管理者協會（Building Owners and Managers Association, BOMA）開發，在美國是由綠建築行動（Green Building Initiative, GBI）負責開發。

被動式房屋（Passivhaus, Passive House）是在歐洲開發的標準，以將建築的能源效率最大化並減少其生態足跡為目標，雖然其名稱意味著主要應用於住宅領域，不過 Passivhaus 標準的原則也可以應用於商業、工業和公共建築。Passivhaus 標準的優勢在於其方法相當簡單：透過將優異隔熱性能和氣密性材料與為室內環境品質提供新鮮空氣的熱回收通風系統相結合，生產超低能耗建築。因為 Passivhaus 標準有著極為低能耗目標，更可以讓當前最重要的目標 —— 減少溫室氣體排放得以實現。這個標準的預測設計目標將最大電力需求控制在 120 千瓦時／平方公尺（11.1 千瓦時／每平方英尺），空氣滲透率在 50 帕斯卡下每小時不大於 0.60 次。我們可以設計氣密構造讓空氣滲透率降低，並發現哪些部位是相對容易造成空氣洩漏氣密性差的部位。

Passivhaus 標準要求房屋需要有很低的空氣洩漏率、高效率的隔熱材料和很低的熱橋效應，以及具有非常低的 U 值的窗戶開口。為了達到標準，建築必須具有：

- 最大的每年冷卻能量使用量為 15 kWh／平方公尺（1.39 kWh／平方英尺）；
- 最大的每年加熱能量使用量為 15 kWh／平方公尺（1.39 kWh／平方英尺）；
- 所有用途的最大能量使用量為 120 千瓦時／每平方公尺（11.1 千瓦時／每平方英尺）；
- 空氣滲透速率不大於每小時 0.60 次循環（50 帕斯卡氣壓下）。

可以透過使用以下措施實現熱舒適需求：
- 具有最小熱橋效應的高品質隔熱材料
- 被動式太陽熱得及室內熱源
- 優異的氣密性
- 良好的室內空氣品質，可以由高效率熱回收的機械通風系統提供

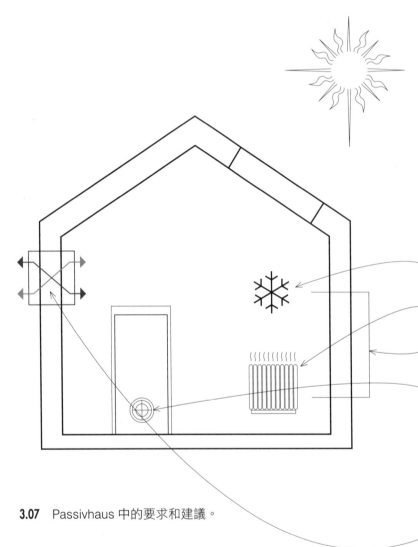

3.07 Passivhaus 中的要求和建議。

另外，廣泛用於家庭設計的標準是由住宅能源服務網（Residential Energy Services Network, RESNET）和國家能源協會（National Association of State Energy Officials, NASEO）所開發的家庭能源評估系統標準（Mortgage Industry National Home Energy Rating Systems Standard），也被稱為 HERS 評估系統，這個標準已在美國廣泛採用。HERS 評估系統著重於節能效果，也保留了室內環境品質的各種要求，特別是在濕度控制、通風和燃燒器具安全的部分。HERS 評估系統還透過納入第三方參與、第三方專業人員認證、能源預測驗證以及對目前既有的家庭檢查、測試，讓這樣的評估系統更加落實。HERS 目前也用於 LEED 住宅版評估系統的能源需求參考標準之中。

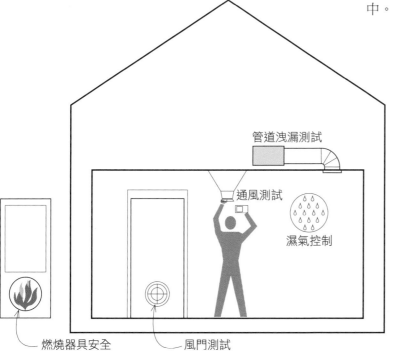

管道洩漏測試

通風測試

濕氣控制

燃燒器具安全

風門測試

合格的評估專家使用認證的軟體與測試方法

3.08 HERS 評估系統要求。

永續規劃、設計和施工的另一個新的標準是生活建築挑戰（Living Building Challenge），這是由國際未來生活研究所（International Living Future Institute）創立和管理的，包含所有規模的建築、從建築到基礎設施、甚至到景觀與社區的發展都含括在內。生活建築挑戰要求至少 12 個月的連續居住，倡導完全零能耗、完全零用水和完全現場廢棄物處理的理念。該標準還包括其他綠建築的規定，例如選址和保護、材料選擇與健康的關聯等。值得注意的是它也將美感和公平權益作為綠建築設計的主要領域。

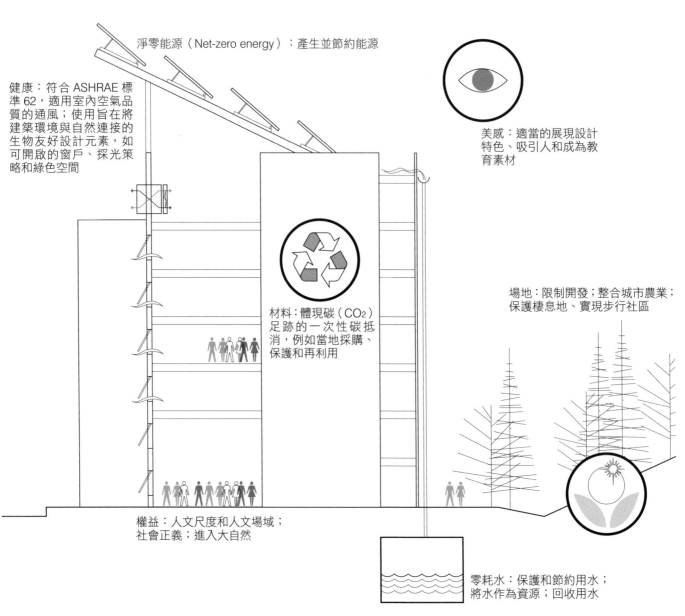

淨零能源（Net-zero energy）：產生並節約能源

健康：符合 ASHRAE 標準 62，適用室內空氣品質的通風；使用旨在將建築環境與自然連接的生物友好設計元素，如可開啟的窗戶、採光策略和綠色空間

美感：適當的展現設計特色、吸引人和成為教育素材

材料：體現碳（CO_2）足跡的一次性碳抵消，例如當地採購、保護和再利用

場地：限制開發；整合城市農業；保護棲息地、實現步行社區

權益：人文尺度和人文場域；社會正義；進入大自然

零耗水：保護和節約用水；將水作為資源；回收用水

3.09 生活建築挑戰的目標。

指南

聯邦和州政府各機構、大學、非政府組織、私人公司甚至地方政府單位已經制定了一些綠建築指南。

綠色指南其中一個是住宅環境指南（Residential Environmental Guidelines），由紐約市 Hugh L. Carey Battery Park 城市管理局研發，於 1999 年編寫，並於 2000 年首次出版。與 LEED 認證評估系統一樣，指南針對能源效率、進階室內環境品質、節約材料和資源、節約用水和基地管理分類。另外還包括關於教育、操作和維護的部分。

另外一些指南則僅限於特定的綠色設計領域，例如由美國景觀設計師協會（American Society of Landscape Architects, ASLA）、德州大學奧斯汀分校的 Lady Bird Johnson 野花中心和美國植物園（United States Botanic Garden）開發的永續基地計劃。以 LEED 評估系統為基礎，這些指南更深入探索環境敏感基地，細部的說明各種生態系統，例如傳播花粉，或是其他基地可以實踐的原則，也敘述了在綠色評估系統中通過先決條件與得分條件的最佳實踐方法。

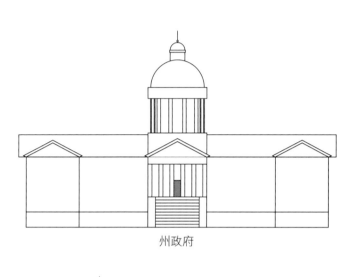

州政府

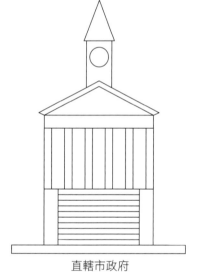

直轄市政府

大學

開發

3.10　根據不同類型使用特定的綠建築指南。

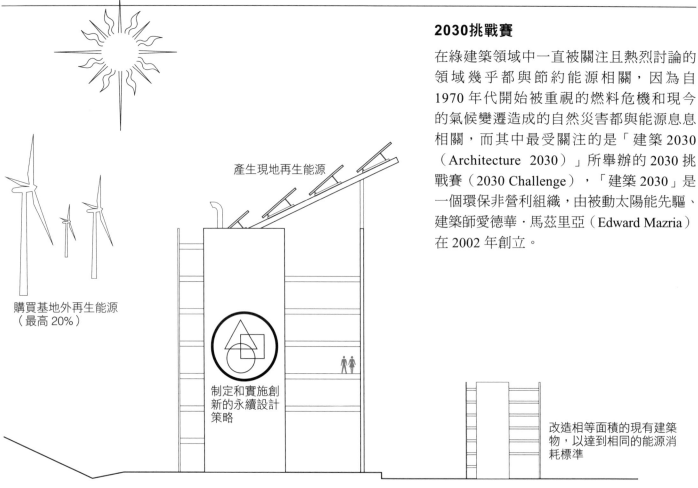

2030挑戰賽

在綠建築領域中一直被關注且熱烈討論的領域幾乎都與節約能源相關，因為自1970年代開始被重視的燃料危機和現今的氣候變遷造成的自然災害都與能源息息相關，而其中最受關注的是「建築2030（Architecture 2030）」所舉辦的2030挑戰賽（2030 Challenge），「建築2030」是一個環保非營利組織，由被動太陽能先驅、建築師愛德華·馬茲里亞（Edward Mazria）在2002年創立。

產生現地再生能源

購買基地外再生能源
（最高20%）

制定和實施創新的永續設計策略

改造相等面積的現有建築物，以達到相同的能源消耗標準

3.11 降低石化燃料燃燒的溫室氣體排放量增長速度並期許翻轉的策略。

設計新建築物和開發項目達到消耗不到一般化學燃料能源的一半

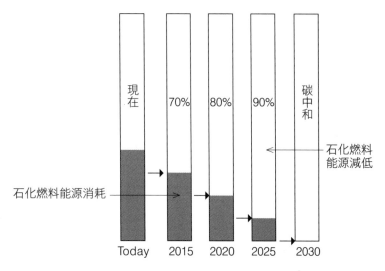

現在

70%　80%　90%

碳中和

石化燃料能源減低

石化燃料能源消耗

Today　2015　2020　2025　2030

3.12 2030挑戰所設定的目標。

這個計畫由美國能源部（U.S. Department of Energy, DOE），美國綠建築委員會（USGBC），美國冷凍空調學會（ASHRAE）和美國建築師協會（AIA）支持，2030挑戰賽要求所有新建建築、土地開發專案和主要室內裝修設計使用平常消耗的石化燃料能源的一半或以下，並且每年針對現有建築面積進行翻修，以達到要求的標準。「建築2030」進一步希望將石化燃料減碳標準在2015年提高到70%，到2020年提高到80%，到2025年提高到90%，到2030年所有新建建築都是碳中和的（不需要使用石化燃料能源，達到建築新建與營運零碳排）。

4
社區和基地

我們選擇在怎樣的社區中興建、選擇怎樣的地點興建，
都會在每個面向影響著我們所建造的建築物。

綠建築的社區和基地選擇的主要目標包括保護敏感基
地、保護未開發的基地、恢復和重複利用先前開發的
基地、減少對動植物群的影響、促進與社區的連結性
以及盡量選擇減少對環境和能源使用的交通方式。

這些目標的目的就是對自然和野生的環境保持尊重態
度，形成開發地區和未開發地區之間的平衡，而不是
只想到將自然區域這樣的寶貴資源提供給人類居住使
用。同時，我們必須注意減少光污染、盡量減少建築
廢棄物、做好雨水管理以及減少用水量。

有趣的是，在專案的早期階段，良好的選擇能夠大幅
減少能源和水的使用，對於未來建築物內的室內環境
品質也有良好的影響。這些選擇基地的原則，透過建
築基地的外部環境影響著建築物內的表現，我們在本
書這個章節中，將會陸續與讀者一起探討這些細節。

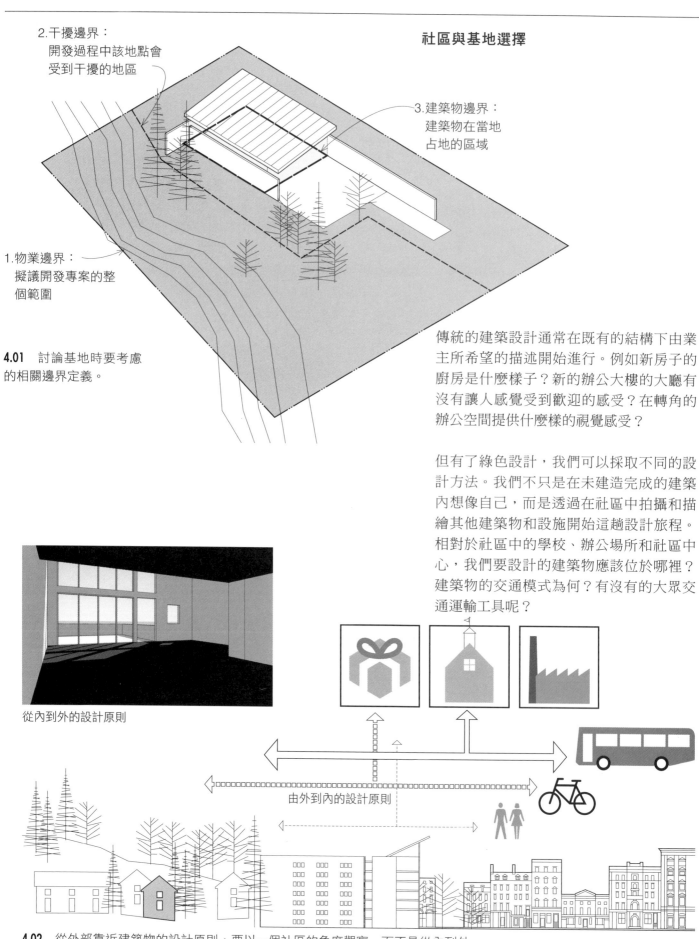

2.干擾邊界：
開發過程中該地點會
受到干擾的地區

3.建築物邊界：
建築物在當地
占地的區域

1.物業邊界：
擬議開發專案的整
個範圍

4.01 討論基地時要考慮
的相關邊界定義。

傳統的建築設計通常在既有的結構下由業
主所希望的描述開始進行。例如新房子的
廚房是什麼樣子？新的辦公大樓的大廳有
沒有讓人感覺受到歡迎的感受？在轉角的
辦公空間提供什麼樣的視覺感受？

但有了綠色設計，我們可以採取不同的設
計方法。我們不只是在未建造完成的建築
內想像自己，而是透過在社區中拍攝和描
繪其他建築物和設施開始這趟設計旅程。
相對於社區中的學校、辦公場所和社區中
心，我們要設計的建築物應該位於哪裡？
建築物的交通模式為何？有沒有的大眾交
通運輸工具呢？

從內到外的設計原則

由外到內的設計原則

4.02 從外部靠近建築物的設計原則，要以一個社區的角度觀察，而不是從內到外。

當我們選擇建築座落的區域時，我們可以思考選擇不要座落於一個未開發的郊區和農村地區，選擇於一個市中心的廢棄建築物可能是一個更好的選擇。我們也會思考是否可以在都市中採用填充式設計。又或者，我們可以查看找尋基地的周圍是否有可用的公共交通設施，就算在郊區或農村地區開發，我們也可以跟地方規劃公部門聯絡，了解目前是否有任何開發發展正在進行，這樣做可能可以減輕新建築對環境的影響。我們必須以宏觀的角度出發，不以個人的思維思考。

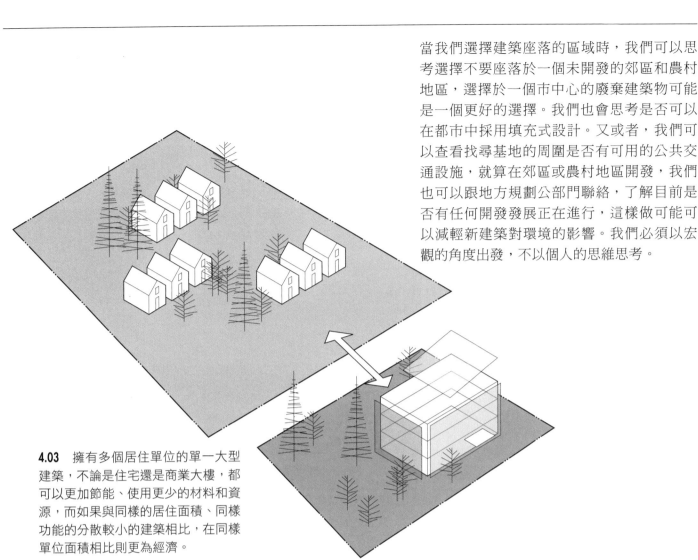

4.03　擁有多個居住單位的單一大型建築，不論是住宅還是商業大樓，都可以更加節能、使用更少的材料和資源，而如果與同樣的居住面積、同樣功能的分散較小的建築相比，在同樣單位面積相比則更為經濟。

對於建築基地來說，建築物內的居民不是唯一的能源使用者，因為這與建築物的位置有關係。能源用作傳遞與運輸的消耗有相當多不同的模式，而這與建築物在社區與工作場所的距離有關。隨著建築物位置遠離建築聚落集中處，距離越遠水源運送和運輸電力所消耗的折損也跟著增加。

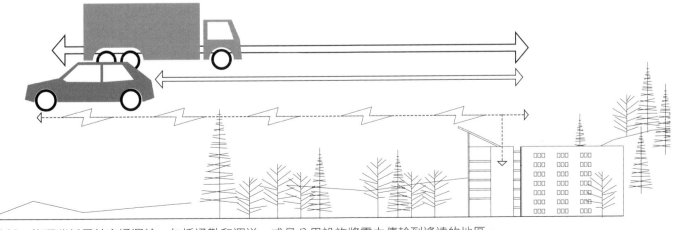

4.04　能源消耗用於交通運輸，包括通勤和運送，或是公用設施將電力傳輸到遙遠的地區。

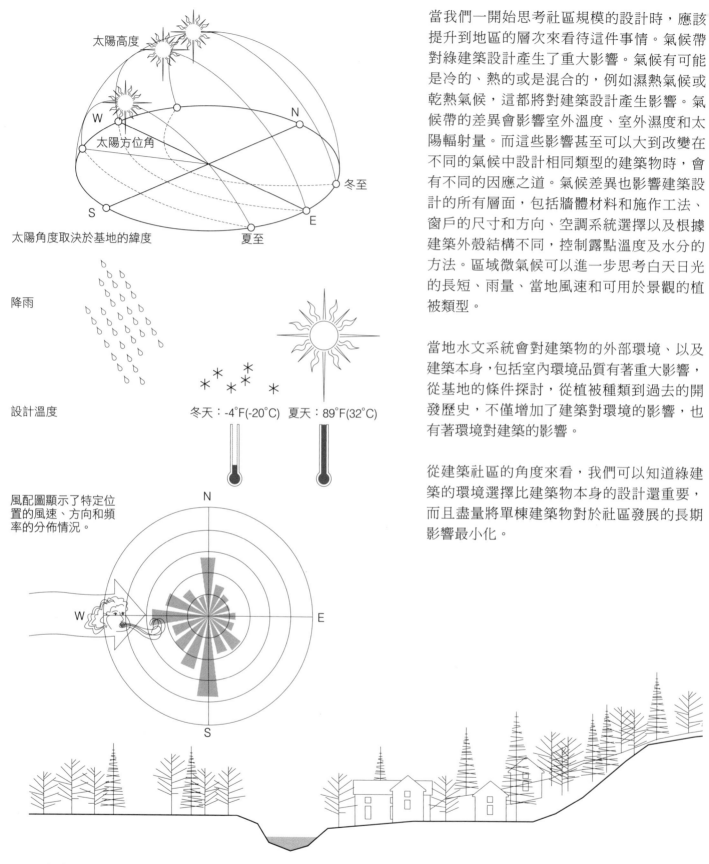

太陽高度

W

太陽方位角

N

S

E

冬至

夏至

太陽角度取決於基地的緯度

降雨

設計溫度

冬天：-4°F(-20°C)　夏天：89°F(32°C)

風配圖顯示了特定位置的風速、方向和頻率的分佈情況。

N

W

E

S

當我們一開始思考社區規模的設計時，應該提升到地區的層次來看待這件事情。氣候帶對綠建築設計產生了重大影響。氣候有可能是冷的、熱的或是混合的，例如濕熱氣候或乾熱氣候，這都將對建築設計產生影響。氣候帶的差異會影響室外溫度、室外濕度和太陽輻射量。而這些影響甚至可以大到改變在不同的氣候中設計相同類型的建築物時，會有不同的因應之道。氣候差異也影響建築設計的所有層面，包括牆體材料和施作工法、窗戶的尺寸和方向、空調系統選擇以及根據建築外殼結構不同，控制露點溫度及水分的方法。區域微氣候可以進一步思考白天日光的長短、雨量、當地風速和可用於景觀的植被類型。

當地水文系統會對建築物的外部環境、以及建築本身，包括室內環境品質有著重大影響，從基地的條件探討，從植被種類到過去的開發歷史，不僅增加了建築對環境的影響，也有著環境對建築的影響。

從建築社區的角度來看，我們可以知道綠建築的環境選擇比建築物本身的設計還重要，而且盡量將單棟建築物對於社區發展的長期影響最小化。

4.05　在建築設計中，我們應該考慮特定地點位置和地點的緯度、地理和的氣候狀況。

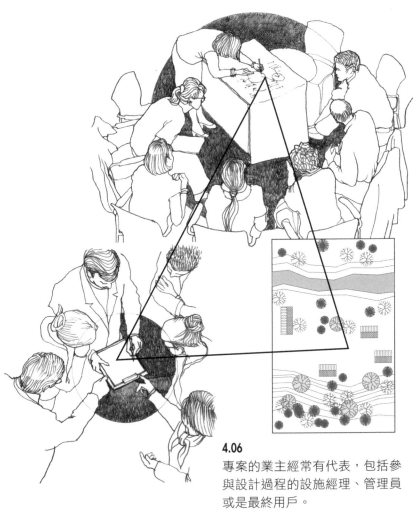

在早期階段來說，業主的需求是很早就確立的。業主的專案需求文件（Owner's Project Requirements）在本書第 18 章「綠建築設計與施工品質」中有更詳細的描述，這份文件由所有相關人員一起編寫且同意。透過在設計過程的起始階段清楚地識別業主的需求，可以在綠色設計中取得更加實際的效果。建築物的開發通常是許多業主的第一次經驗，而且這個開發的過程也常成為許多業主永遠不會忘記的學習經驗，這時是設計專業人員和建築開發商展現專業教學過程的機會。對於綠建築來說更是如此，因為綠建築需要考量、選擇性比一般建築還多，清楚的了解到業主對於這份專案的需求，並且知道業主對於專案的價值觀，大概沒有比在第一次開會時就討論基地和選址更好的時機了。

4.06
專案的業主經常有代表，包括參與設計過程的設施經理、管理員或是最終用戶。

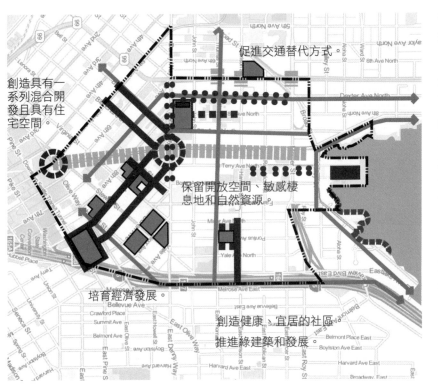

創造具有一系列混合開發且具有住宅空間。

促進交通替代方式。

保留開放空間、敏感棲息地和自然資源。

培育經濟發展。

創造健康、宜居的社區推進綠建築和發展。

我們接著將討論從社區和基地擴大到鄉村和城鎮的評估，如何以綠色設計加強這樣的連結性。這些考慮的範圍雖然與基地的選擇有密切的相關性，不過這些主題超出了本書的範圍。城市的智慧成長（smart growth）理論著重以社區為中心的發展方式，也具有強大的永續基礎。LEED 就為社區類型開發了一個綠色評估體系，以解決各種綠色功能，例如緊湊性、連接性和可步行的街道。許多這類問題與特定建築的選擇，都與社區和基地的潛在影響密切相關，所以在初期就將這些項目釐清，對於綠建築專案的基地選擇具有很大的價值。

4.07 LEED 社區發展評級體系（LEED Rating System for Neighborhood Development）綜合了智慧成長、城市化、綠建築等原則。

瀕危物種棲息地

原始森林和公園

濕地和水體

4.08 被視為敏感基地的地區。

4.09 例外包括可以在保護區內進行教學、說明或保護活動。

保護敏感地區

綠建築專案會優先保護敏感地區。敏感地區的定義通常是聯邦法律或法規管轄之下定義的，通常包括以下幾種類型：優良農田、公園、洪水災害地區、瀕危或受威脅物種的棲息地、原生沙丘、古老的森林、濕地、其他水域和保護區等等。

敏感地區的保護第一步是從基地地點的選擇開始，接著根據基地的地區蒐集相關的資訊與資料整理成文件，以記錄敏感地區的特徵，包括生物的多樣性與動植物等等。為了保護這些地區除了不在這些區域中開發之外，也不會在保護區範圍內的緩衝區開發。開發不僅僅只有建築物的建造，還包括道路、停車場或其他基礎設施。

但是通常對特定用途或與該地區必要的建設是除外的。例如，在保護區中，建築物可能被用來與該區域的管理機構使用，或是用於管理機構認定為與保護區有關目的使用，有時候這種類型是用於教學活動或環境教育，在一般的狀況下，在保護區內建設只用於對該地區保護有正向影響的狀況下。不過在某些特殊情況，例如只有綠地的情況下，建商可以開發，但必須提供一個至少相等或更大的綠地來對目前開發會影響的地區做補償。

在美國，我們可以由包括美國農業部（U.S. Department of Agriculture, USDA）對優良農田的調查、由聯邦緊急管理局（Federal Emergency Management Agency, FEMA）管理的洪泛區域調查、由魚類野生動物服務（Fish and Wildlife Service, FWS）提供的受威脅和瀕危物種的棲息地清單以及美國陸軍工程部隊（U.S. Army Corps of Engineers）的辨識濕地指南來判別敏感地區。

綠地

灰地

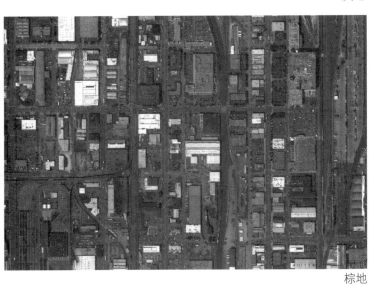

棕地

4.10 開發基地分類。

保存和恢復

綠地（Greenfields）的定義是以前從未開發的地區。棕地（Brownfields）則是指已經遺棄或未充分利用的工業和商業設施的地區，而且經過檢驗是目前已經遭受環境污染的地區。灰地（Greyfields）是以前開發過的區域，但是沒有被污染，不需要整治，但是之前開發過的基礎設施殘留物都還在，例如空置建築物、基礎設施和瀝青鋪面等。之前已經被開發但不是已知的灰地也不是棕地的地區我們就統稱為先前開發的基地。不過之前若是已經整治過、用來養殖或林地的我們就將它視為綠地。

在綠建築開發中，將棕地恢復並再利用被認為是積極的做法，因為它實現了以下兩個目標。首先，它取代了綠地或其他敏感地區的開發，其次，開發過程會包含修復、整治任何出現的環境污染。同樣的道理，我們也鼓勵在灰地或其他以前曾經開發過的土地上開發。

為了保護未開發的土地，我們是不鼓勵在綠地進行開發的。而綠地開發的阻力程度會因不同的法規和標準而異，這也是綠建築常常要討論到的核心價值。LEED 則是利用鼓勵棕地重建的方式，增進都市密度，並讓車道、停車場和建築物本身與綠地相隔一段距離，以減低綠地的干擾，這也間接可以造成開發綠地的困難。「國際綠建築規範（International Green Construction Code）」中規定經過允許的開發行為才可以在綠地上進行開發。生活建築挑戰（Living Building Challenge）則不允許任何綠地開發行為。

關於綠地開發的建議，我們不鼓勵針對綠地做開發行為，也不希望開發的範圍慢慢擴大，這也許會是未來基地面臨最大的問題：今後，我們是不是只能在之前開發過的地方再進行建造或開發呢？

保護自然特色

如果有在綠地上進行開發的行為，應盡量減少對於基地內自然環境的干擾。雖然各種規則和標準對這樣的要求有不同的解釋，但大家獲得的共識是將這種干擾的開發行為限制在建築物 40 英尺（12 公尺）或距離人行道、道路的 15 英尺（4.5 公尺）以內。

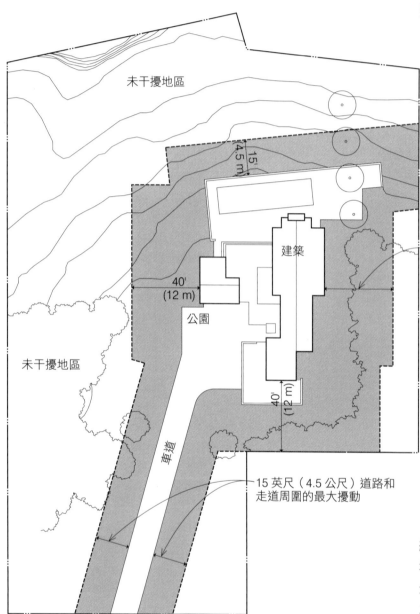

未干擾地區

15'（4.5 m）

建築

40 英尺（12 公尺）周圍建築物的最大擾動

40'（12 m）

公園

40'（12 m）

未干擾地區

車道

15 英尺（4.5 公尺）道路和走道周圍的最大擾動

4.11　限制現場基地的干擾。

綠色設計其中也需要將目前基地內現有的土壤作保護。因此書面的土壤保護計劃通常也是綠建築專案的要求。保護的策略包括保留土壤、儲存和重複使用土壤、將施工過程中被擾動的土壤恢復、將施工過程中被擾亂的植被恢復，例如：仔細規劃施工階段的水土保持措施，以及防止土壤逕流或風蝕的措施。如果有需要於基地填補的表土也不可以來自敏感地區。

基於植物能夠吸收碳的特性，我們也希望能夠做好植物保護並重新將植物引入生活當中。

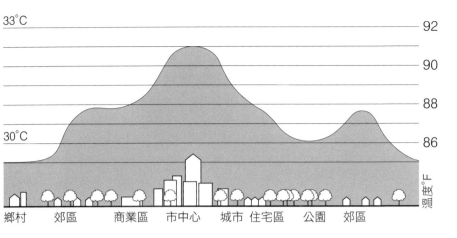

33°C ——— 92

——— 90

——— 88

30°C ——— 86

氣溫°F

鄉村　郊區　商業區　市中心　城市　住宅區　公園　郊區

4.12 熱島是由建築物和硬景觀，特別是都市地區的高溫造成的。（資料來源：美國環保署，EPA）

反射性屋頂

綠屋頂

綠樹與景觀

非吸熱鋪面

硬鋪面的陰影

4.13 減輕熱島效應的一些方法包括使用具有高太陽反射率的淺色屋頂和設置綠屋頂。軟性選項包括鋪設非吸熱材料，種植樹木和植被以遮蔽停車場和其他硬景觀。

減低熱島效應

熱島效應是指都市中的建築物和硬景觀會吸收入射的太陽輻射並將熱保存於大氣中，當這種熱釋放到周圍大氣中時，就會形成熱島效應，其會比鄰近的農村地區具有更高的氣溫。熱島效應有可能會因為建築物耗能的排放或是建築物緊密造成干擾氣流散熱不良而加劇。

熱島效應的高溫會以下列方式影響著建築或社區：

• 在夏季，會提高室內空調的能耗，也會增加大氣污染物和溫室氣體的排放量，以及增進地面臭氧的形成。

• 高溫可能會導致熱衰竭和與熱相關的疾病死亡率。

• 雨水管道的逕流被熱島效應影響會提高溪流、河流、池塘和湖泊的水溫，對水生生態系統有不良的影響。

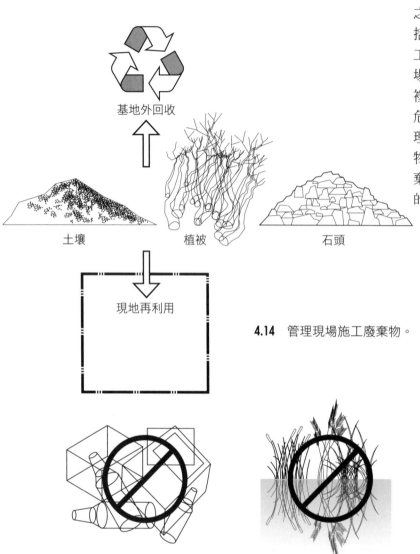

基地外回收

土壤　植被　石頭

現地再利用

4.14 管理現場施工廢棄物。

避免：將碎片廢棄物移動到堆填區

將碎片廢棄物移動到敏感地點，如濕地

基地廢棄物管理

在準備施工現場時，通常建築材料到達現場之前就產生了許多浪費。基地內的廢棄物包括岩石、土壤和植被等碎屑。綠建築專案施工應防止讓這類的廢棄物被運輸到垃圾填埋場或敏感土地。可以執行的策略包括：現地重複使用材料和外部回收材料。同樣的，具有危險性的廢棄物需要用環境敏感的方式來處理。綠建築專案需要制定一個建築工地廢棄物管理的計劃，最好是可以將建築材料與廢棄物管理計劃互相結合的方案，稍後於後面的章節會再詳細討論。

交通問題

除了基地選擇之外，我們會更進一步來選擇環保的交通方式，包括交通工具所使用的能源與造成的污染都是考慮的條件。

規劃現場基地時，我們設計對環境較少污染的運輸設施。例如：裝設自行車停車架、停放及遮蔽自行車的設施、或是提供人行道的入口供人使用。由於行人和騎自行車者的安全性也必須被考量，為了鼓勵人們步行和騎自行車，設計時規劃行人專用道、自行車專用道和相關的交通標誌是非常有用的。

美國平均碳排放量

交通模式	每位乘客一英里排放的二氧化碳（單位：磅）
汽車（單獨駕駛）	0.96
公車	0.65
通勤鐵路	0.35
單車、步行	0.00

4.15 不同形式的運輸會排放不同程度的碳排放量。

LEED 系統為了鼓勵騎自行車的使用者，因此裝置自行車架可以取得分數，甚至更進一步相關規範包括：建築內部設計淋浴和更衣室，讓騎自行車的人可以在騎車到達後洗澡、更衣或整理儀容。

為了鼓勵人們使用高效率的車輛以及鼓勵車輛共乘，將會提供優先停車位給低排放的車輛、油電複合型車輛或小型車輛來促進節能運輸。另外設置電動汽車的充電站也可以鼓勵使用者使用電動車。

靠近大眾交通工具也讓交通更有效率，不但減少或限制停車位的數量，更可以減少基地因為設置停車位產生的硬鋪面面積。

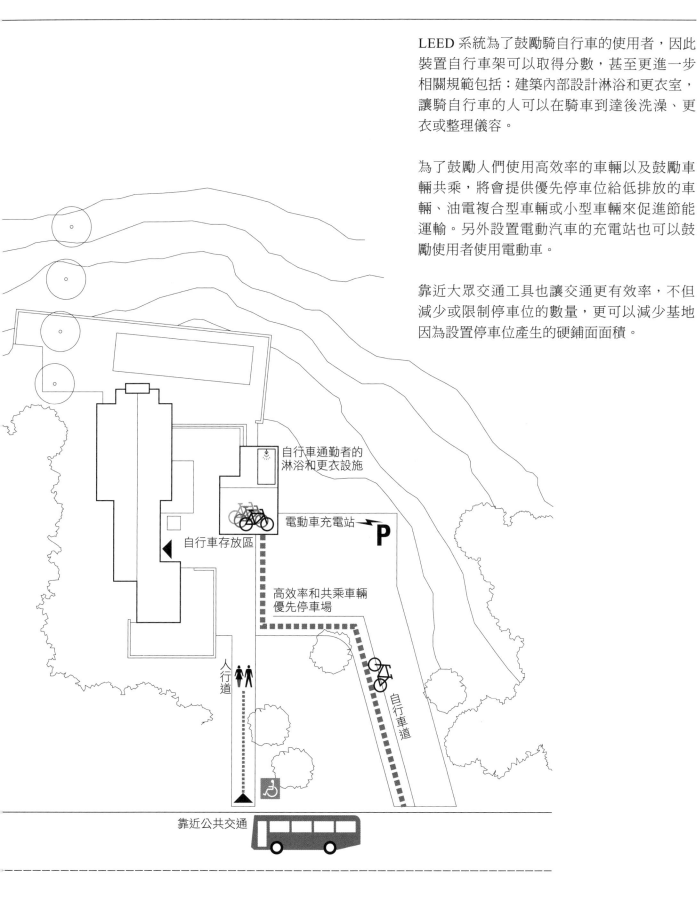

自行車通勤者的淋浴和更衣設施

電動車充電站

自行車存放區

高效率和共乘車輛優先停車場

人行道

自行車道

靠近公共交通

4.16 鼓勵污染較少的運輸方式的方法。

照耀夜空

打擾夜間野生動物的棲息地

將光溢出到相鄰的設施

幫助壞人的犯罪行為
而非降低

干擾正常的植物生長週期

4.17 夜間照明會透過這幾種方式影響戶外環境。

減少光污染

光污染是指將人造光引入戶外環境。它影響很多層面，光污染會破壞動植物和人類適應光和黑暗的自然晝夜模式和生活節奏、打斷晝夜節律的睡眠週期、干擾了正常的植物生長，也會擾亂夜間野生動物的棲息。

光污染讓查看和觀察夜空、星星和行星受到干擾。它也造成光侵入的現象，光線從一棟建築的開口漫射影響到另外一棟建築，可能造成鄰居之間的不愉快和干擾。光線的射線也可能造成開車時司機出現安全問題，例如眩光和暫時性失明。光污染不僅浪費能源，更造成環境性與經濟性的不利後果。

用於夜間的監視照明實際上可能增加不安全的風險。雖然戶外的照明可以讓人們對於空間感受到安全，不過研究表明，夜間的照明可能不會降低壞人犯罪的機率。整晚一直常開的電燈對於想要從事不法行動的人沒有遏止性，但如果由動作感應器啟動的自動感應照明卻可以阻止這些不法行為，並且可能可以阻止入侵者。除了上面的原因之外，戶外照明也可能在某些區域造成眩光，進而造成其他區域的陰影，反而掩蓋入侵者的不法行為。

為了減少或消除光污染，可以選擇向下型投射且最小集中投射型而不是向外和向上對夜空照明的燈具。另外以下的各種設計也可以減少光污染，例如針對指定路徑範圍照明而不是直接裝設照射區域很廣的高桿型照明、使用桿狀照明代替壁掛照明、將戶外設施例如停車場和附屬建築配置靠近一點，或是更靠近它們的主體建築物、設計更低的照度、不要裝設建築物的投射燈，或是設定特定時間開啟、其他時間都會定時關閉的定時器開關控制。安裝照明的策略包括向下投射燈具和調整室外照明控制，例如動作感應器和定時器的時程設置。另一個選擇是盡可能減少戶外照明。

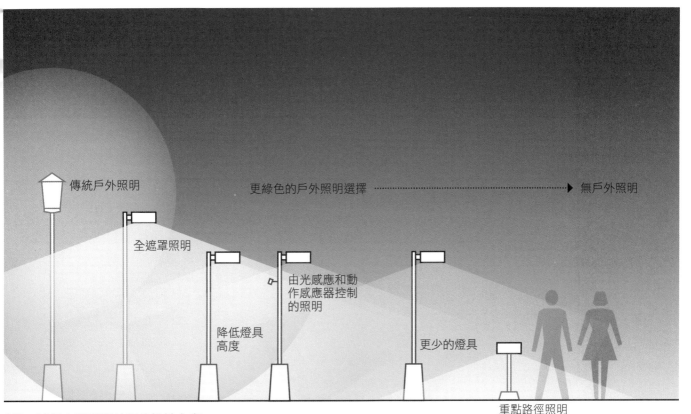

4.18 減輕夜間照明效果的設計方案。

傳統戶外照明

更綠色的戶外照明選擇 ‧‧‧‧‧‧‧‧‧‧‧‧‧‧‧‧‧‧► 無戶外照明

全遮罩照明

由光感應和動作感應器控制的照明

降低燈具高度

更少的燈具

重點路徑照明

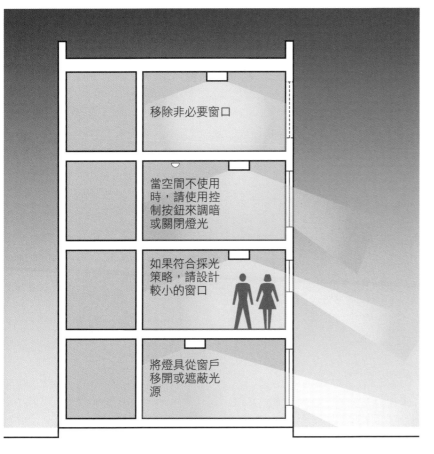

移除非必要窗口

當空間不使用時，請使用控制按鈕來調暗或關閉燈光

如果符合採光策略，請設計較小的窗口

將燈具從窗戶移開或遮蔽光源

其他相關的問題是光源會從室內溢出到戶外。為了解決這個問題，可以採取以下措施，包括安裝照明控制、在夜間不需要時關閉燈光、在夜間減少室內光線、減少不需要開口的窗戶數量（例如樓梯間或公用區域）、在不需要大開窗的區域中減小窗口大小、調整燈光和窗戶的相對位置、減少窗戶附近的照明，控制燈具遮罩形狀及位置，並避免朝向戶外設置固定燈照射。

4.19 減少從建築物室內空間光溢出到戶外的方法。

基地策略和能源使用

基地的選擇會對能源的使用產生重大影響。在空曠的山頂上未受遮蔽的建築物將比有樹木或鄰近建築物遮蔽的建築物使用更多的能源，這是因為風在冬天時候會把熱量從建築物帶走，在夏天的時候則將熱的戶外空氣灌入建築物中。根據電腦模擬顯示，無遮蔽的建築物跟良好遮蔽的建築物相比的能量增加了 12% 的使用。英國蘇格蘭的研究也指出，使用樹木遮蔽的辦公大樓每年節省超過 4% 的熱能成本。

除了樹木之外，在建築物周圍的相鄰建築、車庫、棚屋、圍欄、擋土牆、級配、植栽和灌木叢都可以實現遮蔽風的效果。

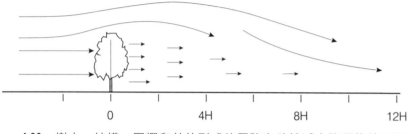

風向

實體障礙物，如建築物和牆壁，可能會產生意想不到的風流和漩渦

4H 0 4H 8H

例如樹木和某些圍牆之類的孔洞屏障會形成較小的壓力差，因此屏障背風面的氣流也較小

0 4H 8H 12H

4.20 樹木、結構、圍欄和其他形式的屏障有助於減少障礙物的下風。減少最多的風發生在屏障高度的 5 到 8 倍的範圍內。H = 屏障高度。

同樣地，使用落葉樹來遮蔽直射建築物的太陽，在夏天時可以阻擋太陽能的照射，在冬天時則可以讓建築獲得太陽的照射。各種研究的結果顯示根據種植樹木的數量和位置可以節省冷卻能源高達 18%，而由於風被樹木所遮蔽，用來加熱的能源可以節省更多。

基地規劃不僅牽涉景觀和自然特色。建築物常常也需要配置建築外部附屬設備，例如空調室外機、冷卻塔和組合式變壓器。

與建築物不同，外部空調和熱泵等設備、冷卻塔和變壓器則是在不被植物或結構遮蔽時工作效率較佳。

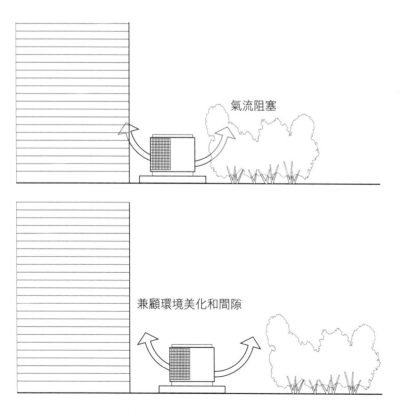

氣流阻塞

兼顧環境美化和間隙

4.21 植被、牆壁和其他障礙物在熱泵和空調冷凝裝置周圍阻塞氣流會增加能源使用。

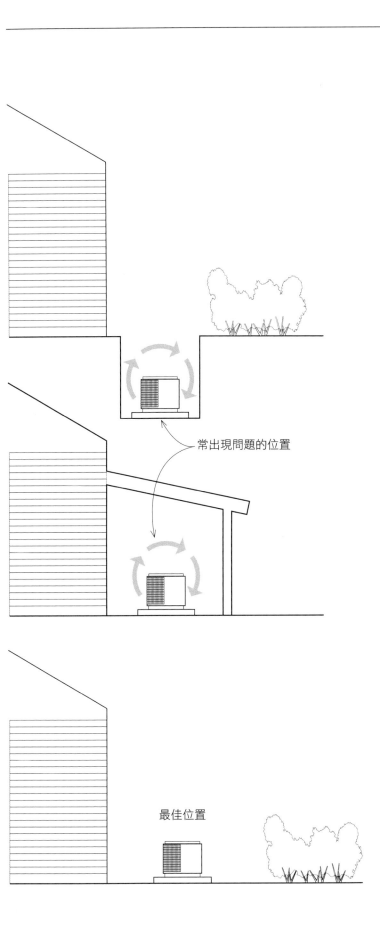

常出現問題的位置

最佳位置

而這個問題對於空調來說是至關重要的，更重要的是，如果這個系統或設備是向建築物提供加熱／冷卻的空調系統的話，會產生三個不同的風險，其中任何一個風險都可能導致系統的能源使用增加 20% 以上：

• 植物或其他障礙物造成的空氣阻塞
• 熱交換器被灰塵或花粉污染
• 排出的空氣再循環

前兩種風險降低了系統進風的氣流，因此減少了熱傳遞的效率。因為氣流的減少會增加壓縮機冷媒工作的壓力，從而增加了設備所使用的電力。在某些設計中，為了美觀而隱藏室外機的設備，經常太過接近建築物或被灌木叢包圍。隨著時間灌木叢或植物會生長，室外機的熱交換器就會被葉子覆蓋，而導致電力消耗的情形增加。因此設計時盡量保持這些戶外設備與建築物或植物之間一定的間隔。並在這些設備附近設置清潔用的水龍頭便於清潔。

第三個風險是不太相同的，但可能會產生類似的後果。由於空調冷凝器會將室內熱量排出到外部空氣中，因此離開冷凝器的空氣是熱的。如果在暖房模式下操作時，則與冷氣相反，當熱泵從外部空氣吸熱並傳遞到室內時，外部排放的空氣是冷的。以冷房來說，如果這時排出的熱空氣再循環並重新進入冷凝器用來冷卻，或暖房時排出的冷空氣被吸入重新加熱，這樣都會造成功率消耗顯著上升。設計時如果將戶外設備裝設在密閉或部分密閉的位置，例如在門廊下方、樓梯間或在封閉的空間中，將導致該空氣再循環造成高耗能的情況。

4.22 熱泵和空調冷凝裝置不應位於空氣排放會再循環回冷凝裝置中，這樣會大大增加能源消耗。

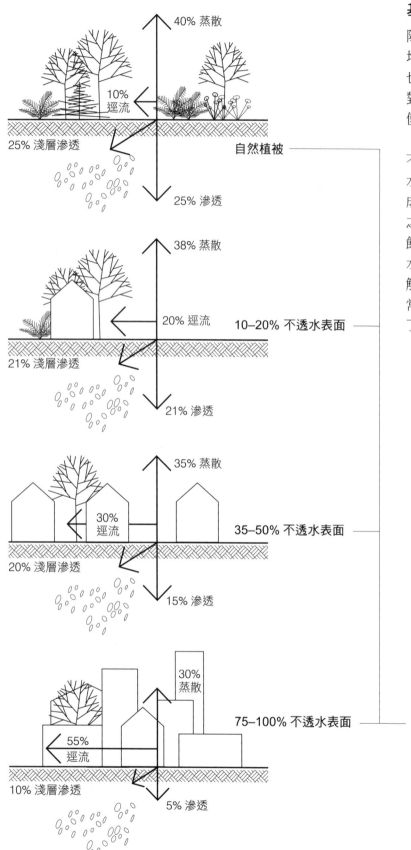

図中ラベル：

40% 蒸散
10% 逕流
25% 淺層滲透
25% 滲透
自然植被

38% 蒸散
20% 逕流
21% 淺層滲透
21% 滲透
10–20% 不透水表面

35% 蒸散
30% 逕流
20% 淺層滲透
15% 滲透
35–50% 不透水表面

30% 蒸散
55% 逕流
10% 淺層滲透
5% 滲透
75–100% 不透水表面

基地節水、管理和提升水質

除了透過設置一個緩衝區，將自然水體、濕地與建築體隔開避免污染之外，綠建築基地也要考慮以下兩個目標，包括減輕雨水逕流對環境的負面影響，以及減少基地戶外空間使用自來水的情況。

不透水的鋪面設計、建築物的建設開發和雨水下水道排水系統造成在自然水文循環外形成了另一種水流路徑，而不讓雨水滲入土壤之中。這導致了一連串的問題，包括土壤侵蝕、生物棲息地破壞、淹水、水污染、地下水含水層枯竭以及自然水體的物理和化學降解現象。同時，我們在基地所使用的水（通常是自來水用於灌溉和噴泉等用途）更增加了表面的逕流情形讓相關問題浮出檯面。

4.23 水循環與都市化相關的變化。
資料來源：環境保護署
（Environmental Protection Agency）

雨水逕流——水量控制

逕流是指下雨後，在鋪面表面的雨水水流。逕流會增加雨水排水管道系統的負載，還有水流在表面流動造成的淹水和侵蝕的機會。逕流會沿著溝渠路徑移動，運送表面的各式污染物。逕流減少了雨水原本在自然水文當中的循環。滲入和透過土壤的水量減少，雨水滲透時經過表土和底土時產生的過濾效果就無用武之地，而且也減低了地下水的含水層水量。

透過基地由外而內的設計規劃，選址主要希望能夠發揮最大的公共運輸及非機動車輛的運輸方式，透過完善的社區連通性和緊湊型的開發能夠大幅度的減少基地自行開車的需求，進而減低停車場開發的面積。

減少逕流的另一個策略是透過用滲透性選擇（例如透水性鋪面材料、多孔瀝青、透水性混凝土或植被景觀，如草地）代替不透水鋪面來增加基地的滲濾性。

減少逕流的其他方法包括雨水的回收利用和雨水的收集儲存，用於諸如灌溉和沖廁的非飲用目的。

最後，我們的目的就是讓開發後的基地水文如同未開發前的狀態，並盡可能保留基地內的水。

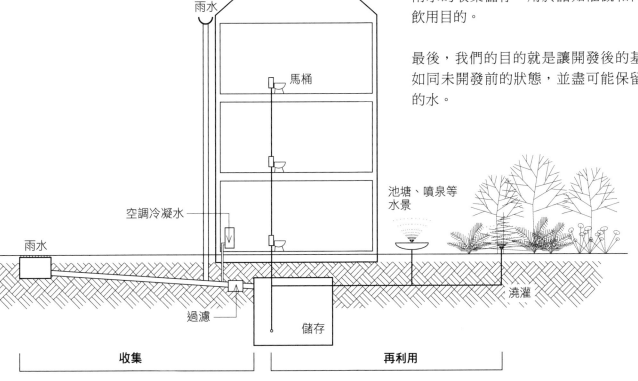

4.24 透過收集和再利用減少雨水逕流量。

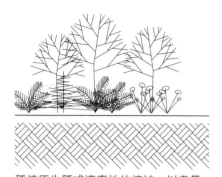

種植原生種或適應性的植被，以盡量
減少除草劑的使用

雨水逕流——水質控制

我們不僅希望能夠減少逕流的水量，我們也希望能夠提高水的水質。這樣做的好處包括能夠提高基地水質，以便重新利用，並改善下游河流、湖泊和海洋的水質。這種經過改善的水質有利於自然棲息地的動植物群生存以及我們基地內的用水使用。

進行雨水水質管理確實能夠改善水質。可以降低雨水逕流的水量和流速，減少了污染物，如農藥、重金屬、油脂、生物排放物、垃圾和夾帶的沈積物等。

接著下一步是必須盡量減少污染源。同樣的，在基地規劃開始之前，選址就是最重要的第一步。具體來說，將基地選定於社區中心內或靠近社區，方便公共交通網絡進入，即可大幅度的減少對機動車輛運輸和相關污染物的排放，例如油汙等排放物。

綠建築工地也應該盡量減少現場污染源。建築物內產生的污染源將在第 13 章「室內環境品質」中詳細討論。建築物外的基地污染源則包括農藥、除草劑、殺菌劑、肥料、動物排泄物以及戶外結構和設施的表面處理造成的污染。可以應用於解決這些污染源的方法，包括綜合蟲害管理或有機園藝方法。

綠建築的挑戰變成：建築設計如何能夠在建造施工期間和建築完成之後獲得最好的實踐？我們可以選定低毒性處理的工法或組合式的戶外結構、設施和材料。我們可以鼓勵選用耐旱性及原生植物進行景觀美化，盡量減少使用農藥、除草劑、殺菌劑和化肥。這樣的處理方式可以讓污染物的來源減至最低。而對於戶外結構物和人工景觀降至最低的需求，也意謂著不需要使用太多人工化學性材料。

當無法避免雨水夾帶污染物時，我們可以透過土壤的表土和底土的滲透過濾特性來對雨水進行過濾。

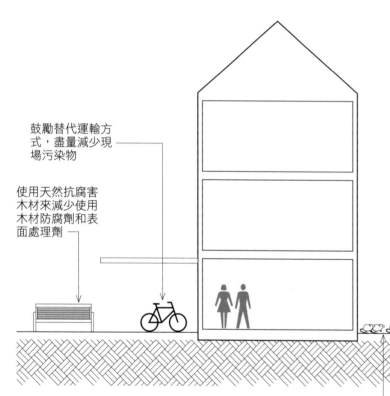

鼓勵替代運輸方式，盡量減少現場污染物

使用天然抗腐害木材來減少使用木材防腐劑和表面處理劑

整合病蟲害管理，盡量減少農藥的使用。

4.25 提高雨水逕流品質的策略。

應特別注意減少施工期間的沉積物和產生其他的污染物。施工過程是從本質上破壞的，所以產生的污染量很大，即便是暫時性，也可能會造成嚴重、永久的環境破壞。施工污染來源包括卡車和其他施工機具沖洗所夾帶的混凝土，因此盡量優先在基地外進行混凝土的沖洗。如果在基地內進行沖洗，產生的廢水不要排放進水體或雨水下水道，應獨立置於受保護的臨時坑中，在坑中設置過濾、分解、沉澱池等，並方便從基地內移出處理。其中包括工地內清洗車輛和廢水處理等規定應在施工規範內說明。沉澱池將廢棄物蒐集集中處理，防止沉積物被運輸到場外或敏感地區堆置。

運輸水

運輸水是指被帶到建築基地內使用的水，由市政供水系統供應的自來水或從地下含水層抽取的井水，其來源通常於基地外經過處理後運送至基地內使用。

使用運輸水的主要目標即是節省水量，減少將乾淨的水用於不需潔淨水源的用途。這樣即可以減少乾淨水源的消耗，降低幫浦的功率馬力耗電、減少水處理時化學品的使用，還可以減少表面逕流量。減少運輸水使用的策略包括採用高效率節水措施，並在可能的情況下對非過濾水進行適當的應用。

透過種植需水量很低或不需要灌溉的耐旱和原生植栽物種進行園林綠化，可以減少在基地內的水源用量。採用更有效的灌溉方法，例如滴灌（Drip irrigation），或是根據天氣狀況調整的灌溉系統也可以明顯減低用水消耗。裝飾用的噴泉也可以經過良好的設計減少水的使用，例如選擇具有較低流速的噴頭和設計成較小表面積的噴泉，可以減低表面的蒸發效應。噴泉也可以制定管理計劃，例如定時開啟關閉，也可以減少用水。安裝水表於噴泉也可以幫助我們監測用水量。

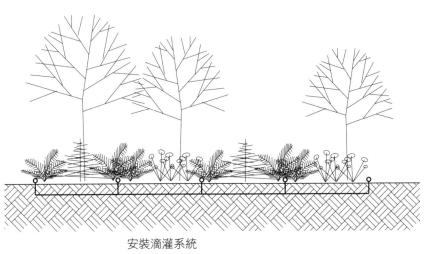

安裝滴灌系統

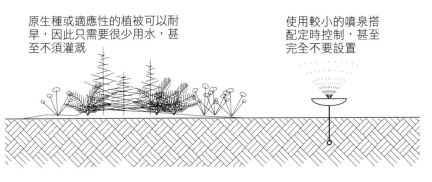

原生種或適應性的植被可以耐旱，因此只需要很少用水，甚至不須灌溉

使用較小的噴泉搭配定時控制，甚至完全不要設置

4.26 減少運輸水至現地使用的的方式。

室外水對室內環境品質的影響

沒有經過處理的表面水會對室內環境品質產生負面的影響，造成嚴重的室內環境品質問題，例如發霉是因為高濕度、結露所造成，而這往往是由於水氣滲入建築物所致。這種水侵入的問題不僅來自於雨水積於屋頂或牆壁上，它也可能是因為地下室空間牆壁滲入的地下水。這些問題在發生之後是很難解決的，因此建築物的居住者可能會罹患過敏、聞到令人討厭的氣味、或是對黴菌產生其他不良反應。因此在這些問題發生之前，透過防止地下水滲入或水源流入建築物，這才是防範於未然的做法。

安裝透水鋪面允許讓水滲入土壤而不會聚集在建築物周圍造成潮濕的狀況。我們將基地內的建築物稍微提高，讓水流透過自然重力往外排水。設計施作基地內的排水系統是另外一種方式，使用碎礫石、排水墊和多孔隙排水管道收集建築物周圍下方的地下水並排除，然後讓水滲透於土壤中。建築外部防水層是避免水氣侵入的另外一種方式。使用內部的防水層和排水是較後段的手法，因為水氣滲透進建築結構之後會難以根除。從問題的源頭處理是比較有效的，預防勝於治療，而不是在已發生的建築物狀況內花費更大力氣去處理。

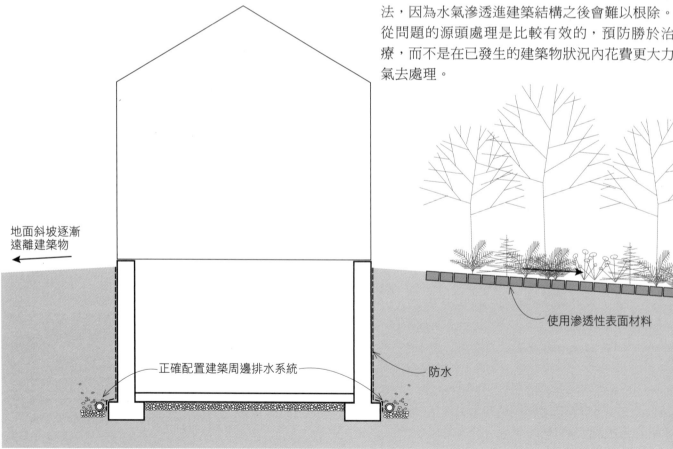

地面斜坡逐漸遠離建築物

正確配置建築周邊排水系統

防水

使用滲透性表面材料

4.27 防止水侵入建築物的策略。

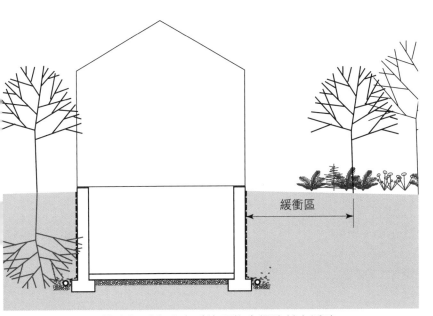

4.28 當樹木和樹枝的根系和分支系統可能會損壞並穿透建築物外殼時，建築物和周圍植被之間可以設置緩衝區。

緩衝區

其他基地問題

有趣的是，樹木和其他植栽可以幫助遮蔽和保護建築物免受太陽和強風的影響，但是如果太靠近建築物，則可能產生高濕度和其他室內環境問題等不利影響。樹木和植栽的樹枝或根也可能威脅到建築物的結構安全。藤蔓可能穿透窗戶、窗框或造成裂縫，並對建築物的牆板和屋頂造成廣泛性的損害。因此建築物需要一個緩衝區，用來保護建築免受這種植栽的影響，這個緩衝區也當作建築物的保護層。不過有一種狀況可以視為例外，就是用來減少熱島效應的綠屋頂、屋頂花園或是屋頂植栽，設置綠屋頂、屋頂花園可以減少雨水逕流並吸收空氣中的二氧化碳。綠屋頂的主題在第 7 章「外部皮層」中將再討論。

綠色設計也希望室內環境優良，可以透過防止居住者鞋子上的泥土、污垢和水帶入建築物中來增進室內環境品質。

裝設有效的隔離系統是保護的第一步，包括適當選擇花園綠化材料及植物、使用紋理的鋪面材料取代礫石，並在所有入口處安裝有效的髒污去除墊或格柵。我們甚至可以考慮在主入口外面放一雙室外靴和鞋刷。這些措施都能夠逐步降低污染物進入建築物的風險，每一種作法都是保持室內乾淨、水分與灰塵不會被帶入的策略。

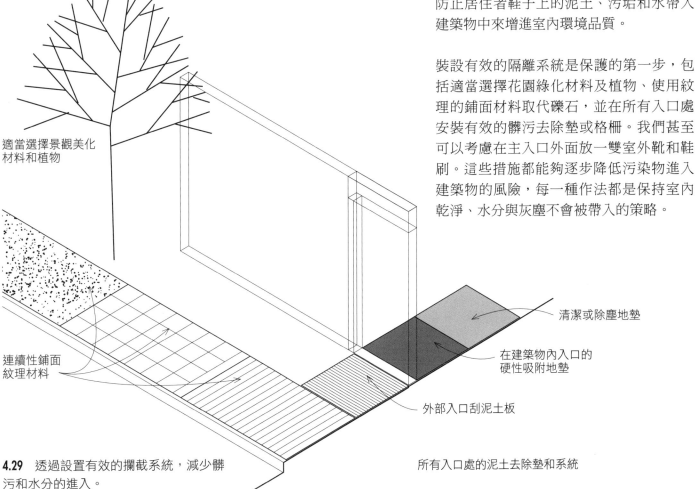

適當選擇景觀美化材料和植物

連續性鋪面紋理材料

清潔或除塵地墊

在建築物內入口的硬性吸附地墊

外部入口刮泥土板

4.29 透過設置有效的攔截系統，減少髒污和水分的進入。

所有入口處的泥土去除墊和系統

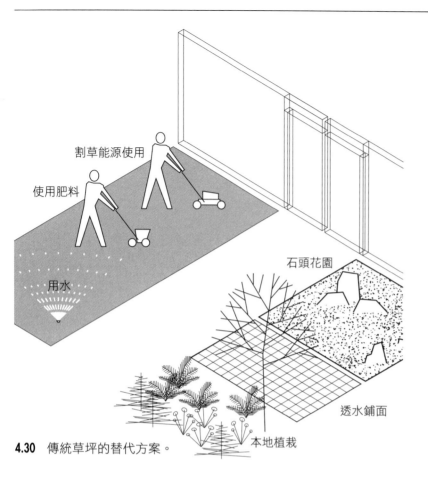

割草能源使用

使用肥料

用水

石頭花園

透水鋪面

本地植栽

4.30 傳統草坪的替代方案。

如果考慮要設置密閉循環式地熱熱泵，則應早期對土壤條件進行評估，以充分了解這種熱泵的效能。如果土壤傳熱特性差，則需要更大的設置範圍，整體密閉式地熱熱泵系統的成本將會增加。

問題是，傳統的草坪是否對建築基地來說是環保永續的呢？草坪通常需要使用肥料、農藥和其他化學品來維護。草坪也需要大量的灌溉用水，且需要定期進行消耗電力的割草除草。採用石頭花園、原生植被和透水鋪面則沒有這些問題，也提供了傳統草坪之外另外的選擇。

基地與再生能源

關於基地的部分，最後來說明關於再生能源的內容。由於種種原因，太陽能光電板（solar panels）的最佳位置是設置在屋頂上。然而，如果不能裝設屋頂型太陽能光電板的話，則另外一個選擇是在地上安裝地面型的光電板。設置太陽能光電板的時候，基地規劃必須考量陰影範圍、包括未來樹木產生的陰影和鄰近建築物可能產生的遮蔽陰影。如果我們打算使用樹木來遮蔽建築物的風，那麼樹木必須位於距建築物夠遠的地方，才不讓太陽能光電板被遮蔽。

同樣，如果考慮風力渦輪發電機，可行性研究的最佳時機是在選擇基地和規劃階段。裝設地面型的太陽能板和風力發電機還必須考慮與建築物的距離，以確定開挖埋線和接線的線路系統。最後，安裝的再生能源系統應該在初期規劃設計階段就考量，並且設計不但能夠發電，整體式美化也需一併考慮。

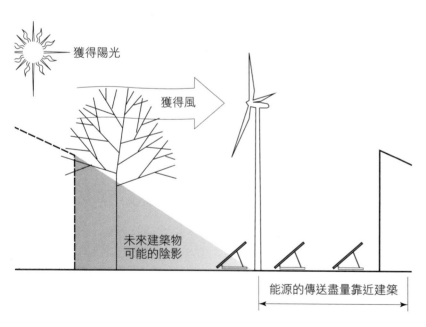

獲得陽光

獲得風

未來建築物可能的陰影

能源的傳送盡量靠近建築

4.31 現地開始考慮風力發電機和地面安裝太陽能光電板。

5
建築形體

建築形體，我們指的是其建築範圍 —— 建築物所在的投影面積，以及建築物的尺寸、高度、樓層數量和建築物的整體配置造型。傳統上，討論建築形體的焦點只有建築物的方位 —— 包括建築物面向太陽的角度、街道方向與其視野範圍。但我們不只將考慮建築方位的面向，我們還會檢討另外兩個空間重點：地板面積和建築表面積。這兩個重點對能源效率、材料節約和建築物的成本具有顯著影響。

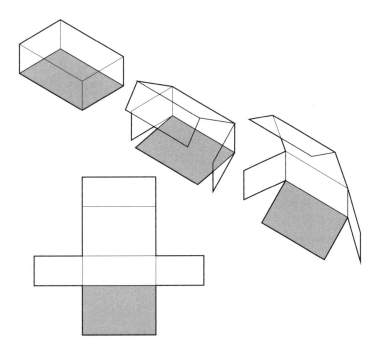

樓板面積

簡單地說，建築物的地板面積完全影響材料和能源使用，因為建築物越大，不僅需要更多的材料來建造結構體，也需要更多的能量用於暖氣和冷氣、照明、通風等耗能設備，建築地板面積大小與其他能源需求成比例增加。

關於建築物應該被設計成多大，這與綠建築設計有關。例如，在美國，平均房子從 1973 年的 1,660 平方英尺（154 平方公尺）增長 50%，到 2008 年達到 2,520 平方英尺（234 平方公尺）的高峰。美國的一般房屋面積幾乎是一般荷蘭房屋面積的兩倍大，也是一般日本房屋的二·五倍大，且幾乎是一般英國房屋的三倍大，儘管美國家庭的規模與這些國家相去無幾 —— 平均約 2.5 人／家庭，空間卻大了數倍。對這些房屋來說，即使適度減小建築物的尺寸，還是能完全保持其功能，也大大降低了能源、材料使用和建築成本。

2008 年的美國房屋：2,520 SF（234 m²）

1973 年的美國房屋：1,660 SF（154 m²）

荷蘭房屋：1,200 SF（112 m²）

日本房屋：1,000 SF（93 m²）

英國房屋：800 SF（74 m²）

5.01 平均房屋面積。

LEED 中的住宅評估系統（LEED for Homes）也提及建築面積和能源使用之間的關係，並調整其得分鼓勵較小的住宅尺寸。然而，大多數其他綠建築評估系統並不對適當的建築面積給予得分。

這個關於建築樓板面積說明的結論就是再次強調這個不言而喻的重要性：一個較小的建築和較大的建築相比，使用更少的能源和更少的材料。減少樓板面積的手法包括縮小每個空間的尺寸，這會增加居住的密度，其他設計手法包括有創意的將倉儲空間轉化成多用途使用，或是將不需要空調的中介空間移至空調分區外。

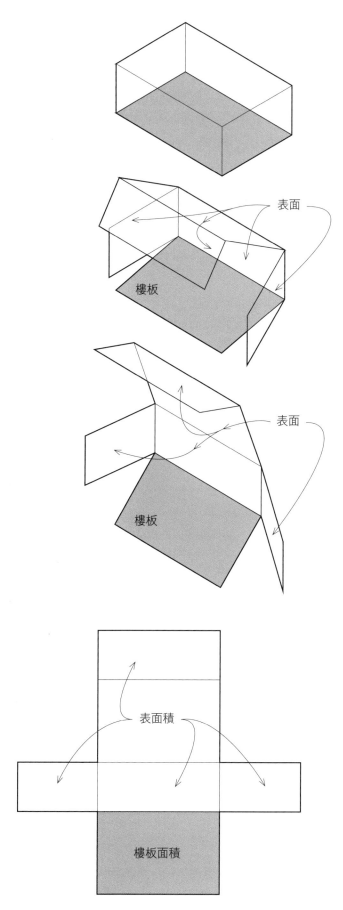

表面

樓板

表面

樓板

表面積

樓板面積

5.02 面積比 = 表面積 / 樓板面積。

表面積

接下來說明建築物的第二幾何特徵 —— 表面積，如何減少能源的使用。表面積我們指的是直接面臨室外環境的外表皮層。在冬季時，建築物的熱能損失與建築物的表面積成正比。在夏季時，表面積也明顯地影響建築物冷房效率。由於大多數建築物的能源使用主要就是暖房和冷房，因此表面積也成為建築物能源效率的關鍵特徵。

與樓板面積類似，減少建築物的表面積也降低了建築材料的使用和建築成本，因為建築物的外牆和屋頂也是材料使用的重點。

表面積對能源使用的影響可以參照下列控制建築物熱損失的熱傳方程式：

熱損失 =（A / R）×（T 室內 -T 室外）
其中：
A 是建築物的外表面積，
R 是其熱阻值（R 值），
T 室內和 T 室外分別是室內和室外空氣溫度。

過去，綠建築設計的做法就是增加外部構造的熱阻或 R 值，以減少熱量損失。這樣的做法是合情合理的，但是在這個過程中，只關注隔熱卻不會特別注意減少表面積（A）的重要性，即使這也是相當重要的關鍵。此外，與增加隔熱不同的是，增加隔熱也增加了材料使用量和構造的成本，減小表面積不僅減少了能量損失，更減少了材料使用量和構造成本。

前面我們討論了樓板面積的重要性。現在如果假設建築物的樓板面積與特定的用途都已經確定，那我們可以將建築物的表面積與其樓板面積的比率計算出來。這麼做讓我們可以用單位的基準來比較不同的建築形體。我們可以將表面積與樓板面積的比率定義為面積比。面積比越大，建築物用於每個單位面積的暖房和冷房都將消耗更多的能量。

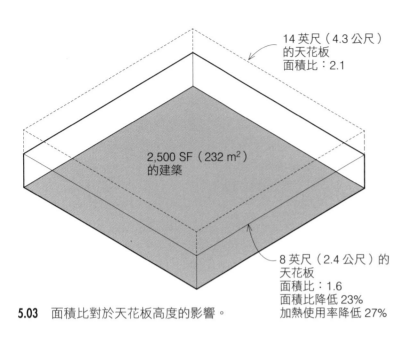

14 英尺（4.3 公尺）
的天花板
面積比：2.1

2,500 SF（232 m²）
的建築

8 英尺（2.4 公尺）的
天花板
面積比：1.6
面積比降低 23%
加熱使用率降低 27%

5.03 面積比對於天花板高度的影響。

例如，對於一個單層樓的方形建築物，有著平屋頂和 2500 平方英尺（232 平方公尺）的面積，我們來檢討從 14 英尺降低到 8 英尺（4.3 公尺到 2.4 公尺）的高度對能源影響。14 英尺（4.3 公尺）高度的面積比為約 2.1，8 英尺（2.4 公尺）高度的面積比剛好超過 1.6。所以設計較低的天花板高度和較小的面積比會對能源有什麼樣的影響？面積比降低 23% 讓暖房能源使用減少 27%。可以看出面積比對能量使用有顯著的影響，而且節能的比率與面積比的變化幾乎相同。事實上，節省的比例還比面積比率減少的百分比略高，在建築設計中，檢討和選擇不同空間高度的情形並不少見。

以下我們用個例子說明，一般的超市天花板高度從 12 英尺到 18 英尺（3.7 公尺到 5.5 公尺）不等，然而通常使用者不會使用到 8 英尺（2.4 公尺）以上的空間，因為這些空間高於人們日常會使用到的範圍。綠建築設計不一定要降低天花板的高度，但是需要多高的天花板是值得研究的。過高的天花板在空間上經常是低效率而且浪費能源的，因此設計適當的天花板高度可以降低材料使用量和構造的成本，而且不影響建築功能。

接下來我們討論建築形狀，我們可以檢討一棟單層建築物不同造型的樓板對於面積比的影響，假設該建築物具有固定的 8 英尺（2.4 公尺）高的天花板高度和 2,500 平方英尺（232 平方公尺）的建築面積。整體檢討考慮以下建築物樓層形狀：正方形、邊長比為 1：2 的矩形、五邊形、八邊形和圓形。長方形建築物的面積比為 1.68，而正方形建築物的面積比為 1.64。五邊形的面積比為 1.61，八邊形為 1.58，圓形為 1.57。後面三種形狀較少見，我們可以從中觀察到圓形底部形狀和圓柱形形狀的建築物具有最有效的面積比。不過更重要的是，從中發現同樣面積、不同形狀的樓板之間的面積比差異不大。我們設計時一樣可以保有造型的靈活性，因為形狀對於面積比沒有明顯的影響。

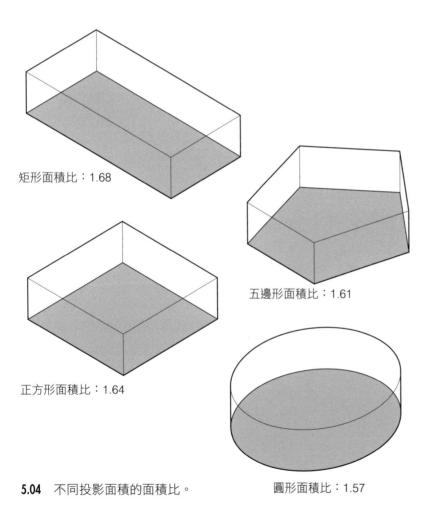

矩形面積比：1.68

五邊形面積比：1.61

正方形面積比：1.64

圓形面積比：1.57

5.04 不同投影面積的面積比。

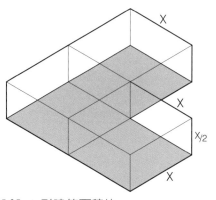

更複雜的底部形狀對面積比和能量使用具有更大的影響。L 型是一般住宅中相當常見的配置，在商業建築中也並不罕見。我們以一個例子說明，現在配置一個 L 形，組合三個相鄰的正方形成一個單層建築物。如果建築物高度是正方形 X 長度的一半，則計算這個小 L 形建築物的比例，得到面積比為 2.33。對於相同地板面積的正方形形狀建築物計算，得到面積比為 2.15，與 L 形平面相比減少了約 8% 的面積比。因此，規劃設計時使用更簡單的建築形狀而不是 L 形配置，在能量效率方面有明顯的改善與節能。

5.05 L 形建築面積比。
樓板面積 = $3X^2$
表面積 = $7X^2$
面積比 = $7/3 = 2.33$

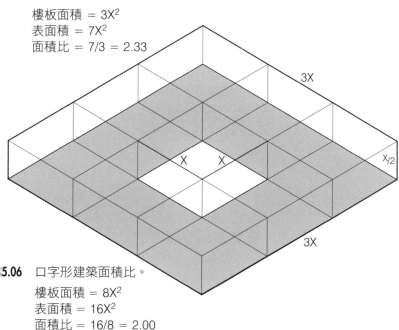

口字型配置是另一種常見的建築形狀。現在假設一個正方形建築，每個邊長等於中間正方形開口的三倍邊長。再假設這個單層建築的高度是開口邊長尺寸的一半。如圖中計算，口字型配置的面積比率恰好為 2。相比之下，沒有開口但面積相同的正方形建築面積比為 1.71，與設有開口的建築相比大幅減少了 14%。

5.06 口字形建築面積比。
樓板面積 = $8X^2$
表面積 = $16X^2$
面積比 = $16/8 = 2.00$

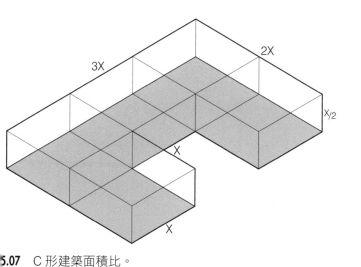

如果設計 C 形配置的建築物用簡單的正方形替代，則與上面口字型案例一樣，面積比也會減少 14%。複雜形狀的建築物在成本上也比簡單造型的建築物更高。根據調查，C 形建築物的成本比正方形或矩形要高出 3.5% 以上。

5.07 C 形建築面積比。
樓板面積 = $5X^2$
表面積 = $11X^2$
面積比 = $11/5 = 2.20$

接下來，討論到另一種不錯的配置建築類型，被稱為連棟住宅（街屋）── 將單棟建築物並排配置連接的建築物單元。我們從一個兩層樓的長方形建築開始假設，設定建築的面積為 1,600 平方英尺（149 平方公尺），寬 20 英尺（6.1 公尺），深 40 英尺（12.2 公尺），高 9 英尺（2.7 公尺），其面積比為 1.85。將單棟建築連接成並排建築，兩棟建築物緊密靠在一起，這樣配置其面積比會減少 24%，達到 1.40。因為分戶牆共用牆板大大減少了組合建築物的暴露表面積。再增加一棟第三單元則面積比減小到 1.25，第四棟使其為 1.18，第五棟 1.13，第六棟 1.10。六棟的連棟住宅的面積比率比單幢大樓減少了大約 41%。而從單幢建築發展到雙棟建築的時候，面積比產生了最大的降幅。

即使我們一下就配置到一棟六單元的連棟住宅建築，一棟兩單元相接的建築也比單一單元的建築更有效率。然而，兩單元建築（比單棟建築少 24%）和六單元建築（比單棟建築小 41%）相比仍然有著很大的落差。連棟型的建築可以節省大量的材料和能源、降低建築成本。由經驗我們了解到，連棟住宅形式中的分戶牆可能影響了景觀視野和採光的需求，這對於特定的建築類型是可以接受的，對某些建築來說也可能不被接受。例如，連棟建築的配置可以應用於零售商店用途，商店唯一需要的玻璃窗是店面，其他放置商品的貨架部分則不需要開口。

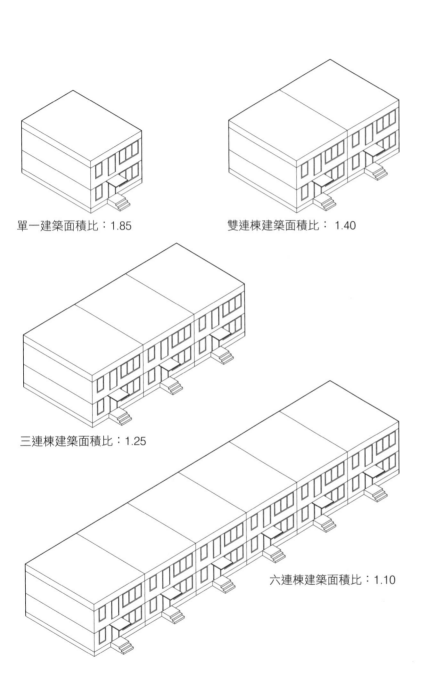

單一建築面積比：1.85

雙連棟建築面積比：1.40

三連棟建築面積比：1.25

六連棟建築面積比：1.10

5.08 連棟建築物面積比。

目前的建築物面積比是多少呢？典型的小型建築物，例如家庭住宅，通常面積比約在 2.0-3.0 範圍內。實際的建築物會因為屋突、凹凸面、懸臂構造、天窗、暴露屋頂區域以及其他複雜造型等，大大的增加其建築的面積比，這些設計都增加了面積比。所以透過降低建築形狀的複雜性，對於相同的地板面積來說，可以容易將面積比控制在 1.5 以下。簡單的建築形狀只需使用更少的能量、也使用更少的材料和更少的建築成本，我們可以從這裡看到簡單的造型將同時具備綠色設計和負擔能力的優點。簡單的建築形狀對於一些建築物可能不容易實現，但是對於可以接受簡單造型的建築物來說，潛在的能源和成本都有著能夠降低的潛力。

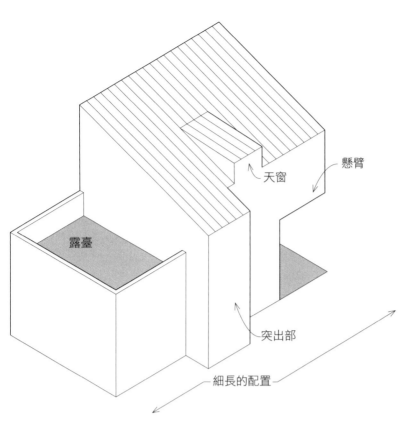

露臺

天窗

懸臂

突出部

細長的配置

5.09 增加面積比的建築元素。

斜屋頂也會影響面積比的表現。例如，一棟邊長為 20 英尺（6.1 公尺）的建築物，如果屋頂的一端增加了 9 英尺，則會比具有平屋頂 9 英尺（2.7 公尺）高的建築物增加 36% 的面積比。如果在屋頂中間設計一個增高 9 英尺的屋脊，則其面積比跟現有平頂的建築相比高出 17%。

400 SF (37m²)

平屋頂面積比：2.80

中間突起式屋頂
面積比：3.28
面積比高出 17%

斜屋頂面積比：3.80
面積比 36%

5.10 各屋頂類型的面積比。

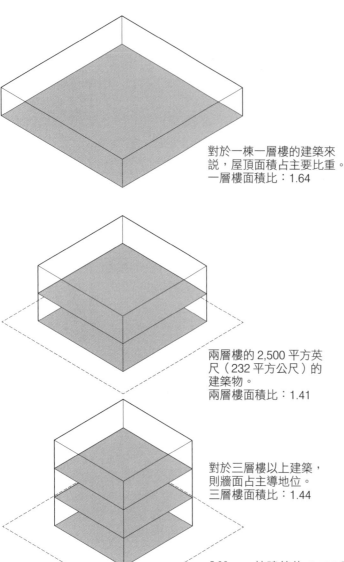

對於一棟一層樓的建築來說，屋頂面積占主要比重。
一層樓面積比：1.64

兩層樓的 2,500 平方英尺（232 平方公尺）的建築物。
兩層樓面積比：1.41

對於三層樓以上建築，則牆面占主導地位。
三層樓面積比：1.44

5.11 一棟建築物 2,500 平方英尺（232 平方公尺）的最佳面積比。

5.12 樓板面積的最佳樓層數量

建築投影面積／平方英尺（平方公尺）	最佳樓層數
< 1,000 (93)	1
1,000–5,000 (93–465)	2
5,000–10,000 (465–929)	3
10,000–30,000 (929–2,787)	4
30,000–60,000 (2,787–5,574)	5
60,000–100,000 (5,574–9,290)	6
100,000–150,000 (9,290–13,935)	7
150,000–240,000 (13,935–22,297)	8

這個表根據每層樓的樓高不同，最佳樓層數量略有不同。
此表適用於 10 英尺樓高的建築物。

面積比也會受到建築物樓層數的影響。我們再拿一個簡單的方形建築做討論，假設一棟建築有 2,500 平方英尺（232 平方公尺）的樓板面積和 8 英尺（2.4 公尺）的天花板高。這裡的 2,500 平方英尺是指建築物總容積的面積，而不是建蔽率。在這個例子中，2,500 平方英尺平均分配在這個建築物的每層樓。如果設計成一個樓層，建築面積比為 1.64。設計成為兩層結構，其面積比為 1.41，設計成三層結構，面積比為 1.44。因此同樣的樓板面積，設計成兩個較小的樓層顯然是比直接設計成一個更大的單一樓層要來的好，因為兩層結構的屋頂減少了暴露面積。但隨著建築升高到三層樓，變得更高和更細，外牆暴露的面積開始占據主要部分，面積比開始再次增加。這樣代表了這棟 2,500 平方英尺建築物的最佳設計高度是兩層樓。

對於面積大小為 1,000 平方英尺（93 平方公尺）和 10 英尺（3 公尺）高度的建築物而言，單一樓層提供了最低的面積比。從約 1,000 至 5,000 平方英尺（93 至 465 平方公尺）的樓板面積，樓層的最佳設計是兩層；從 5,000 到 10,000 平方英尺（465 到 929 平方公尺）的最佳設計是三層樓；從 10,000 到 30,000 平方英尺（929 到 2,787 平方公尺）的最佳設計是四層樓。而在 20 萬平方英尺（18,580 平方公尺）時，最佳的樓層是 8 層。最後要注意一點，由於最小面積比的最佳樓層隨著樓板面積而增加，所以建築物很可能會發展出內部的核心。

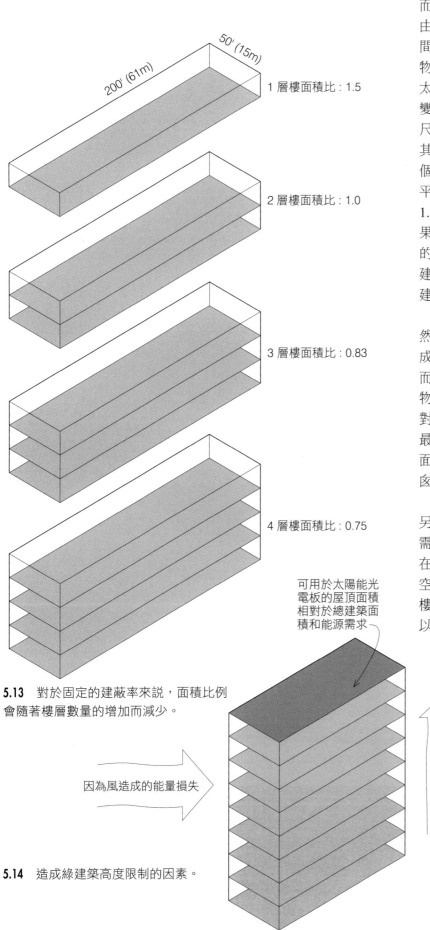

50' (15m)

200' (61m)

1 層樓面積比：1.5

2 層樓面積比：1.0

3 層樓面積比：0.83

4 層樓面積比：0.75

5.13 對於固定的建蔽率來說，面積比例會隨著樓層數量的增加而減少。

可用於太陽能光電板的屋頂面積相對於總建築面積和能源需求

因為風造成的能量損失

因為煙囪效應造成的能量損失

5.14 造成綠建築高度限制的因素。

而某一些類型的建築物，例如公寓和旅館，由於功能的需求，所以可能不能有內部的隔間。我們將這些類型稱為以外殼為主的建築物。高層建築必須具有良好視野且不能具有太大的內部服務核心，其面積比隨著其高度變得越來越高而降低。例如，假設一個 50 英尺 ×200 英尺（15 公尺 ×61 公尺）的建築物，其具有 10 英尺（3 公尺）的樓層高度，且每個樓層的建築面積為 10,000 平方英尺（929 平方公尺）。設計成單層建築，其面積比為 1.5。設計成兩層樓，其面積比下降到 1.0，如果設計成十層樓則面積比為 0.6，設計 20 層的話，其面積比為 0.55。對於以外殼為主的建築物來說，從面積比的角度檢討，較高的建築物是比較好的。

然而，當建築物變得更高時，低面積比所造成的節能效果卻會因為另外兩個其他的因素而減少：建築物在冬季時，樹木或相鄰建築物對風的遮蔽效果減少以及煙囪效應的增加。對於以外殼為主的建築物，例如公寓和旅館，最佳的建築高度可能在中間範圍左右，因為面積比率比一到兩層樓的建築要低，但是煙囪效應和風損仍然不是造成太大影響。

另外一個影響建築高度的限制因素是，對於需要實現零耗能的建築物來說，通常都缺乏在基地上能夠裝設太陽能光電板系統的屋頂空間。研究結果發現，當其高度上升到兩層樓以上時，屋頂面積範圍的減少，就非常難以裝設足夠供應太陽能電力的光電板。

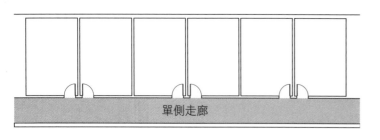

單側走廊

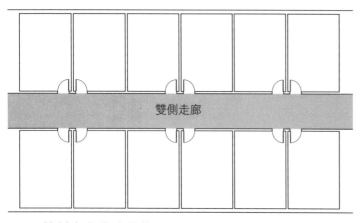

雙側走廊

5.15 雙側走廊的建築物具有比單側走廊的類似建築物更低的面積比。

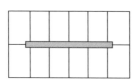

透過不將走廊延伸到建築物的末端可以進一步提高能源效率

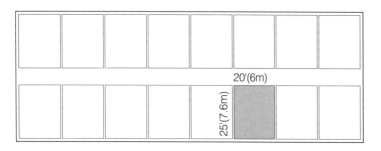

20'(6m)

25'(7.6m)

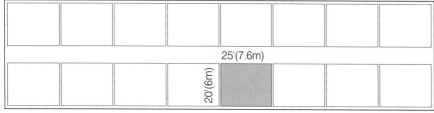

25'(7.6m)

20'(6m)

5.16 即使樓板面積保持不變,透過使用更大的周長深度,建築物具有較低的面積比,可以更節能並且具有較低的建築成本。

對於需要景觀的外殼為主的建築物,例如公寓和旅館類型,另一個常見的問題是:平面配置時,應該設計成雙側走廊或單側走廊呢?答案是雙側走廊建築物的面積比會比單側走廊要來得低許多。假設一個公寓大樓是 200 英尺(61 公尺)長,五層樓高,有深度 20 英尺(6.1 公尺)、寬度 5 英尺(1.5 公尺)的走廊和 10 英尺(3 公尺)樓層高度。如果建築物是單側走廊的狀況,其面積比為 1.1,但如果轉換為雙側走廊,則面積比為 0.74,明顯比單側要低 32%。如果不將走廊延伸到建築物的末端,更可以增加雙側走廊方案的效果。

這種以外殼為主的建築物的另一種策略是減少暴露連結於外牆的室內空間。這意味著可以將空間設計的更深,來減少其空間連結於外牆的範圍。

以上例為例,五層樓高的建築與雙側走廊的面積比為 0.74。假設它最初設計在走廊的一側各有八個住宅單元,每個大小為 20×25 英尺(6.1×7.6 公尺),靠著外牆是 25 英尺的邊。如果我們改變每個住宅單元的方向,變成 20 英尺的邊靠在外牆上,雖然單元面積保持不變,每個單元的深度變成 25 英尺。建築變得比較寬、略短,但整體公寓面積保持不變。每個住宅單元面積是 500 平方英尺(46 平方公尺),因為方向的改變減少的牆壁暴露將面積比降低 7.5% 至 0.69。這是因為建築物尺寸的微小變化和對外暴露牆壁損失減少的結果,儘管牆面上總開口面積甚至可以維持不變,公寓樓板面積沒有任何損失,但由於外牆面積減少,因此可大幅節省暖房和冷房的能源。

我們發現到,將走廊設計的稍短,可以節省照明,整體建築面積和外牆面積也會跟著減少,進而節省建築成本。我們已經看出建築物外殼表面積與其建築樓板面積之比率對於能源使用的影響有多大。所

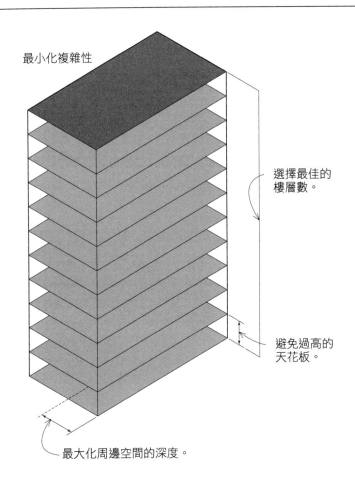

最小化複雜性

選擇最佳的
樓層數。

避免過高的
天花板。

最大化周邊空間的深度。

5.17 減少建築面積比的方法。

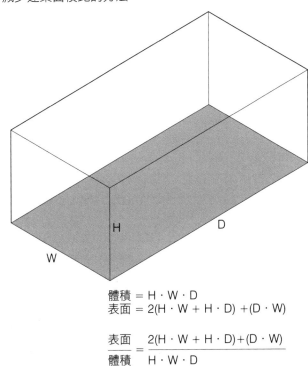

$$體積 = H \cdot W \cdot D$$
$$表面 = 2(H \cdot W + H \cdot D) + (D \cdot W)$$

$$\frac{表面}{體積} = \frac{2(H \cdot W + H \cdot D) + (D \cdot W)}{H \cdot W \cdot D}$$

5.18 表面體積比。

以可以使用各種策略來最小化該面積比,包括降低樓板到樓板的高度和避免過高的天花板、配置連棟建築或將多個較小的建築物組合成單棟較大的建築物、使用針對特定總樓層面積的最佳樓層數量、使用配置較深的空間,並將建築外牆的表面複雜性降至最低。

保持低面積比也產生多種額外的好處。避免過高的天花板降低了人工照明所需的功率與電力。舒適度也得到改善,因為空調的溫度可以較容易傳達,也進一步減少了能源使用。在屋頂的部分,簡單的建築造型也有助於讓太陽能板更好裝設,達到最大效果。

當比較相同建築面積或相同使用者密度的建築物時,當然選擇設計最低面積比的方案。但是比較不同樓板面積或使用者密度的建築物時,面積比可能會產生誤導。例如,面積為 3,000 平方英尺(279 平方公尺)的四房住宅可能比僅有 1,500 平方英尺(139 平方公尺)建築面積的四房住宅的面積比低,但是較大的總面積即便有著較小的面積比也不一定代表更節能。所以在檢查面積比之前,首先應減少建築物的樓板面積。接著確定了建築面積和使用者密度之後,再進行減少面積比的設計措施。

對於一些建築形狀來說,設計較低的面積比可能會減少牆壁面積和採光的可能性,但是不能減少到有景觀需求的區域。然而,認真地探討其實還是會發現不但可以減小面積比,同時仍然提供所需的景觀及採光,還能夠節省能源的方案。減少面積比的使用應該被視為綠建築設計者做設計時的策略及有用的附加工具,而不是為了達到最低的面積比而扼殺了建築設計的創意與靈感。

一些建築設計專業人員使用「表面積 - 體積比」作為應該最小化的目標,而不是「表面 - 底面積比」。表面 - 底面積之比具有無單位的優點,因此在兩個通用的單位系統(國際公制系統和英制系統)中都是相同的,而表面積 - 體積比將根據使用公制或英制的長度測量單位而改變。其中對於天花板高度的增加,在表面積 - 體積比中可能降低,這樣代表著天花板增高反而具有更高的效率。不過不論是哪個指標,表面積 - 底面積比或表面 - 體積比都讓我們了解到建築外層表面積的影響和使其最小化的重要性。

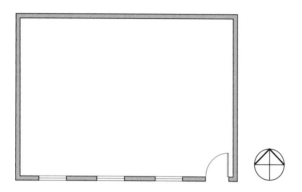

5.19 只有一面牆上有窗戶的建築物應該面向南方。

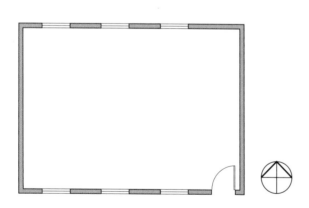

5.20 相對且相似大小的建築物開口應朝南北方向。

座向

現在，我們已經探討了樓板面積和建築形狀對能源使用的重大影響，我們回到座向、建築角度的方式來思考。座向影響建築在冬季能夠獲得多少太陽能的熱量，而相反地，由於夏季不需要太多太陽能熱量，需要減少熱量的獲得。座向也會影響多少空氣流過建築物而造成的風壓差異。

我們接下來把注意力放在被動太陽能特性的建築物上，例如熱質量（Thermal Mass）和其他形式的能量儲存，或者不需要設備裝置的控制方法，例如窗戶的夜間隔熱性。我們也來思考一下有關於暖房、冷房還有採光。

為了將建築物的座向最佳化，我們通常用電腦模擬的方式，找出最佳的決定。電腦模擬可以相當快速地完成，並且許多模擬軟體甚至可以旋轉建築物，然後讓設計者可以快速檢討不同的座向。但是明顯可以發現到，如果建築物在四個牆面上都有相等的正方形窗口，則建築物的座向將沒有太多討論的意義。

例如，如果主入口是面對四個方位中的任一方向，則建築物將在每種假設條件狀況都使用大約相同的能源。因此關於最佳建築座向，相對於太陽熱得增加和熱損失的討論都聚焦於建築物的所有側面上開口、窗戶都是不相等的狀態才有意義。

對於在四個側面中只有一個側面上具有窗戶的建築物來說，在北半球，最少耗能的座向通常將窗戶開向南方。無論建築物位於寒冷地區（以暖房為主）還是在熱帶地區（以冷房為主），這都是適用的。注意，重點不是「在南面的牆上放置盡可能多的窗戶⋯」，而是「如果窗戶只放在一個牆上，那放置窗戶的最佳座向是南面」。

對於建築的窗戶如果僅位於相對的兩個壁面上，在北面牆壁和南面牆壁上的窗戶會比窗戶放在東面和西面上時消耗更低的能量。在溫熱的氣候下，節能的效果更加明顯。

如果兩面相鄰的牆壁上要放置窗戶時，在溫暖和寒冷的氣候中，當窗戶面向東向和南向時，消耗的能量是最少的。或者幾乎差不多與東南向一樣節能的設計是把窗戶開口朝西向和南向配置。如果窗戶在兩個相對的牆壁時，窗口至少應該不面向北向 - 東向或北向 - 西向。這樣對於溫暖或寒冷的氣候條件下，可以有顯著的節能。

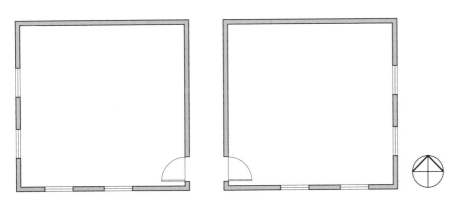

5.21 相鄰兩側有窗戶的建築物應朝南 - 西或南 - 東方向。

上面的案例著重在方形建築來討論，矩形建築物如果在所有側面上都具有相同的窗牆比，雖然在兩個較長側面上整體的窗口面積是更大的，但是配置原則與具有前面提過的正方形建築物的結果相同：最低的耗能狀況是將建築物沿著它們的長軸調整成東西向，且窗戶盡量安排南北向，這比東西向的開口要節能。必須強調的是，結論不是「盡可能將多的窗戶朝向南北…」，而是「如果窗戶是圍繞著矩形建築物，且窗口對牆面比例均勻分佈，建築物最好的座向是讓其長軸東西向」。在以冷房為主的南方地區效果會比以暖房為主的北方效果更加明顯。

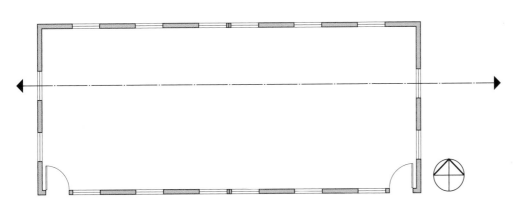

5.22 四面均勻分佈的窗戶的矩形建築物應沿東西軸定向。

以上的討論還沒考慮與風向對於建築物耗能的影響，因為有時微風穿透建築物時，會影響建築物的能耗。大體來說，通風的最佳座向可能和太陽能增加和損失的最佳座向不同。

透過以下兩個例子可以發現，綠建築的標準與建築形狀產生了有趣但不同的影響。

LEED 評估系統將建築物的設計與相同形狀的基準建築物來做比較。假設的基準建築物與現在要進行比較的 LEED 建築物有相同的形狀，但是沒有綠色設計，例如良好隔熱的牆壁。雖然 LEED 綠建築是比基準建築物要更加的節能，但建築形狀的優良設計不能幫助它獲得相對應的得分。

基準建築具有與 LEED 評估建築物相同的形狀，但沒有綠色設計

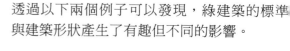

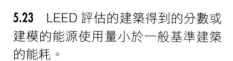

LEED 建築與基準建築具有相同的形狀，但增加了諸如隔熱良好的外殼、高性能窗戶和高效率加熱系統等綠色設計

5.23 LEED 評估的建築得到的分數或建模的能源使用量小於一般基準建築的能耗。

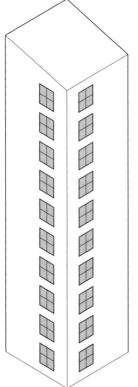

5.24 一個較為極端的例子是：如果一個只有一個房間面積而相當高且薄的建築物，雖然會使用比同樣形狀的基準建築物更少的能量，但如果它不要設計這麼高，它可以使用更少的能量。

讓我們思考一個比較極端的例子，一個單層的辦公大樓，一個空間有著面積為 1,000 平方英尺（93 平方公尺），並有著 100 英尺（30 公尺）高的天花板。這座建築物如果有良好的隔熱性，可以獲得很高的 LEED 能源部分的得分，甚至有機會獲得 LEED 最高級的白金級認證，即使其每單位建築面積的能源密度很高。

與 LEED 評估系統相比，Passivhaus 則重視每單位建築面積的能源使用。對於該評估系統來說，上面的案例不會獲得良好得分，還可能因為實際上的每單位建築面積使用高能量使用而不能被認證。但它的重點若在於樓板面積單位耗能則反而使 Passivhaus 會遇到相反的狀況。

再來思考另一種極端的例子，一個具有大面積的單層樓建築物，例如一棟擁有 10 萬平方英尺（9,290 平方公尺）建築面積的獨立住宅。如果這個大房子有很好的隔熱牆和很好的隔熱天花板、氣密且面積不大的窗戶，它可以完全的符合 Passivhaus 的能源性能標準，因為這是基於單位面積的能源使用來比較。然而，如果房子由四人家庭居住使用，這與典型的住宅相比，總能源量的使用還是很大，電費帳單將是非常貴的。

從前兩個例子我們可以發現，LEED 評估系統和 Passivhaus 都具有相對於建築物尺寸和形狀的不完整之處。有趣的是，一個高瘦的

建築物可以滿足 LEED 標準，即使它效率不佳，而另一個較大、低、扁平的建築物雖然可以滿足 Passivhaus 的要求，但效率可能是非常低的。事實上，一個大、低、扁平的建築也可以在 LEED 評估系統中獲得良好得分，但是效率還是很低的，雖然 LEED 住宅版鼓勵設計適當的房屋面積，不鼓勵有大面積的房子，但那些過高的天花板卻排除在外。其他評估系統也有類似的問題。HERS 住宅能源評核系統也像 LEED 一樣，它的能源評估基準參考 ENERGYSTAR® 而來，而 Passivhaus 則是由樓板面積評估。

建築形體可以比牆的 R 值、窗戶的 U 值或其他熱能對能源的使用具有更大的影響力。這就是為什麼建築形狀應該儘早檢討和仔細思考，因為它可以主導建築物的整體能源使用，無論牆體內有多少隔熱材料、無論空調系統的效率有多好或是其他先進的科技應用於建築物當中，都比不上適當的建築形體與座向。

重點在於提出正確的問題。我們不再是以：「如何選擇一個符合我們需求的建築形狀，然後逐漸地綠化其構造」，而是尋找「如何能夠以一種本質上更環保的建築形狀來滿足我們的需求？」這樣的答案。

如果我們仔細看看許多取得認證的綠建築，甚至會發現許多名不符實的地方。它們可能試圖做出聲明「我們不但是綠色的，而且仍然是獨特的」，被認證的綠建築的形狀往往複雜、窄、高、具有高度的面積比。使用高效率的材料與設備，例如牆壁高 R 值和窗戶低 U 值，建築物還可能聲明它們並不是在漂綠（greenwashing），漂綠是指表面上聲稱對環境保護付出很多，但實際上卻是反其道而行的術語。而這樣的建築物基本上通常效率低落。因此，我們發現不同於漂綠的風險，我們甚至可以稱為潑綠（greensplashing），用著很明顯綠建築設計手法，表面上是綠色的、或甚至被認證是綠建築，但是實際上仍然效率低落，因為它們的形體複雜或因為其他低效率的造型。

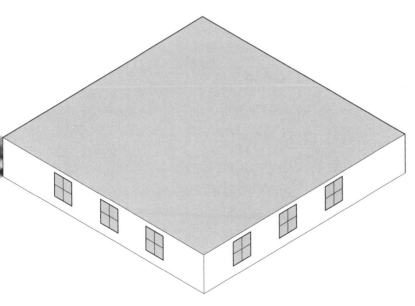

5.25 一個極端的例子是：如果建築不需要這樣的形狀，卻設計成每單位面積的能耗低的大型、低矮的建築物仍然會使用過多的能源。

核心空間與外周空間

較大型的建築物，例如相當大的辦公大樓或室內商場，可能有不具外牆或屋頂的核心空間。這些內部空間即使建築物處於寒冷的氣候中，通常也只需要全年冷房。

而這種冷房可以透過在戶外空氣溫度低於室內空氣溫度時引入較冷的室外空氣來達成。當有時候需要同時冷卻核心區域並加熱外周區域，一些熱泵系統還可以讓熱量直接從核心區域轉移到外周區域，進而顯著的提高整體的能量效率。核心為主的建築物讓我們對於這些特性提出了一系列的問題：將核心空間設計很大而不需要暖房的建築物來說，對於能源節約是有幫助的嗎？核心區域的面積與外周區域面積的最佳比率是多少？成本的考慮是否平衡？

例如，當核心區域的熱能不會與外周區域同時產生時，會出現一個問題。外周區通常僅在冬天需要熱量，而核心區域全年都會產生熱量。外周區域在夜間沒有陽光照射下，沒有使用照明設備下，可能需要更多的熱量，而許多建築物的核心區域（例如辦公室）通常在白天工作時間產生更多的熱量。不過儘管如此，將核心產生的熱量用於外周區加熱仍然有顯著的潛在效益。對於特定建築物的核心與外周區要如何平衡決定適當面積，我們可以用能源模型來做分析。

如果任何特定的綠建築具有內部空間的核心可行，換句話說，如果核心空間不需要有用於景觀或採光的窗戶，並且可以使用熱泵將核心熱量移動到外周區的話，是可以有效地使用這樣的核心區域的。值得注意的是，這樣的內部核心區域的每平方英尺的建築成本也較低，因為核心區域不需要昂貴的外部構件，無論是牆壁還是屋頂，其對於隔熱、耐候性、塗層、室外窗戶和門的要求都較低。

那我們可能會問：將空間移動、加入到內部空間的核心是否有意義呢？答案可能是沒有辦法的。因為當核心空間的面積增加到外周區面積的兩倍或更多倍時，會發生幾種情況。首先，核心產生的熱量比外周區需要的還多，因此失去了可以同時加熱和冷卻的效率。第二，當戶外溫度低時，由於距離增加，在戶外需要透過自然冷卻來向核心區域提供降溫的效果也降低，結果造成風扇馬達或電動泵浦的功率增加反而耗能。最後，核心區域若變得如此之大，反而使得建築物中的大多數使用者沒辦法透過景觀或採光與戶外連結，這讓室內環境品質受到損害。最後，如果較大的核心區域是可以被接受的，我們可以利用電腦模擬來幫助我們評估能源的消耗。在一些特定條件下，透過增加核心區域面積，在能源和成本方面都可能有顯著的助益。

建築內部空間的核心

5.26　大型建築通常具有內部空間的核心，沒有外牆、地板或天花板。

6
建築附屬設施

一些建築物的附屬建物設施包括懸臂、遮陽板、太陽能光電板、陽台、百葉窗這類的裝置。這些附加的設施中的許多部分可以用來當作額外的遮蔽物，但如果誤用的話，這些建築物周圍的設施則可能會無意中增加了建築物的能源消耗。

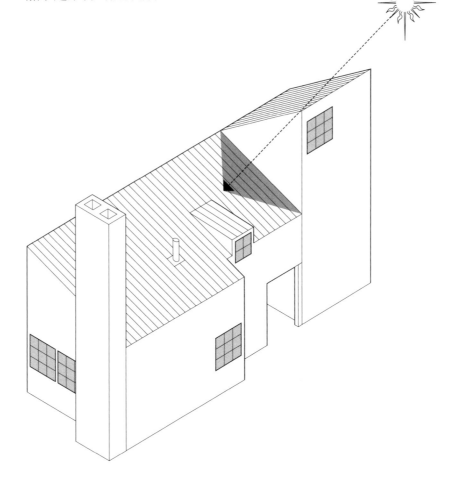

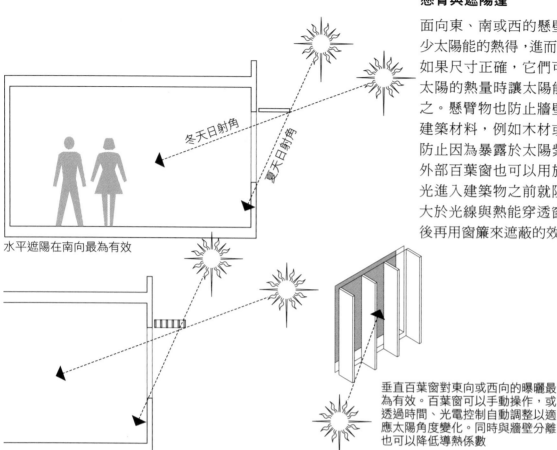

懸臂與遮陽篷

面向東、南或西的懸壁和遮棚在夏季可以減少太陽能的熱得，進而減少空調所需的能量。如果尺寸正確，它們可以在冬季當我們需要太陽的熱量時讓太陽能熱量進入，夏季則反之。懸臂物也防止牆壁和窗戶滲水，並保護建築材料，例如木材或一些填縫材料，可以防止因為暴露於太陽紫外線而造成的劣化。外部百葉窗也可以用於類似的用途，在太陽光進入建築物之前就阻隔於外部的效果，遠大於光線與熱能穿透窗戶進入建築物室內之後再用窗簾來遮蔽的效果。

冬天日射角

夏天日射角

水平遮陽在南向最為有效

垂直百葉窗對東向或西向的曝曬最為有效。百葉窗可以手動操作，或透過時間、光電控制自動調整以適應太陽角度變化。同時與牆壁分離也可以降低導熱係數

平行於牆壁的水平百葉窗可以在牆壁附近進行空氣循環，並降低傳導熱得。而百葉窗可以手動操作，或透過時間、光電控制自動調整以適應太陽角度變化

6.01 遮陽裝置可遮擋窗戶和其他透明部分，避免陽光直射，以減少眩光和天氣炎熱時過熱。

懸臂可以用多種方式來設計尺寸大小，包括數值計算法、建築模型法或電腦模擬法。下表顯示了 8 月 22 日中午 48 英寸（1,220mm）高、朝南向開口的窗戶所需的懸臂深度，以便在各個緯度沿著窗戶的高度都提供完整的遮蔽。幸好在溫暖的氣候下需要遮蔽的地方，所需要的懸臂是較短的。

緯度	深度（英寸）	（mm）
24	11	(280)
32	16	(405)
40	26	(660)
48	36	(915)

而對於東向和西向的懸臂來說，深度要大得多，例如在 6 英尺（1,830mm）以上高度的窗戶來說，陰影的長短變化大而且迅速。所以另一種替代的做法是採用垂直的百葉窗或遮陽板，它們為東向和西向的陽光暴露提供更有效的遮蔽保護。其他像是格狀板、其他外部結構體，甚至植物都是用於外部遮蔽的選項之一。

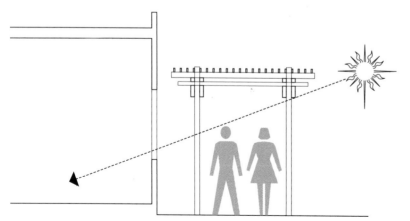

6.02 棚架和其他外部結構可以根據其距離、高度和方向提供陰影遮蔽，特別是對於需要更大懸垂深度的東西向曝曬。

太陽能板

太陽能光電板由太陽能電池或光電模組以陣列排列組成。當我們在進行外部設計時,最終確定建築物的屋頂設計之前,最重要的就是要注意太陽能板的預留位置。

太陽能光電板最合理的裝設位置在屋頂,因為建築物的既有結構使得安裝於屋頂比安裝於地面更加經濟,因為不需要額外設置施作基礎結構。屋頂的高度也降低了太陽能板被結構體、鄰近建築物、結構或植物遮蔽的風險。屋頂的空間也減少了對太陽能板被盜竊、破壞或其他損壞的風險。

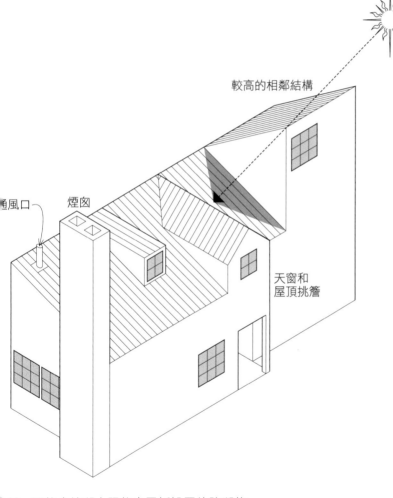

較高的相鄰結構

通風口

煙囪

天窗和
屋頂挑簷

然而,屋頂通常不是專門設計或給太陽能光電板裝設的。因為屋頂的坐向相對於太陽通常不是最佳的角度。此外,屋頂具有的建築構造,例如煙囪、管道和機械通風口、屋頂天窗、樓梯間頂棚或衛星天線,都有可能阻擋了裝設太陽能板最有效的位置。這些構件也可能將屋頂中較完整的大塊區域分隔,變成小塊零散的空間並使得太陽能板的排放裝設更加困難。某些屋頂的空間則過於瑣碎分散,因此要裝設太陽能板的空間受限。除此之外更常遇到的狀況是,屋頂的某一部分被同一建築物的較高部分遮蔽,這樣的話會大大降低了太陽能光電板的發電效率。

.03　可能會妨礙太陽能光電板設置的障礙物。

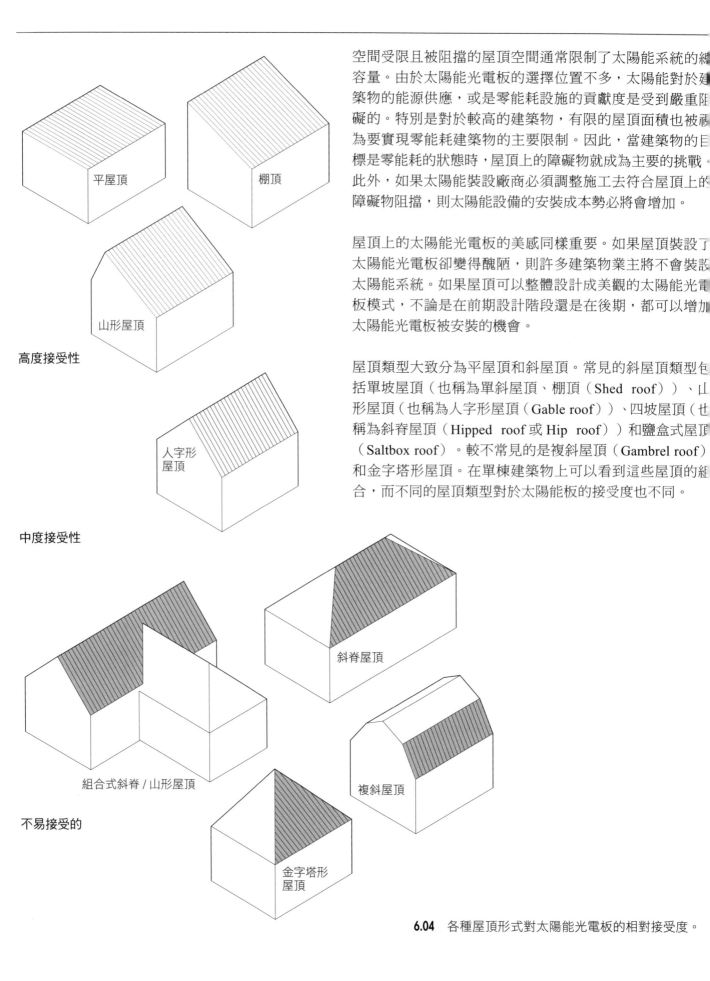

空間受限且被阻擋的屋頂空間通常限制了太陽能系統的總容量。由於太陽能光電板的選擇位置不多，太陽能對於建築物的能源供應，或是零能耗設施的貢獻度是受到嚴重阻礙的。特別是對於較高的建築物，有限的屋頂面積也被視為要實現零能耗建築物的主要限制。因此，當建築物的目標是零能耗的狀態時，屋頂上的障礙物就成為主要的挑戰。此外，如果太陽能裝設廠商必須調整施工去符合屋頂上的障礙物阻擋，則太陽能設備的安裝成本勢必將會增加。

屋頂上的太陽能光電板的美感同樣重要。如果屋頂裝設了太陽能光電板卻變得醜陋，則許多建築物業主將不會裝設太陽能系統。如果屋頂可以整體設計成美觀的太陽能光電板模式，不論是在前期設計階段還是在後期，都可以增加太陽能光電板被安裝的機會。

屋頂類型大致分為平屋頂和斜屋頂。常見的斜屋頂類型包括單坡屋頂（也稱為單斜屋頂、棚頂（Shed roof））、山形屋頂（也稱為人字形屋頂（Gable roof））、四坡屋頂（也稱為斜脊屋頂（Hipped roof 或 Hip roof））和鹽盒式屋頂（Saltbox roof）。較不常見的是複斜屋頂（Gambrel roof）和金字塔形屋頂。在單棟建築物上可以看到這些屋頂的組合，而不同的屋頂類型對於太陽能板的接受度也不同。

平屋頂

棚頂

山形屋頂

高度接受性

人字形屋頂

中度接受性

斜脊屋頂

組合式斜脊／山形屋頂

複斜屋頂

不易接受的

金字塔形屋頂

6.04　各種屋頂形式對太陽能光電板的相對接受度。

無論是在新建建築施工時還是在未來既有建築的施工，平屋頂是最容易裝設太陽能光電板的，而且讓太陽能模組陣列提供靈活的裝設方向。在北半球，面向南方的單斜屋頂或鹽盒式屋頂也是非常容易裝設太陽能光電板。

因此，使屋頂能夠裝設太陽能光電板的最佳狀態包括：

- 選擇好裝設的屋頂模式，按照從高到低的裝設性的優先順序如下：
  - 平屋頂
  - 單坡屋頂
  - 鹽盒式屋頂
  - 山形屋頂
  - 四坡屋頂

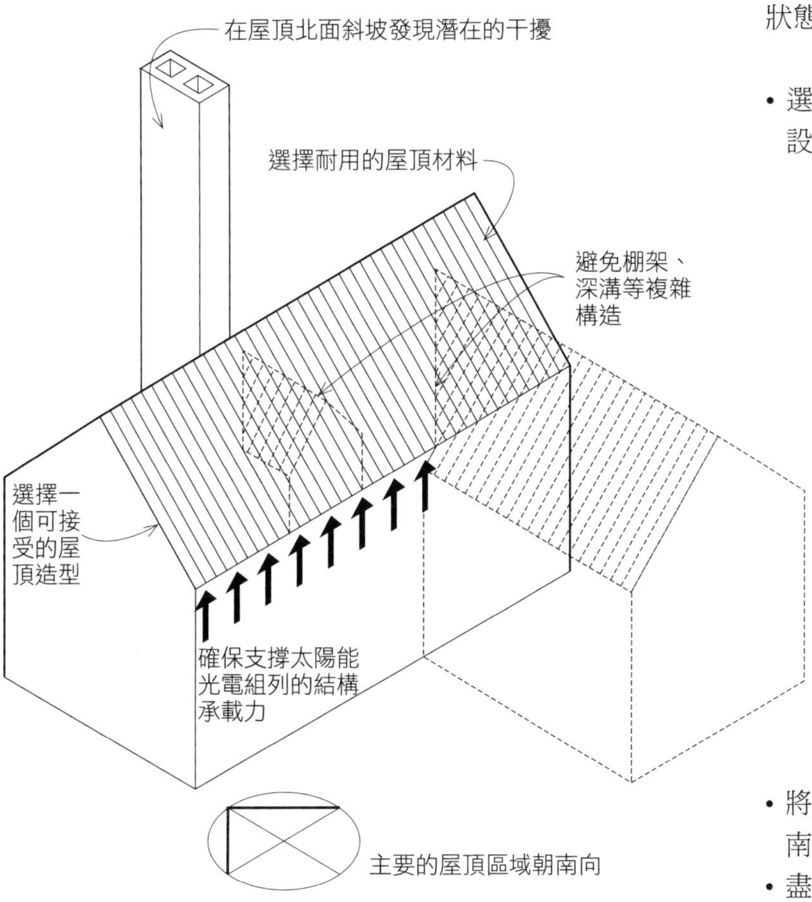

在屋頂北面斜坡發現潛在的干擾

選擇耐用的屋頂材料

避免棚架、深溝等複雜構造

選擇一個可接受的屋頂造型

確保支撐太陽能光電組列的結構承載力

主要的屋頂區域朝南向

6.05 在屋頂裝設太陽能光電板。

- 將屋頂的主要斜度與赤道相對應（北半球朝南）。
- 盡可能在屋頂的北向斜屋頂或牆壁上裝設穿透構件，如管道通風口或排風扇。
- 透過密集的屋頂穿透區、屋頂天窗最小化和遮蔭控制，讓太陽能光電板裝設於較大且完整的屋頂區域。
- 盡可能保持屋頂線條簡單且方正，並避免包括諸如溝槽之類的複雜屋頂設計。
- 避免屋頂設計時，其中的屋頂構造一部分遮蔽另外的屋頂區域。
- 設計一個結構牢固的屋頂，並能夠承受太陽能光電板的重量。
- 選擇耐用的屋頂材料，當拆卸太陽能光電板時，不需要進行重新鋪設。

太陽能光電板的傾斜或角度會影響其能量輸出。電腦模擬可以很容易地看出地理位置對於太陽能光電板來說最大年輸出電量的最佳傾斜和方位角。有時，選擇傾斜角度以最大化夏季或冬季輸出能量，可以更好地與建築物特定的每月負載相對應。

太陽能排列的傾斜角度和方位其實容許值是相當寬鬆的。對於非最佳傾斜角和坐向的面板，仍然可以獲得合理的能量輸出。例如，在從最佳的正／負 10 度傾斜角之內，太陽能光電系統的發電效率降低通常小於 2%。然而，如果傾斜角度增大，則可以明顯看出輸出效率的降低。垂直型的放置將減少發電量，美國北部地區的年發電量會比最佳傾斜角度減少約 30%，南部地區的年發電量則減少約 50%。水平型的放置在北部地區將會比最佳傾斜角度要減少約 20%，南部地區的發電量減少約 10%。

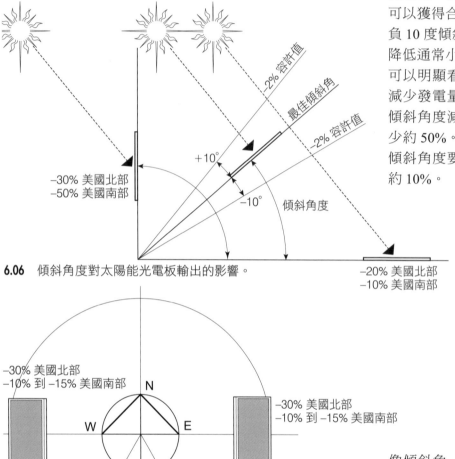

6.06 傾斜角度對太陽能光電板輸出的影響。

像傾斜角一樣，太陽能排列的坐向在容許範圍內也是有一點彈性。在北半球從正南方 +/-30 度內的範圍只會導致不到 4% 的發電減少。面向正東方或正西方的太陽能光電板在美國北部地區將會減少約 30% 的發電量，南部地區則約 10% 至 15%。但是這種損失可以透過面向南方的太陽能板傾斜角度減少而降低。

6.07 坐向對太陽能光電板輸出的影響。

對於空間足夠用於裝設所需太陽能系統的平屋頂來說，面板應該要傾斜一個角度以獲得最佳效率，並最小化材料的使用及最大化成本效益。傾斜太陽能板的排列每行都需要間隔開來，使得每行不會互相遮蔽。我們以 12 月 21 日（冬至）下午 3 點的日照陰影評估來設計。對於空間有限的平屋頂，我們會尋求盡可能裝設最大化的太陽能板容量。例如，為了在建築物中實現零耗能的使用，我們裝設緊密靠在一起的光電模組，從而形成了單斜屋頂的外觀。但是由於模組的高度關係，這在實務上可能不容易採用。所以對於成排的傾斜太陽能板來說，將矩形的太陽能板的長邊平行於屋頂，可產生比較短邊緣平行於屋頂的狀況更多的發電量。為了保持建築物的總體高度，所以我們不會將光電板完全越放越高，可採取的就是直接將太陽能光電板放置於水平的平面上。

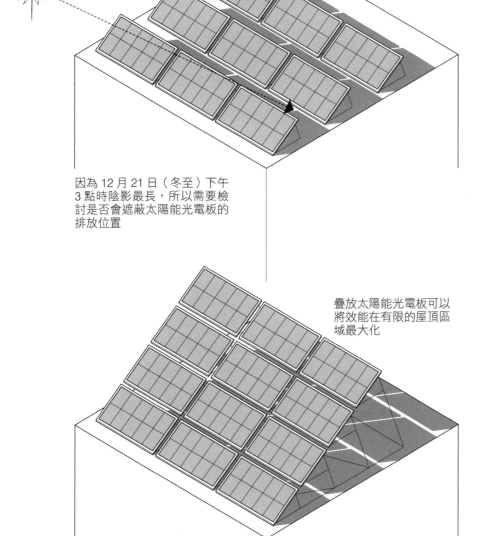

因為 12 月 21 日（冬至）下午 3 點時陰影最長，所以需要檢討是否會遮蔽太陽能光電板的排放位置

疊放太陽能光電板可以將效能在有限的屋頂區域最大化

6.08 將太陽能光電板放在平屋頂上。

陽台

在結構的設計完成之前,應考慮陽台的功用。在熱傳的領域中,陽台被認為是會增加熱傳遞速率的延伸表面,類似於在汽車中散熱器的散熱鰭片或空調設備中熱交換器的作用。有數據表明,在冬季時,陽台可以透過從建築物流失熱量而導致明顯的能量損失。實際上,因為它們增加了可以損失熱量的建築物表面積。

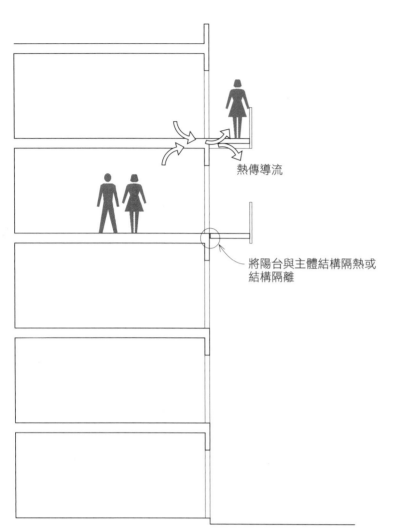

熱傳導流

將陽台與主體結構隔熱或結構隔離

6.09 陽台可以從建築物傳遞熱量。

根據以上的說明,我們可以考慮將陽台的結構與建築物熱隔離,以下的幾種方法可以使得來自建築物內部的熱量不會透過陽台的地板或牆壁傳導到室外。熱隔離可以透過在陽台結構和主建築結構之間使用隔熱隔絕材料達成,或者透過在主建築結構外部分離結構支撐的陽台來實現。

陽台通常還有大型玻璃門,這本身就是建築物節能的脆弱部位。大型滑動玻璃門,通常都是金屬框架,不僅容易在四周部位氣密不佳洩漏空氣,而且還具有相對低的 R 值和高的 U 值,這會導致透過窗玻璃本身產生不需要的熱得或熱損。所以在可能的情況下,我們應該考慮使用面積較小的隔熱氣密門進出陽台。

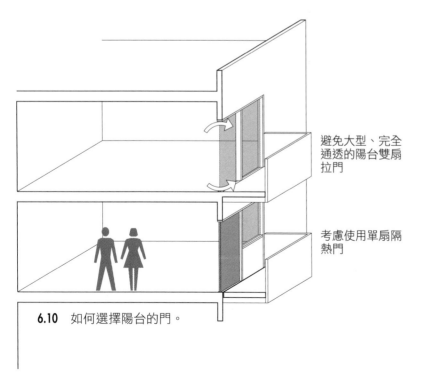

避免大型、完全通透的陽台雙扇拉門

考慮使用單扇隔熱門

6.10 如何選擇陽台的門。

建築外觀

從外部規劃時，建築的外觀在綠建築設計中有著核心的作用。窗戶、窗牆比率、門、裝飾特色、樓板高度、屋頂線、入口和大廳、外部照明和從戶外往內看到的內部照明——這些都有助於建築的外觀形象。許多這些元素也大大有助於建築的能源使用。在建築外觀的發展過程中，立面的位置與其設計中的順序強烈的相關，通常也被視為建築開發概念化的第一個步驟。重要的是，早期的規劃通常在能源設計之前就已經完成。這些早期的模擬可以由業主的意見或是當地區域的區域法規，可以在能源模擬評估之前建立預期值，用來防止後期能源落差過大。

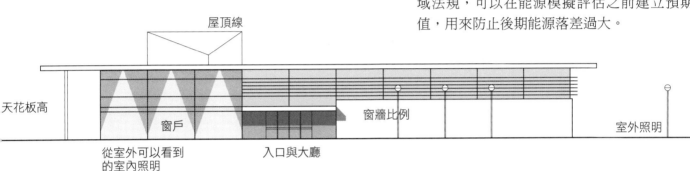

6.11 建築立面的元素，可能會增加或減低能源效率。

對於綠建築來說，整合式設計流程可以防止在能源評估之前就對建築立面和最終外觀的太早定案，這可以讓建築物真正的確認其本質整體是沒問題的。對建築外部立面元素早期外部的設計也決定了其能量的耗損，也可能代表了建築物綠色設計過程中最重要的影響因素。

雨水收集

在考慮建築物周圍設施時還包括開發雨水收集這方面的措施。例如，排水管和落水管需要將雨水路徑引導到集中位置，且優先為了將來使用方便而最大化儲存的位置與量，而不是單單地將建築物和雨水排水系統分開。如果此儲存裝置位於建築物外部，則應仔細評估其位置。有關雨水收集的進一步細節將在第 12 章「冷水與熱水」中討論。

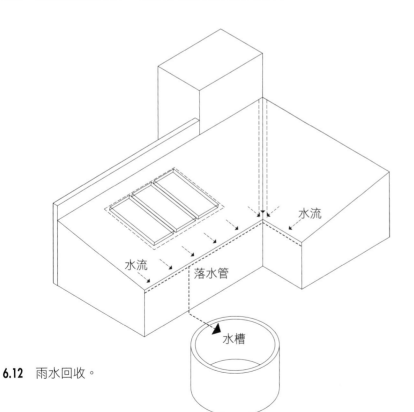

6.12 雨水回收。

使用屋頂

綠建築的許多特徵都需要使用到屋頂空間。除了一般的屋頂安裝設備,例如加熱/冷卻設備或排氣扇,以及其他屋頂使用的部位,例如露台和閣樓,其他以下各種綠色設施都需要使用到屋頂空間:

- 太陽能光電設備
- 太陽能集熱器和儲存設備
- 天窗或日光導管等設備
- 綠屋頂或屋頂花園
- 熱交換再生通風系統

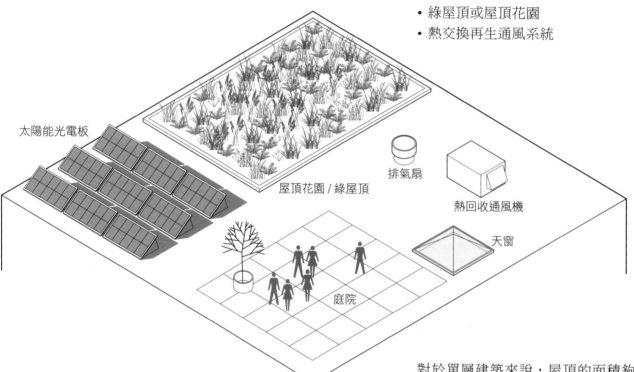

太陽能光電板

屋頂花園 / 綠屋頂

排氣扇

熱回收通風機

天窗

庭院

6.13 在屋頂上互相爭奪空間的綠色和非綠色元素。

對於單層建築來說,屋頂的面積夠大到足以容納所有需要的綠色設計。隨著建築物變得更高,則其屋頂面積相對於其總體尺寸減小,綠建築設計可能需要思考其裝設的優先順序。優先的設計是從生命週期分析角度、基於能源使用或碳排放的減少來考慮。例如,在其建築物屋頂空間有限的狀況下,如果要尋求零耗能的平衡,則在考慮天窗或綠屋頂之前,可能要優先考慮太陽能對節能的貢獻更有效益,雖然這兩種做法都可以提升建築物的節能。

非綠色的元素,例如閣樓、庭院、加熱和冷卻設備,必須要仔細思考將它們放置於在屋頂以外的其他空間,以免它們排擠到屋頂綠色設施的空間。

7
外部皮層

專有名詞「建築皮層（envelope）」是指建築物的外殼。這種皮層包括諸如牆壁、窗戶、門、屋頂和地基的建築部位。在討論建築物皮層時，也會常出現另一個名詞「封閉、包圍的（enclosure）」這樣的說法。

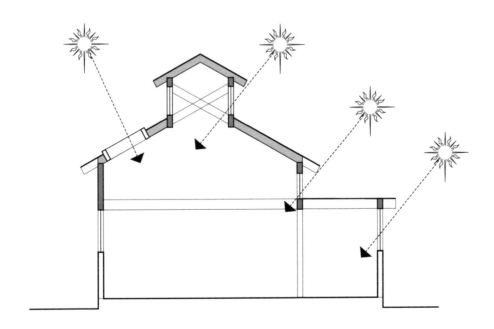

內部與外部皮層

我們區分建築物為外部皮層和內部皮層，因為建築物通常基本上具有兩個皮層。例如，對於具有下面有閣樓的斜屋頂型的建築物，外皮層是屋頂構造部位的外殼，而閣樓空間的地板就視為內皮層。外皮層包括與室外空氣或與地面接觸的構件。內皮層則由與特定空間接觸的部位組成。通常，如在許多牆壁的情況下，外部和內部皮層會被設計在相同的構造組件當中。

外皮層通常是建築物中最重要的保護層。當我們從外部設計時，我們試圖設計多層次的遮蔽保護，不會只有單一的外部皮層來保護建築物內居住者不受外部環境的影響，例如風和溫差的影響。同時，我們也把加強外部皮層視為一關鍵層，在建造一座建築物的時候特別考慮其重要性，並兼顧能夠保護建築內部且防止能源損失的特性。

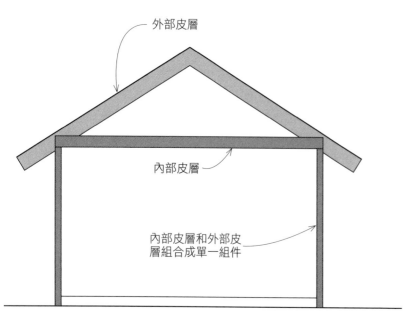

7.01 內部與外部皮層。

另一個與外皮層和內皮層的概念相同的，我們還得考慮熱邊界的概念。熱邊界的界定可以由沿著建築物圍繞的隔熱材料包圍住建築物來界定，例如可以將屋頂此處的隔熱層視為外部的熱邊界，而在內部的情況，例如裝設在閣樓板組件中的隔熱材，也可以視為內部的熱邊界範圍。

外部和內部皮層的定義可能會引起混淆的情況，特別是當熱邊界如果未被充分定義時。因此我們將探討幾種常見的情況，將導致熱邊界不清楚或甚至沒有熱邊界的狀況。如果我們可以清楚並強烈地定義熱邊界，我們就可以將外部和內部皮層用來創造多層的防護，以有效抵抗外部環境的侵擾。

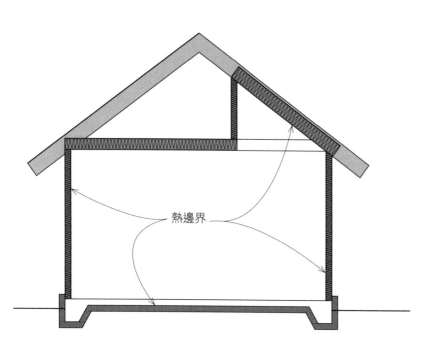

7.02 建築物的熱邊界。

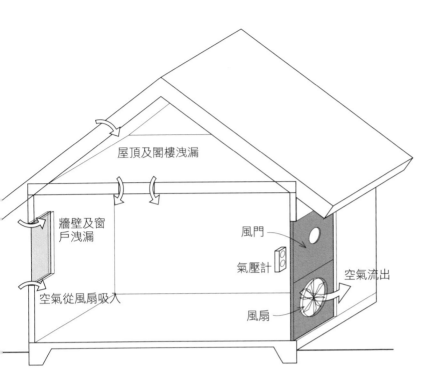

7.03 風門測試。

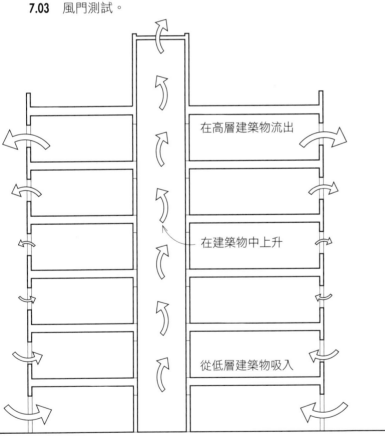

7.04 冬天的氣流煙囪效應。

滲漏

滲漏對建築物能源使用的影響是非常顯著的。「滲漏」這詞通常是用來描述建築物室內和戶外之間空氣交換的專有名詞。雖然滲漏（Infiltration）表面的字義是進入建築物的空氣，而另一個相反地詞是從建築物洩漏的空氣（Exfiltration），但這邊指的滲漏的意義更常表示空氣進入和離開建築物，同時或交替循環的現象。近年來對滲漏原理及其對能源使用的影響有了更深入的了解。風門測試（Blower Door Test）的出現，用來對建築物加壓或減壓，也讓我們了解可能會發生滲漏的地方與部位。排（抽）風機門通常應用於單戶住宅，偶爾也用於較大的建築物。但這樣的概念是所有建築類型都應該被考慮的。

從風門測試所得到的的訊息在整個評估過程中是很容易被察覺的。使用風機進行減壓的建築物中，在整個建築物是可以感受到室外空氣從門和窗框的縫隙湧入、透過電源插座、從空氣格柵中或燈具、透過牆板接縫、透過排氣和排煙管，或透過管道和接線穿透進入。

近年來，對煙囪效應（Stack Effect）已經有成熟的理解，煙囪效應是發生滲漏的重要因素，建築物在冬天將空氣吸入建築物的下部樓層並迫使空氣從上部樓層中出來。煙囪效應也可以在啟用空調的建築物中產生相反地逆煙囪效應。在高層建築中最顯著的是，煙囪效應非常活躍，在底下最低的一兩層樓層中顯而易見，或者在只具有地下室的單層建築物中更加明顯。如果我們在冬天稍微打開地下室或一樓門窗，就會感覺到寒冷的空氣強烈的湧入。

煙囪效應不是造成滲漏的唯一因素。另一個重要的因素是風壓。由於建築物內的各種空氣壓力變化，例如由排氣風扇、通風進氣系統、管道式加熱和冷卻系統引起的空氣壓力變化，甚至門窗的打開和關閉的動作都會引起建築物從其許多裂縫和開口而產生滲漏現象。

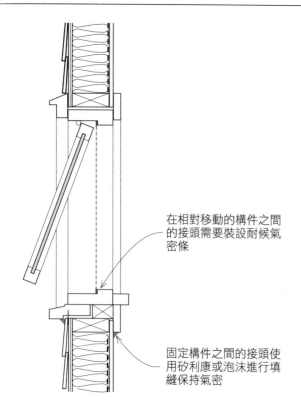

有許多滲漏的位置，即使在看起來設計細節優良和建造精密的建築物也會發生。其中一個大量的來源就是窗戶和門，這表現出兩種不同的滲漏模式。第一種模式是空氣流過具有可移動的開口，例如在雙懸窗（上下推拉）中的組件或窗扇。門或窗扇在其框架中可移動的位置就產生了自然的滲透。第二種滲透模式是空氣滲透過門或窗框和牆壁本身之間的間隙，間隙通常被線板等遮蔽隱藏。這種第二種滲漏模式就是發生於構件與結構體之間。

在相對移動的構件之間的接頭需要裝設耐候氣密條

固定構件之間的接頭使用矽利康或泡沫進行填縫保持氣密

7.05 需要氣密的接頭類型。

用於防止滲漏的方法對於兩種不同的滲漏模式是不同的。第一種模式的情況，要防止在具有相對活動的構件處的滲漏，需要有允許產生這種動作的密封設計。這種通常稱為擋風雨條或氣密貼條。氣密貼條有許多種形式，包括彈簧金屬型、V型和各種發泡材質，可以被壓縮在窗戶或門的縫隙中，減少空氣流動。第二種模式的話，常用的位置例如窗框和牆壁之間的滲漏，則可以利用固定式的密閉材料（例如填縫材料或矽利康）來防止固定表面之間的滲漏。

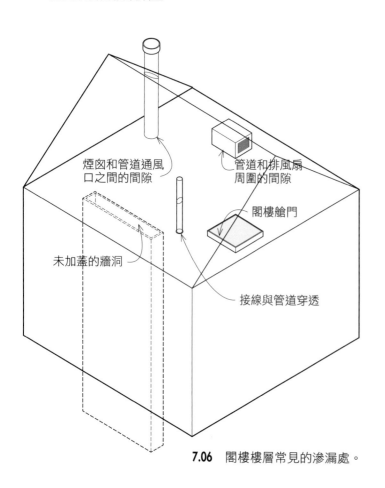

煙囪和管道通風口之間的間隙

管道和排風扇周圍的間隙

閣樓艙門

未加蓋的牆洞

接線與管道穿透

7.06 閣樓樓層常見的滲漏處。

另一個常見的滲漏位置是在閣樓的地板層中。這些部分包括閣樓開口和未加蓋的牆洞、內嵌的燈具、煙囪、管道通風口、管道和排氣扇周圍的間隙或裂縫，以及接線和消防噴水管道的洩漏。

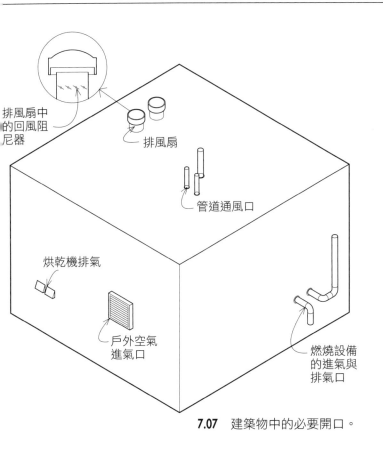

建築物外殼中有目的用作空氣或其他氣體流通的開口則是另一類滲漏的位置。這些開口包括壁爐和木材壁爐煙囪、其他燃燒通風口、乾衣機通風口、排氣扇通風口和通風進氣口。當不使用時，這些開口常常成為滲漏的部位並且應當被控制。

排風扇中的回風阻尼器

排風扇

管道通風口

烘乾機排氣

戶外空氣進氣口

燃燒設備的進氣與排氣口

7.07 建築物中的必要開口。

這些開口部位常有一些用來減少滲漏的阻尼器，儘管這樣密封的效果通常還是不夠充分。因為這些回流的阻尼器通常僅能阻止在一個方向的動作，而還是可以讓空氣或其他氣體在另一方向上流動。儘管阻尼器允許流動的方向通常是煙囪效應的空氣壓力施加力量的方向，但如果有反向的空氣流動，可能就無意中讓這些阻尼器打開使空氣流出建築物了。

另一個更細微但常見的滲漏位置是在牆壁及其周圍。空氣可以透過壁板材料中的裂縫進入，然後經過未充分密封的裂縫、經過護套中的裂縫、透過框架構件之間的多孔性隔熱材以及透過插座、開關或內部的其他裂縫、孔洞進入建築物的結構中。空氣也會從木構架中的牆壁到屋頂的頂板、底板與牆壁的接縫處滲漏。如果有分離式空調或熱泵的管道，空氣更會經過被管道經過後破壞隔熱性的外壁處，造成隔熱性的降低。特別是穿牆型和窗型安裝的空調，是會造成嚴重空氣洩漏之處。根據對這類空調的研究發現，一個基本型的窗型冷氣相當於 6 平方英寸（3,871 平方毫米）的開口洩漏。

最後一類滲漏幾乎可以將它視為災難性的錯誤。建築物牆壁中不尋常的開口，例如由於建築物過熱而在冬天打開的窗戶、破掉的窗戶或損壞的門框和在諸如閣樓或戶外位置中損壞的管道系統。

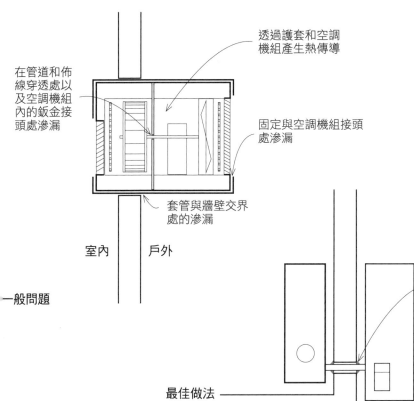

透過護套和空調機組產生熱傳導

在管道和佈線穿透處以及空調機組內的鈑金接頭處滲漏

固定與空調機組接頭處滲漏

套管與牆壁交界處的滲漏

室內　　戶外

一般問題

為了消除穿牆式或窗型安裝的空調或熱泵機組的損耗，請使用分離式系統，並用填縫或泡沫填縫所有管道和接口

最佳做法

7.08 透過室內空調熱損失和滲漏。

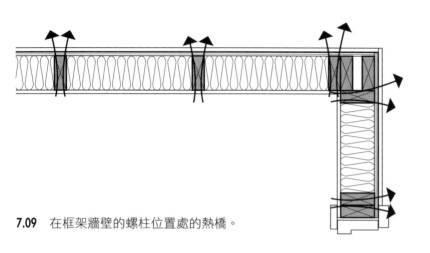

7.09 在框架牆壁的螺柱位置處的熱橋。

熱橋

熱橋是近年來越來越備受關注的建築問題。熱橋指的是隔熱層被固體非隔熱的建築材料穿透，因此熱量可以通過該建築材料在建築物的內部空間與外部環境之間傳遞。熱橋最常見的狀況是穿透牆壁或屋頂中的木頭角材或金屬螺栓。根據研究指出，熱橋會將木構造牆的有效熱阻值（R 值）減少 10%，鋼構造牆的有效熱阻值（R 值）減少多達 55%。

熱橋的其他案例包括過梁、門檻板和牆壁的頂板、支撐外牆的結構樑和混凝土板、結構中的金屬構件、屋頂的女兒牆、陽台和門廊和基礎地板和牆壁的各種五金。

當我們討論外部外殼時，我們將注意滲漏和熱橋的問題，並考慮如何將它們的影響最小化。

連續性和不連續性

由滲漏和熱橋引起的熱傳遞看出了隔熱設計連續性的必要性，但是在實現隔熱的連續性會遇到許多障礙。建築物是由許多緊密連結在一起的構件所組成，這些構件之間的每個接頭可能具有不連續性。建築物的外殼還需要被窗戶、門、管道和電線穿透，而每個這樣的穿透都會具有潛在的不連續性。

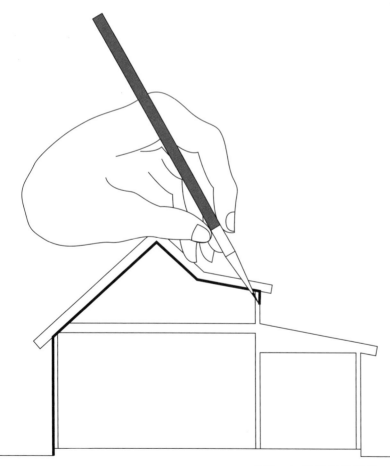

7.10 如果我們想像用一支筆勾勒建築物的外殼連續性，將其畫在一張紙上，我們應該能夠將建築物周圍的路徑連續一筆完成，不將筆尖離開紙張，代表建築也不因為滲漏或熱橋而中斷。

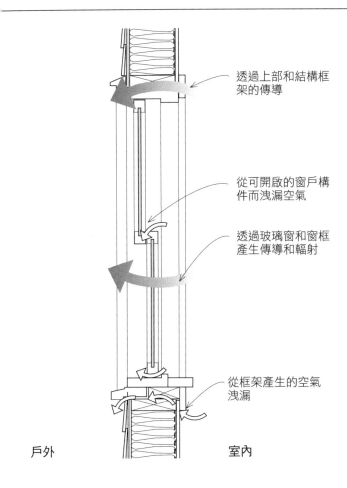

透過上部和結構框架的傳導

從可開啟的窗戶構件而洩漏空氣

透過玻璃窗和窗框產生傳導和輻射

從框架產生的空氣洩漏

戶外　　　　　　　室內

7.11　透過窗口的熱損失和滲漏路徑。

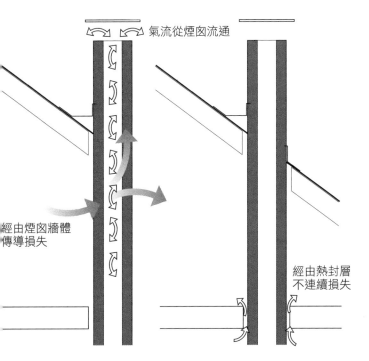

氣流從煙囪流通

經由煙囪牆體傳導損失

經由熱封層不連續損失

7.12　在煙囪部位所發生不連續的潛在位置。

此外，建築物中的任何穿透開口，無論是窗戶、門、閣樓對流口、內嵌的燈具或任何其他不連續性，都會產生多個能量損失路徑。例如，窗戶不僅透過穿透玻璃板的熱傳導，還會透過玻璃表面上下的熱對流而損失能量、透過窗框的熱傳導、透過牆體和窗口周圍的頂板的熱傳導、透過窗扇和框架之間的空氣洩漏、透過框架和建築物之間的空氣洩漏、透過將空氣從框架中或從框架中洩漏到壁體，以及室內和戶外之間的輻射熱損失等等。此外，如果窗戶不小心被誤開、發生壞掉或破裂，或遇到暴風而窗戶被敞開或被破壞，也可能發生意外的能量損失。

另一個常見的不連續情況是由傳統的磚石煙囪產生。如果煙囪位於外壁上，磚砌牆體允許熱量從室內流失到戶外，兩者橫向地透過煙囪壁垂直向上朝屋頂方向傳導。煙道也產生保溫的不連續性，讓溫暖的室內空氣在冬季流出建築物，冰冷的戶外空氣流入建築物。如果煙囪位於建築物的內壁，則當其穿透過上部地板和天花板結構時，圍繞其周邊的可燃材料通常具有所需的間隙，而空隙在隔熱層中形成另一不連續現象。

來自這些不連續性的許多能量損失隨著時間而增加。我們可以再次參考窗戶的案例，因為這是非固定的構件。能量損失隨著窗框的不穩定和移動而增加，窗戶的填縫會產生乾燥和裂縫，擋風雨條因為重複開關窗戶而分離。因為雙層或三層氣密玻璃中氣體洩漏，產生熱密封破裂。類似的惡化情況發生在具有可移動的門和其他開口，例如天窗開口，會產生彎曲和斷裂。更加糟糕的狀況可能發生在其他結構的部位，例如牆壁和屋頂產生穿透性的裂紋。一旦建築物中存在裂縫或洞，它可能會隨著結構的穩定度下降和位移而變大。

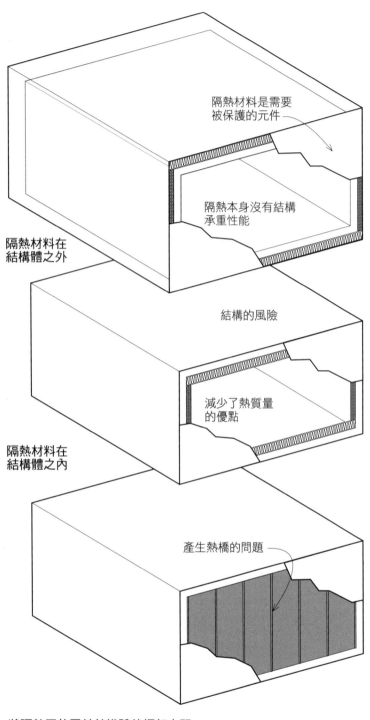

隔熱材料是需要
被保護的元件

隔熱本身沒有結構
承重性能

**隔熱材料在
結構體之外**

結構的風險

減少了熱質量
的優點

**隔熱材料在
結構體之內**

產生熱橋的問題

將隔熱層放置於結構體的框架之間

7.13　保持建築熱封層連續性的挑戰。

在外殼的許多區域中，給需要熱隔絕的連續性提出了空間挑戰。它幾乎是拓樸網狀的問題，空間中的表面及其連接的空間可以用數學的角度來思考。隔熱材料通常不是結構材料，它不能提供承重負荷、抵抗剪力或抵抗風所需的結構性能。由於各種原因，我們盡量優先於建築結構的外部進行隔熱，而需要控制的濕度和熱質量放於結構內部。當隔熱材位於建築物的外部時，材料本身不受結構體保護，而且必須遵循各種路徑以完全包覆例如外牆、屋頂和各種突出物的建築物，例如護欄和門廊等。

我們可以將隔熱材移動到建築物內部，但是會失去在隔熱層內部具有熱質量的益處。我們還必須注意由於水蒸汽可能在牆壁或屋頂結構內冷凝而產生的濕氣問題。我們當然可以沿著結構內部在一些空間（例如，屋頂）和其他部位（例如，牆壁）的外部進行隔熱，但是我們面臨在各種表面之間的界面時，常常使用結構構件來銜接，例如常用的方式是使用輕木或輕型金屬框架構造固定，但是反而因為熱橋而損失能量。

最後，我們可以在建築物的表層及側面和主結構之間連續披覆隔熱材，這種解決方案似乎在低層建築和高層建築中都獲得了實際的幫助，但是還需要注意保持連續性，這也是在各種結構穿透以及在牆頂、牆地板和牆基礎介面處的挑戰。

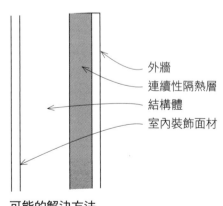

外牆
連續性隔熱層
結構體
室內裝飾面材

可能的解決方法

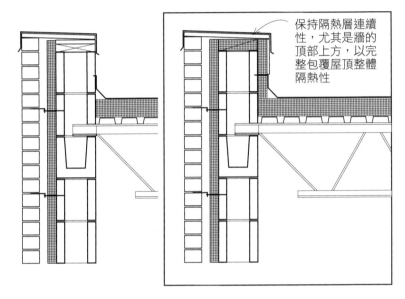

在 L 型支架的間隔，或在鋼支架與磚石牆之間使用隔熱墊片

保持隔熱層連續性，尤其是牆的頂部上方，以完整包覆屋頂整體隔熱性

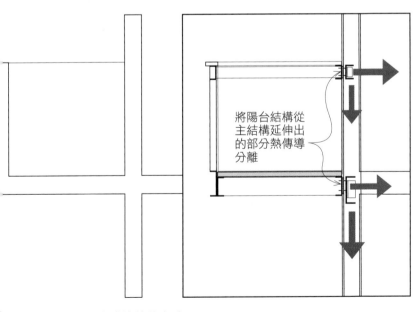

將陽台結構從主結構延伸出的部分熱傳導分離

7.14 減少或消除牆體傳熱的方法。

牆壁

磚石牆

砌築牆面通常使用混凝土砌塊（CMU）作為低層和高層建築的主要結構材料。各式各樣的外層則用於完成和保護建築物的外部，包括磚、石頭、灰泥、赤陶和金屬板等。同樣地，在內部也可以使用各種表面處理，包括金屬或木螺柱上的石膏板和墊條。

在一些情況下，CMU 可以直接暴露於建築內部。高性能混凝土砌塊也是常見的，其通常比傳統 CMU 輕 40%，並且 R 值在 R-2.5 和 R-3.0 之間，提供比一般超過 30% 的熱阻。如果使用珍珠岩或類似的絕緣填料隔熱，高性能 CMU 的 R 值則會在 R-7 和 R-10 之間。

熱橋以幾種方式發生在磚石牆中，以下幾個方式可以減少或消除：

- 用於支撐牆面覆層的角鋼，如磚牆，角鋼提供了熱傳導路徑。所以要改善的方法是在角鋼與 CMU 牆壁之間使用隔熱墊片，或者在角鋼與 CMU 之間使用可以隔開的鋼支架。
- 磚石牆在屋頂線上方延伸以形成護欄時，牆壁本身會形成熱橋，因為它在外部隔熱層和上方牆壁的頂端隔熱層產生傳導。所以改善的方式是延續牆體隔熱保護到護欄的頂端甚至向下以滿足整體屋頂隔熱。因此護欄的頂部仍然受到延伸的隔熱材料的保護。
- 任何穿透熱封層的結構鋼都有著熱橋效應。其中一種選擇是在這些穿透部件使用不銹鋼代替一般鋼材，因為不銹鋼具有較低的熱傳導率。另一種選擇是使任何穿透結構的鋼材與外部環境隔絕。
- 外部結構，如陽台，可能會破壞隔熱層的連續性。因此陽台的熱效率改善是從外部來支撐結構，而不是將它們在結構上的熱傳導連接到主建築物。另一種選擇是在陽台結構和主要建築結構之間使用隔熱的墊片等隔開。

磚石牆最好位於主牆的外表面上，在內層可□牆板的內側做隔熱。這個部位可以讓熱質量□保持在隔熱層之內，它可以緩和溫度波動立□且當作熱儲存的形式。這個位置也降低了在□寒冷氣候下冷凝的風險。如果隔熱材位於主□牆的內部，則在寒冷的氣候中會存在以下風□險：主壁的內表面將變冷並且與溫濕的空氣□接觸，然後溫濕空氣透過隔熱層，導致空氣□中的水分冷凝於表面上。

磚石承重牆和披覆層之間的隔熱通常是剛性□的。隔熱的類型和厚度首先透過建築物能量□守則確定，然後增加隔熱可以減少建築物能□源消耗所產生的能源成本。

可以透過使石膏板緊固在砌築牆內部的立柱□框架上形成的內部第二隔熱層來增加隔熱效□果。由於砌築牆的外部被隔絕，因此在寒冷□的氣候中對內壁的進行加熱，可以讓該第二□隔熱層不會有冷凝的風險。金屬螺栓與 Z 形□通道通常可用於螺柱框架的固定，除此也可□以考慮具有較低熱導率的木螺柱。由於內部□空心的設計通常可用於內部裝飾和電線的佈□線的空間，因此可以填充隔熱棉或剛性隔熱□材料，另一個隔熱層可以放置在混凝土砌塊□單元的空心部位。

因為剛性隔熱是磚石牆的主要隔絕形式，所□以隔熱接縫所用的膠帶非常重要。膠帶有助□於減少穿過牆壁的空氣流動，並且還用於排□出可能已經滲透外部表層的水分。

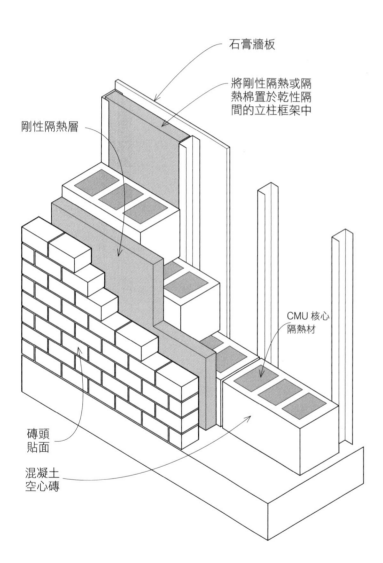

石膏牆板

將剛性隔熱或隔熱棉置於乾性隔間的立柱框架中

剛性隔熱層

CMU 核心隔熱材

磚頭貼面

混凝土空心磚

7.15 裝設隔熱砌牆的分層。

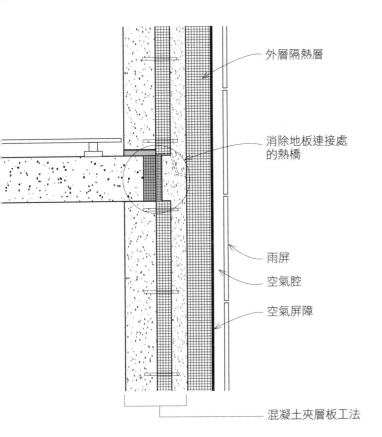

外層隔熱層

消除地板連接處
的熱橋

雨屏

空氣腔

空氣屏障

混凝土夾層板工法

7.16 改善混凝土夾層板建築物的隔熱性能。

混凝土牆

澆注的混凝土牆可以採取幾種形式。可以採用預製，或者在施工現場水平澆置後吊升，或者是直接現場澆灌。與磚石牆壁一樣，可提供各種內部裝飾造型或外部披覆，包括將任一施工面作為結構完成面。

另一個綠色施工方式是承重混凝土夾層板工法，其透過用一系列非導熱的緊固構件將一層較薄的鋼筋混凝土緊固到剛性隔熱層的其中一側。所得到的構造是相對輕巧、耐用且耐火的。為了保持隔熱層的連續性並防止形成熱橋，隔熱層的邊緣必須沿著其整個長度包覆。

應該注意的是，混凝土夾層板類似於隔熱空心磚牆，其中兩層混凝土類似於磚石牆的兩個外層，而剛性隔熱的中空層與磚石牆的空心剛性隔熱有相同的作用。在一些施工中，於夾層板的外部裝設附加的隔熱層，並且使用包覆材料覆蓋。

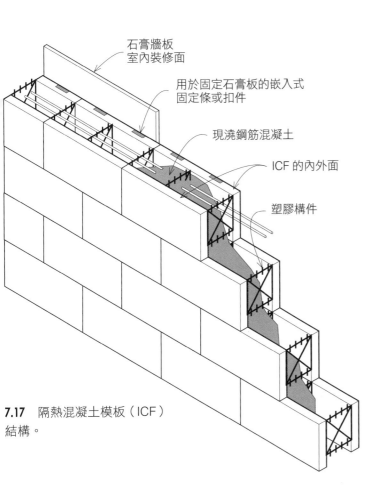

石膏牆板
室內裝修面

用於固定石膏板的嵌入式
固定條或扣件

現澆鋼筋混凝土

ICF 的內外面

塑膠構件

澆注混凝土牆的另一種形式被稱為隔熱混凝土模板（ICF）。ICF 與夾在兩層混凝土之間的是隔熱層的混凝土夾層板工法是剛好相反地做法。ICF 工法是將混凝土層灌注在兩層隔熱層之中，例如發泡聚苯乙烯泡沫（EPS），可以用作混凝土澆注到其中的形式之一。再者，內部和外部的裝飾可以使用各式各樣的方式處理。典型的內部裝飾是石膏板，其可以被固定嵌入在內部隔熱形式中的突出溝槽。ICF 壁工法的優點是內部隔熱層不具有與墊圈或螺柱連結的熱橋。所以可以保持牆體隔熱的連續性。

7.17 隔熱混凝土模板（ICF）
結構。

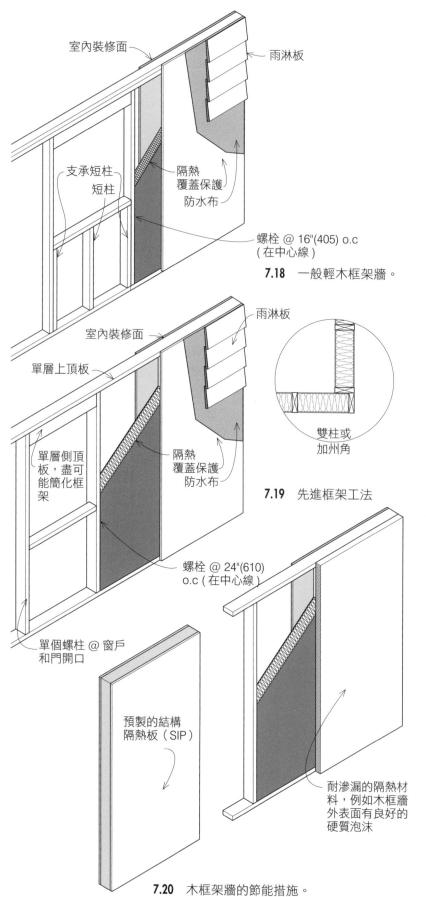

室內裝修面　　　雨淋板

支承短柱
短柱

隔熱
覆蓋保護
防水布

螺栓 @ 16"(405) o.c
（在中心線）

7.18 一般輕木框架牆。

雨淋板

室內裝修面

單層上頂板

單層側頂
板，盡可
能簡化框
架

隔熱
覆蓋保護
防水布

雙柱或
加州角

7.19 先進框架工法

螺栓 @ 24"(610)
o.c（在中心線）

單個螺柱 @ 窗戶
和門開口

預製的結構
隔熱板（SIP）

耐滲漏的隔熱材
料，例如木框牆
外表面有良好的
硬質泡沫

7.20 木框架牆的節能措施。

木框架牆

傳統的輕木框架使用木螺柱，通常每個間隔
是 16 英寸（405mm），隔熱材填充螺柱之間
的空間。最常見的內部裝飾是石膏板，而外
部包覆的通常會採用蓋板、木材、乙烯基或
各種複合材料的組合來建造。一般的木框架
牆中的金屬螺柱會形成熱橋，且因為木框架
具有許多接縫，會使得牆壁容易受到空氣滲
漏的影響。

我們會用「先進框架工法（Advanced
framing）」這樣一個說法概括以下說明，這
用於涵蓋減少各種傳統框架設計發生的熱橋
效應。例如使用 24 英寸（610mm）相間而不
是 16 英寸（405mm）的間隔螺柱、使用單層
頂板、窗口和門開口處的單柱，在非承重牆
中使用單管道或無管道，以及簡化角框架。
通常，剛性隔熱會被加到柱螺栓框架的外
部、在蓋板的頂部和在壁板下面。

木結構牆壁可能有幾種能量效率變化，包括
使用雙柱框架，可以讓其中每排柱螺栓彼此
偏移或分離以減少熱橋現象、使用預製的結
構隔熱板（SIP）代替正常的柱框架、並使用
各種抗滲漏的隔熱材料，例如緻密填充的纖
維素、泡沫隔熱材和硬質泡沫板。

木框架系統牆是常見的構造，不僅具有很低
的隱含能耗（或稱虛擬能耗）*，更可使用再
生結構材料，裝設優良的隔熱材讓熱橋被最
小化，如果將空氣氣密細節處理完善，還可
以防止構造滲漏。

* 有關隱含能量的討論，請參見第 16 章「材
料」。

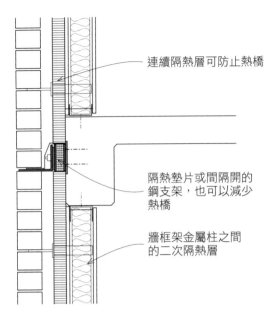

連續隔熱層可防止熱橋

隔熱墊片或間隔開的
鋼支架，也可以減少
熱橋

牆框架金屬柱之間
的二次隔熱層

7.21 金屬框架牆體細部。

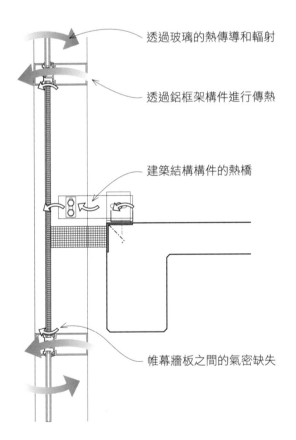

透過玻璃的熱傳導和輻射

透過鋁框架構件進行傳熱

建築結構構件的熱橋

帷幕牆板之間的氣密缺失

7.22 透過帷幕牆的能量損失。

金屬框架牆

金屬框架牆與木框架牆有許多相似之處。這是一個常見的框架類型，設計師和建築師都有很多的實務經驗。

其實金屬框架的隱含能量類似於木框架牆壁，在牆壁組件的類型中都是很低的。用於綠建築的金屬框架牆的限制也與木框架牆的限制類似。螺柱形成熱橋，而且框架中的許多接頭、接縫都是容易滲漏的部位。鋼的高導熱性也導致熱橋現象高於木螺柱。克服這些限制的手段也類似於木框架牆壁。應考慮先進框架工法，採用 24 英寸（610mm）的金屬螺柱間距，以減少材料使用和熱橋。也可以在框架的外部放置良好帶狀的剛性隔熱體以增加熱阻，同時減少熱橋的影響並減少滲漏。另外也應注意對空氣氣密的接縫和其他滲漏部位，如在牆壁穿孔處。

帷幕牆

帷幕牆在高層建築中很常見。它們是非承重組件，通常由視覺性的玻璃和由金屬（通常是鋁）框架支撐的不透明拱肩板組合而成。它們被稱為帷幕牆，因為它們從建築物的結構框架上懸掛著。雖然帷幕牆不提供承重功能，但是它們必須能夠抵抗橫向風力和地震衝擊並將這些力量傳遞到建築結構上。帷幕牆可以預鑄或施工現場製造。如果是預鑄的話，分離部分也被稱為組合板。

帷幕牆容易發生各種能量損失，包括透過窗玻璃的熱傳導和輻射、透過鋁框架構件的熱傳導、建築物結構構件處的熱橋以及帷幕牆板構件之間的氣密不良。

即使採用高性能玻璃、隔熱拱肩板和隔熱框架，帷幕牆還是屬於低性能的能源構造。一般的帷幕牆具有低熱阻，R 值約在 R-2 和 R-3 之間。而高性能帷幕牆的 R 值約為 R-4，而目前性能最好的帷幕牆也僅具有 R-6 和 R-9 之間的 R 值。

7.23 美國外牆類型的隱含能耗。

外牆類型	隱含能耗 (MMBtu/SF)	
	美國北部	美國南部
2x4 鋼螺柱壁		
16" (405) o.c. 磚覆層	0.10	0.10
24" (610) o.c. 磚覆層	0.10	0.09
16" (405) o.c. 木覆層	0.07	0.07
24" (610) o.c. 木覆層	0.06	0.06
16" (405) o.c. 鋼覆層	0.24	0.24
2x6 木螺柱壁		
16" (405) o.c. 磚覆層	0.09	0.09
16" (405) o.c. 鋼覆層	0.23	0.23
24" (610) o.c. 灰泥覆層	0.07	0.07
24" (610) o.c. 木覆層	0.05	0.05 ←
結構隔熱板 (SIP)		
與磚覆層	0.15	0.14
與鋼覆層	0.30	0.29
與灰泥覆層	0.14	0.13
與木覆層	0.12	0.11
8" 混凝土層		
磚覆層	0.26	0.26
灰泥覆層	0.25	0.25
鋼覆層	0.41	0.41 ←
2x4 鋼立柱壁 [16" (405) o.c.]	0.24	0.24
6" 現場澆灌混凝土		
磚覆層	0.13	0.13
灰泥覆層	0.11	0.11
鋼覆層	0.28	0.28
2x4 鋼立柱壁 [16" (405) o.c.]	0.11	0.11
8" 混凝土吊掛		
磚覆層	0.14	0.14
灰泥覆層	0.12	0.12
鋼覆層	0.29	0.29
2x4 鋼立柱壁 [16" (405) o.c.]	0.12	0.12
隔熱混凝土形式		
磚覆層	0.16	0.16
灰泥覆層	0.14	0.14
鋼覆層	0.30	0.30

資料來源：美國能源局

選擇適當的牆體系統

傳統上，建築牆體結構系統的選擇涉及成本、結構要求、所需防火等級、可用材料以及設計專業人員和當地承包商的實務經驗之間的結果。建築美學，包括立面或覆層也影響結構系統的選擇。綠建築增加了其他考慮因素，如熱的特性——熱阻和熱質量、滲漏控制、濕度控制和隱含能耗等等。

木結構牆具有最低的隱含能耗（0.07MMBtu/SF），緊接著是具有相等的總熱阻並假設具有相同的灰泥覆層（Stucco）的鋼框架牆（0.08MMBtu/SF）。各種混凝土牆，例如現場澆築施工、吊掛板和ICF板，具有0.11-0.14MMBtu/SF範圍內的隱含能耗。結構隔熱板（SIP）具有0.14MMBtu/SF的隱含能耗。8英寸（205mm）的混凝土塊牆體具有0.25MMBtu/SF的隱含能耗。有關隱含能耗的更多資訊，請參見第16章「材料」。

木覆層具有最低的隱含能耗，其次是灰泥和磚。而具有最高平均的隱含耗能則是有鋼覆層的。

確保連續性

傳統上，設計綠建築的主要重點是增加牆體的隔熱，這也是建立規範以改善節能的主要方法，增加牆體隔熱節省能源。然而，如果沒有解決諸如滲漏和熱橋的問題，增加隔熱的益處是有限的。

以下幾種方法允許設計和施作牆壁以最小化滲漏和熱橋的影響：

- 注意施工細節。減少滲漏涉及設計和建造，其關注於空氣氣密構件中的許多潛在滲漏位置。相同地，為了防止熱橋，在設計階段需要開發適當的施工細節並且在施工期間實施。
- 執行品質控制。對於有效的空氣氣密和防止熱橋，需要進行品質控制以確保尚未普遍接受的最佳實踐的細節施工部分被落實。
- 選擇本體連續的結構，因此在施工和使用過程中比較不會出現問題。本體上連續構造的一個例子是可以將剛性隔熱緊貼在剛性牆的表面，而不是在框架牆壁的空心中填充隔熱棉。
- 使用多個連續層以防止滲漏。
- 盡可能減少不連續部位的數量，例如窗戶和門。

對於與熱橋相關的結構細節也出現了特別的挑戰，因為這些細節通常是結構工程師或設計製造承包商的責任，他們可能不熟悉熱橋效應的耗能意義，也可能不參與能源模型的建構和評估建築能源。所以這裡再次看到了整合式設計的價值，因為建築師、結構工程師、能源顧問和承包商之間的溝通能夠評估熱橋效應的影響並設法減低。

7.24 減少滲漏和熱橋影響的方法。

窗戶

對於建築物的許多部分來說，窗戶是最大的難題之一。窗戶引進自然光進入建築物，提供建築物居民室內與戶外的交流，並也為人提供建築物自然之美。然而，窗戶對建築物中的能量損失是非常巨大的，還可能導致諸如氣流、眩光、對流空氣以及熱輻射損失的這種缺點。

高性能窗戶

綠建築的第一步就是選擇使用高性能的窗戶。高性能窗戶的演變可以追溯到以前的歷史，從約西元 250 年巴比倫的玻璃吹製，和 17 世紀末法國拋光玻璃的發展開始。

大約 1950 年，風雨窗被開發出來，除了窗戶原本的玻璃之外更加入了另一片玻璃，產生了複層玻璃的設計。風雨窗正如其名，它的最初目的並不是為了能源效率，而是為了保護主窗戶和建築物能夠免受強風暴雨的影響，也有人稱之為暴風窗。這些添加的玻璃在玻璃和玻璃之間隔有空氣，該被隔絕的空氣變成良好的絕緣體。這是隔熱技術一個明顯的進步，複層玻璃的熱阻大約是單片玻璃的兩倍。單片玻璃的窗戶在木框架牆中具有 1.1 的 U 值，在金屬框架牆中有 1.3 的 U 值，暴風窗則將 U 值減小到約 0.5。

在 1930 年左右就出現雙層玻璃的技術，但在 50 年代，結合木框架並在工廠製造組配之後才成為商業上比較普及的構件，並在窗戶上安裝。雙層窗戶與風雨窗的功能有些類似，但更為可靠，因為風雨窗常常不經意地被打開。

由於 1970 年代初的能源危機，低輻射技術在 1980 年代初被開發完成和導入。低輻射 Low-e（Low-Emissivity）窗戶通常透過薄的金屬或金屬氧化物膜塗覆外窗玻璃的內表面來製造，使得可見光被透射，但比可見光更長波長的輻射熱則被反射。在冬天的時候，更多的室內熱量被保留在室內，在夏天則讓更多的室外熱量被保留在戶外。現今，Low-e 雙層玻璃具有大約 0.40 的 U 值。

在 1980 年代，窗戶的製造商引入了乙烯基和木材複合材料窗框，這減少了經由框架的熱損失。接著，在中空的窗框內部添加隔熱材料，並且同時使用讓窗戶的構件分離的非金屬間隔物以減少窗框處的傳導熱損失。

在 1980 年代末推出的氣體填充窗戶使用一種或多種惰性無色氣體來填充兩片玻璃之間的空間。由於比大氣更為緻密，這些氣體使玻璃之間的空間內的對流減至最低，並減低穿透過玻璃的整體熱傳遞。氬氣（Argon）是最常用的氣體，而氪氣（Krypton）更緊密、更有效，但也比氬氣更為昂貴。具有低輻射塗層的氬填充雙窗玻璃大概只有約 0.30 的 U 值。具有低輻射塗層和惰性氣體填充的三層窗玻璃則具有在 0.20 至 0.25 範圍左右的 U 值。

高性能窗戶提供更高的 R 值和更低的 U 值，可以減少能源使用，並減少結露和結霜的可能性，還可以將內部玻璃表面的溫度升高到更接近室內空間的溫度來增加冬季建築物的舒適性，從而減少對流氣流和輻射熱損失。在夏天，具有低太陽熱增益係數的窗戶也減少太陽輻射和與空間過熱等相關的不適。

室內　戶外

表面編號從表面 # 1 開始，是窗戶最外部的外表面

③ ②

④ ①

Low-e 塗層在表面 #2 上

雙層玻璃

Low-e 塗層在表面 #2 和表面 #5 上

三層玻璃

7.25　各種不同的多層玻璃。

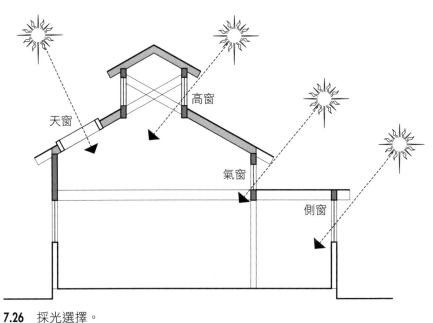

7.26 採光選擇。

採光

對於綠建築來說，窗戶也提供了其他採光方面節能的潛力。建築通常透過側面採光或天窗來提供自然採光。側窗是由牆壁的窗戶提供，而水平面的照明可由各種安裝於屋頂的窗戶提供，包括天窗和採光屋頂。

採光的最佳玻璃窗與立面的玻璃窗不同。最好的採光方法是在建築物的平屋頂上均勻的間隔照明，在空間上均勻地投射光線。但這僅限於單層建築物，多層建築物可以使用導光管將頂層的光線適當地引入其他樓層。對於側光，理想的窗戶位置是在牆壁上靠近天花板處，盡量創造出較深的光線投射而不引起眩光。

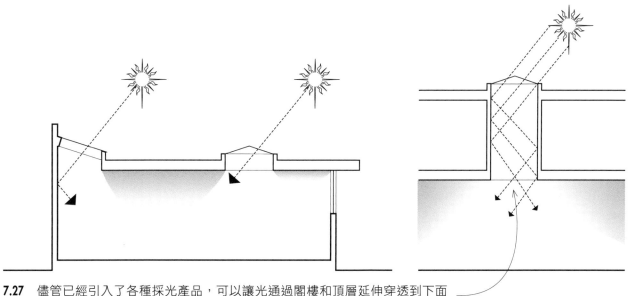

7.27 儘管已經引入了各種採光產品，可以讓光通過閣樓和頂層延伸穿透到下面的地板，不過大部分應用還是僅限於單層建築或多層建築的頂層。

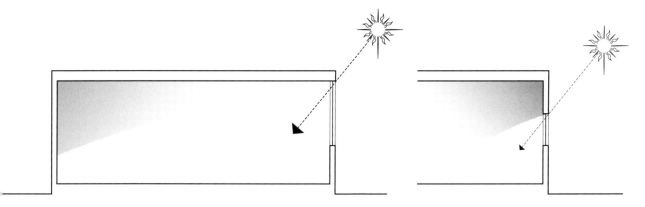

7.28 側面照明窗口應位於牆壁足夠高的位置，以盡可能深入地將光線投射到空間中。

7.29 使用更複雜的演算法可以更準確地模擬空間或場景的全區照明技術的範例。這樣的演算法不僅考慮了直接從一個或多個點所發射的光線，還可以追蹤從一個表面反射到另一個表面時的光線，特別是在空間或場域中表面之間發生的漫反射。

採光是一個複雜的議題，最佳的處理方式是透過照度模型，模擬透過窗戶造成的熱損失與熱得，預防並評估眩光的風險，結合照明控制讓照明更加優化。照明的最佳切入時期是在設計的這個階段，在考慮外部皮層同時，及在室內的人工照明的設計開始之前，就應該先考慮整體的日光照明設計。

採光不僅僅是讓建築物出現窗戶而已。透過採光所節省的能源與由較大窗口面積導致的熱損失和熱得之間的權衡必須通盤考量。節省的電力隨著用於採光的窗口面積擴大而提高，但窗口的熱損失也增加。相反地，對於較小的窗戶面積來說，由日光產生的照明需求減少的效益通常大於窗口熱損失對空調負載的負面影響，因此可以說是最佳效益的狀態。然而，當窗口面積增加時，來自日光照射所節省的照明電力達到最大值，但窗口熱損失的負面影響隨著窗口面積的增加而繼續增加。因此，建築物有著最佳窗口的面積尺寸，高於該窗口面積時，熱得所造成的耗電則會大於節省照明所省下的電力。

這幾年來採光的節能效益已經降低不少，這是因為人工照明技術進步產生更高的效率，且用於減少人工照明時間的控制系統日新月異。如果室內裝修表面材料的反射率增加，則能夠節省的電力潛力就更加減少。有了這些改變之後，最佳的窗牆比或窗屋頂比也隨之減少了。

對於許多類型的建築物和空間來說，如果不經思考的直接採用建議的開口面積而不考慮窗口產生的熱損失，建築物的耗能可能不減反增。

能量節省

日光
能源節省

淨得

窗牆比

5%   10%   20%

淨損

能量損失

窗戶
熱損失

10%
窗牆比

20%
窗牆比

7.30 優化採光窗口大小的例子。

採光策略如果要成功，很大原因是取決於室內材料表面的反射率，例如天花板、牆壁、地板和家具。例如，透過將平均室內材料反射率從 50% 增加到 75%，在 12×15 英尺（3.7×4.6 公尺）的辦公室中用於日光照射的所需窗玻璃面積可以從 25 平方英尺（2.3m²）減少超過 50% 至 12 平方英尺（1.1m²）。選擇具有良好反射性的天花板、牆壁、地板、窗簾和家具也成為一個能夠改進節能的綠色策略之一。但為了讓用於採光有更高反射率的優點，增加的反射率最好與減少日照窗尺寸或數量結合，這樣才能減少建築的熱損失。

7.31　房間表面的反射值會影響空間的採光策略。

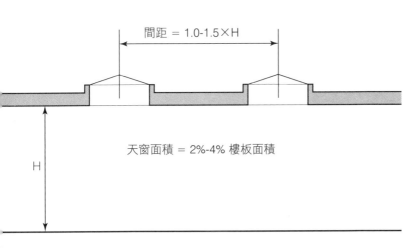

間距 = 1.0-1.5×H

天窗面積 = 2%-4% 樓板面積

H

7.32　天窗採光原則。

為了減少人工照明的電力使用的採光窗戶和為了美觀目的所不得不設置的景觀窗，在本質上的意義是不同的。後者可能被稱為偶然採光，這可能是景觀窗除了視覺效果之外額外的能量損失，即增加了來自人工照明和窗口熱損失的能量使用。

經過天窗和屋頂採光窗的照明有幾個優點，包括更加均勻的照明、更簡單容易的控制、更大的空間覆蓋率和更低的眩光問題。和側窗一樣，屋頂天窗的玻璃不應該過量設計，否則熱損失的能量將超過採光所節省的效益。用於照明的最佳玻璃尺寸應透過電腦能源模型分析計算。根據經驗法則，天窗採光的面積應該僅為地板面積的 2%-4%，天窗的間距約為天花板高度的 1 至 1.5 倍。因為美國的大多數商業建築是低於兩層樓的，低於屋頂的 60% 的樓板面積可以被分割。在屋頂照明的各種選擇中，天窗提供更均勻的照明，以全年來說，還能提供比屋頂採光窗更多的日光照明時數。

採光的好處必須透過室內人工照明的相關控制系統來達成。沒有這種控制，日光照明並不會節省能源，不僅沒有減少原有的照明負荷，日光反而增加的內部熱得，造成更多的能源消耗。以下介紹兩種主要類型的照明控制：分級式開關和連續式開關。都是透過使用光電感應器量測日光的照度並自動調整電力照明的輸出程度，以滿足空間的需求值或建議的照明亮度，進而減少能量消耗。如果來自窗戶的日光照射足夠滿足用戶的需要，則照明控制系統可以自動關閉室內人工照明的全部或一部分或降低照明亮度；如果日光降到預設照度以下，則立即重新開啟照明。這些日光照明調整控制系統甚至可以與紅外線感應器（Occupancy Sensors）結合，用來自動開／關照明控制以進一步增加節能效果，配合手動控制，也允許使用者調節照明亮度。另外一些控制系統還可以透過改變安裝在吸頂燈具中的不同顏色的各個 LED 燈的強度來調整光的顏色平衡。

自動照明控制需要設計其切換的範圍，以提供節能的效果，不然可能會導致燈光令人討厭的誤動作，例如，具有分級式照明控制的單個照明燈具辦公室空間的光度要求最低是 30 英尺燭光。早晨雲層飄來時，將空間光度降低變暗至 10 英尺燭光的亮度，這時自動照明控制打開電燈；當雲層飄走太陽出來的時候，又從 10 英尺燭光迅速提高照明光度到高於 30 英尺燭光的光度，這時電燈會被自動關閉。如果控制系統被設置為當空間中的光度上升到 31 英尺燭光以上時關閉燈光且當光度下降到 30 英尺燭光以下時打開燈，則每次一朵雲朵飄來，都可能造成燈光會迅速的打開和關閉，這樣反而會造成一些不必要的麻煩。

相反地，如果控制系統被設置為當光度下降到 30 英尺燭光以下時打開電燈且當光度上升到 50 英尺燭光以上時關閉燈光，則遇到雲層時燈具就不會再如此迅速地重複開啟和關閉的動作，但是辦公室的光照度上升和下降的情況可能會導致不同種類的困擾。此外，燈可能會開啟比需要的時間更久而增加了一些浪費。在這種開開關關的循環和令人討厭的照度波動之間找到適當的平衡是設計者的挑戰。自動調光控制當然可以在一定程度上解決這樣的問題，但是控制系統的設定是非常細微的。光感應器還必須仔細的設置方向和角度，以避免被其他人工照明而誤動。

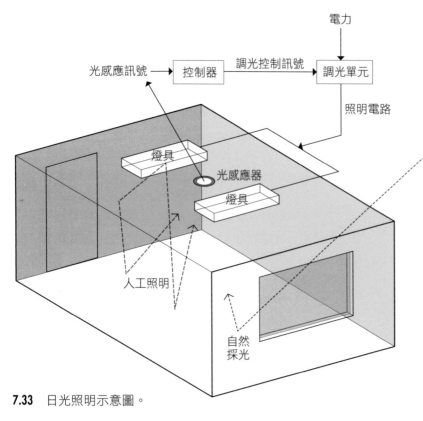

7.33 日光照明示意圖。

總之，日光照明是可以為那種每天需要照明時間較長、以小時為單位的建築物提供節能的效益，在允許的情況下，隨著時間和空間的光照度變化是可接受的。為了節能，窗口不應過大設計，否則會增加窗口熱損失。如果裝設自動照明控制系統則必須被適當地設計、安裝、驗證、操作和維護。

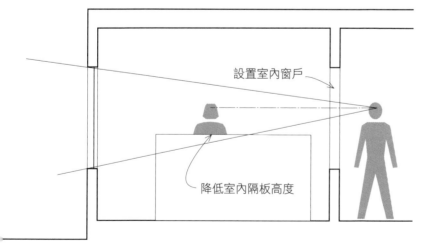

景觀

窗戶的上邊緣通常可以少於 90"(2,285)

LEED 窗戶視野

90"(2,285)

30"(760)

用於景觀或採光的窗戶下邊緣
不需低於 30"(760mm) 高。

BREEAM 的「景觀」要求在
外牆 23 英尺（7 公尺）內提
供至少 20% 的窗口面積

.34 窗戶的視野高度。

景觀

窗戶的景觀提供與戶外的連結性，能夠提供居住者戶外天氣狀況，並有助於人類的心理健康和工作生產力。在 LEED 評估系統中，景觀窗定義為在地板上方 30 英寸（760mm）和 90 英寸（2,285mm）之間。BREEAM 則將景觀定義為能夠從 28 英寸（710mm）的桌面高度看到天空，以及當窗牆壁比為 20% 或更高時，才稱為景觀開口。

與採光一樣，景觀窗所需的開口尺寸應該仔細評估，以避免引入不適當的開口造成熱損失。例如，窗口的下緣可以高於 30 英寸（760mm），就能有良好的景觀視野。而窗口上緣高度也不需要高過 90 英寸（2,285mm），還是有良好的視野。LEED 對景觀窗戶的定義拉到 90 英寸是為了定義採光開始計算的區域，而非景觀窗需要設置的高度。此外，窗戶不需要向外推即可提供良好的視野，BREEAM 將景觀定義為：能夠透過最低 20% 的窗牆比看到外牆的 23 英尺（7 公尺）的視野範圍。

設置室內窗戶

降低室內隔板高度

.35 從室內加強景觀的其他策略。

LEED 建議僅在經常使用的空間中才需要窗戶，而未經常使用的空間中則不需要設置。我們現在進行的每一步都需要回顧前面所提窗戶會引入大量熱能，並同時考慮減少這些能量損失的方法。

LEED 建議採取進一步的策略，包括使用內部窗戶，這樣可以讓室內空間的居住者透過外周空間看到戶外景觀，使用較少的內部分區來防止阻礙景觀的情況。

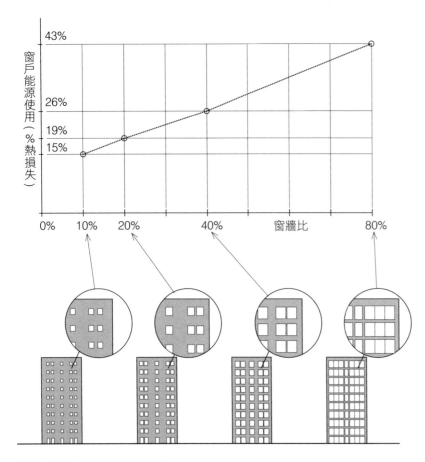

7.36 經過窗戶的能量損失。

窗口損失

窗戶兼具了採光和景觀的優點，同時也代表著許多影響能量低效率的因子。窗戶在冬天透過熱傳導、空氣滲漏和熱輻射損失熱量，相反地，在夏天引入相當多的熱量並增加了相關的空調系統需求。不論在低層和高層建築物，窗戶的建造成本也高於原本設置的牆面。

為了比較窗戶所造成的能量損失，一般的牆壁具有約在 R-10 和 R-30 之間範圍的熱阻（R 值），也就是說平均值大約為 R-20，而普通的雙懸窗則具有約 R-2 的 R 值，也就是比平均牆壁低十倍的熱阻。即使是高性能窗戶，R 值也僅在 R-3 和 R-5 之間，而且這尚未考慮滲漏所造成的影響、熱輻射損失和經由窗戶周圍框架的熱橋效應的損失。另外還有更細微的損失，例如一扇窗戶玻璃在夜晚時反射回室內的光線較少，因此可能需要更多的室內人工照明。考慮到所有這些窗戶損失，以同樣面積的窗戶與牆壁做比較，則窗戶的能源消耗可能是牆壁的十倍以上。因此，一棟典型的建築物經由窗戶損失能量的 25%，而若是此棟建築物具有很高的窗牆比，那麼能量損失會更大。

窗戶的影響不僅僅是消耗更多的能量和增加建築成本，也會對居住者產生不舒服的感覺。這種不適的跡象可以在常見的狀況中看到，例如在窗戶下面提供熱量以抵消從窗戶進入室內的寒冷，或者需要將家具從窗戶移開以避免產生氣流。事實上，在窗戶下方放置熱源只會加劇冬季的窗戶熱損失，因為窗戶的內部表面會比平均室內空氣溫度更溫暖，人體在冬天也透過輻射熱傳遞到窗戶並穿過窗戶到戶外的冷表面而損失熱量。以上的狀況即使採用固定窗也還是會引起不適的現象。在大面積或高長形窗戶的房間中，可以發現溫度分層是顯著且常見的，在居住者的頭部和腳部之間空氣溫度的溫差約為 5.6°C（10°F）或更高。最後，窗戶通常還會造成眩光，導致窗戶需要著色、採用內部百葉窗或窗簾來遮蔽，這也同時將窗戶最初設計的目的景觀和採光遮蔽了。

冬季時，在陽光下曝曬的窗戶，其熱損失則會被太陽能的熱能部分抵消。

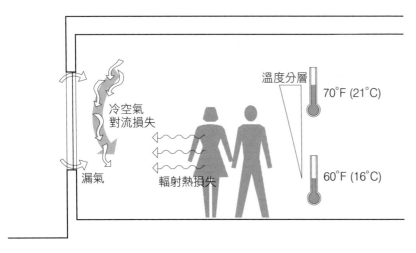

7.37 與窗戶有關的舒適問題。

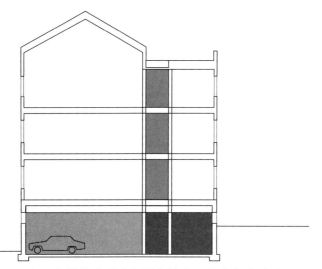

7.38 在機能和服務空間中將窗口最小化或消除。

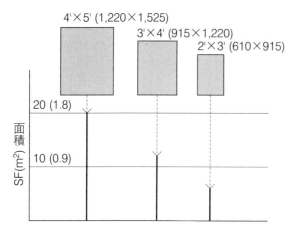

7.39 窗口大小和空間的比較。

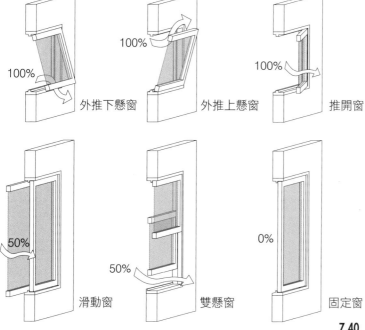

外推下懸窗　　　外推上懸窗　　　推開窗

滑動窗　　　雙懸窗　　　固定窗

7.40 窗口類型對通風的相對有效性。

減少窗戶損失

如何減少綠建築的窗戶損失呢？首先，避免或減少不需要窗戶的空間中的窗戶數量，例如車庫、樓梯間和樓梯平台、走廊、壁櫥、地下室、洗衣房、入口和門廊以及其他公用空間等居住者短期停留的空間。

其次，在可能的情況下，在一般房間類型（例如小辦公室和住宅臥室）中配置一個或兩個窗戶就好，而不是配置三個或以上。另外還可以合理地選擇窗戶的大小，3×4 英尺（915mm×1,220mm）窗戶幾乎是 4×5 英尺（1,220mm×1,525mm）窗口面積的一半。2×3 英尺（610mm×915mm）窗戶也幾乎是 3×4 英尺（915mm×1220mm）窗口面積的一半。

第三個策略是在不需要開啟窗戶的地方使用固定窗。固定窗會減少空氣的洩漏，但仍需要注意防止窗和牆壁結構之間的氣密性。例如，單懸窗比雙懸窗（上下推拉）有更低可能潛在滲透率，但同時也犧牲可以調整的空間。

如果窗戶的大小是適合自然通風的，推開式窗戶或搖窗（外推懸窗）能比滑動窗或雙懸窗提供更多的開口面積，因為後兩種實際上開起的面積只有總面積的一半。推開式窗戶和搖窗通常氣密性也更好，空氣洩漏率比垂直或水平滑動窗更低，因此，除非窗戶的整個面積都需要用來採光或景觀使用，不然採用推開式窗或搖窗也提供了一種更小、能源效率較高且更經濟的方式滿足通風的需求。

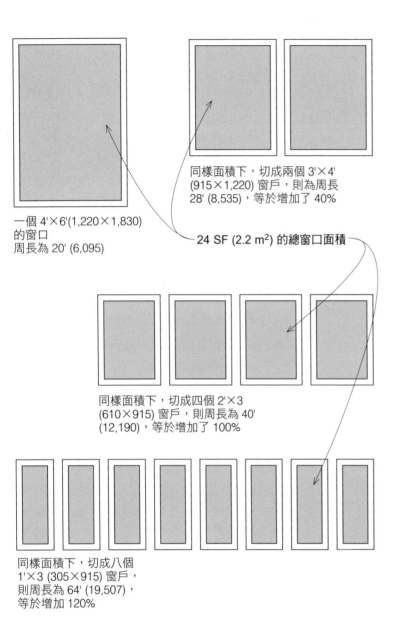

一個 4'×6'(1,220×1,830)
的窗口
周長為 20' (6,095)

同樣面積下，切成兩個 3'×4'
(915×1,220) 窗戶，則為周長
28' (8,535)，等於增加了 40%

24 SF (2.2 m²) 的總窗口面積

同樣面積下，切成四個 2'×3
(610×915) 窗戶，則周長為 40'
(12,190)，等於增加了 100%

同樣面積下，切成八個
1'×3 (305×915) 窗戶，
則周長為 64' (19,507)，
等於增加 120%

7.41 窗口越大，每單位面積的周邊滲漏和傳導就越低。

如果我們將需要開口的區域劃定出來，少量的大窗開口比很多的小窗開口更有效率，因為能量損失的其中一個弱點在於窗框，空氣會沿著窗框還有窗扇的可動部分和經由窗框周圍的框架或結構縫隙發生滲透，從窗框傳導的熱損失也高於玻璃窗的中心部位。一個 4×6 英尺（1,220mm×1,830mm）的窗戶有 20 英尺（6,095mm）的窗戶周長。同樣的面積，改成相同的 24 平方英尺（2.2m²）面積的窗戶兩扇 3×4 英尺（915mm×1220mm）則框有 28 英尺（8,535mm）的窗口周長，等於增加了 40%。而四個 2×3 英尺（610mm×915mm）的窗戶，同樣提供 24 平方英尺（2.2平方公尺）的窗口面積，但總周長為 40 英尺（12,190mm），比一個 4×6 英尺（1,220mm×1,830mm）窗口增加了一倍。而如果改成八個 1×3 英尺（305mm×915mm）窗戶，則會超過三倍的原始總周長。同時也要注意窗戶的寬高比例，對於同樣 24 平方英尺的面積，單個長形窗戶面積一樣為 1×24 英尺（305mm×7,315mm），具有 50 英尺的周長。所以矩形的窗戶比長形窗戶稍微節能，而正方形和矩形窗戶的節能差異其實不大。

與較多數量的小窗戶同樣具有相同總窗戶面積的狀況比較，較少數量的大窗戶還降低了構造成本。例如，一個 3×4 英尺（915mm×1,220mm）雙懸窗比兩個 2×3 英尺（610mm×915mm）窗戶的施工成本少約 25%。

窗戶的其他特性，例如它們的整體品質以及它們所提供的景觀和採光的效果，也應該與尺寸、數量等等一起加以權衡考慮。考慮這些評估項目時，我們應該關注在人們經常使用的空間中提供優良的視野以及良好的日照。

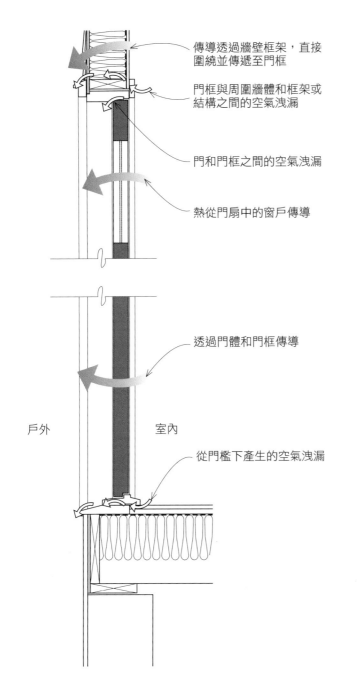

傳導透過牆壁框架，直接圍繞並傳遞至門框

門框與周圍牆體和框架或結構之間的空氣洩漏

門和門框之間的空氣洩漏

熱從門扇中的窗戶傳導

透過門體和門框傳導

戶外　　　室內

從門檻下產生的空氣洩漏

.42 透過門的熱損失和滲漏路徑。

門

門在很多方面都與窗戶相當類似。戶外門也穿透建築圍牆或熱邊界，每個門都有幾條空氣進入的路徑：包括門和門框之間、門框和周圍牆體或結構之間、門檻的下方等。每扇門也存在幾個透過熱傳導發生的熱損失和熱得路徑：透過門體本身、透過在門中的內嵌玻璃、透過門框架及周圍的牆壁結構。

然而，關於能量損失的部分，戶外門在某些方面卻不同於窗戶。實心的門比窗戶擁有更低的熱損失和熱得，隔熱門的效果則更好。儘管門的數量通常比窗戶少，但在一些建築類型當中還是具有很多扇門，例如連棟別墅或者一些旅館。

設置門的時候，常犯的錯誤是不小心將無隔熱應放置於內部的門設置於戶外門的位置，特別是在連接空調空間和非空調空間（例如車庫或閣樓）之間。

即使建築物中的戶外門數量比窗戶少，但門比窗戶更經常地打開和關閉，開關門可能會導致氣密的組件（例如氣密條和門掃）因為長期受到相對運動而比在窗戶上的構件受到更多的磨損和破壞。

雙開式門更難以完全氣密，因為這不只由一個移動構件（門扇）和一個固定構件（門框）組成，而是存在兩個會相互移動的門扇。在門底下常未設置門掃，在兩扇門之間也沒有、或間隙過大而無法設置氣密條。

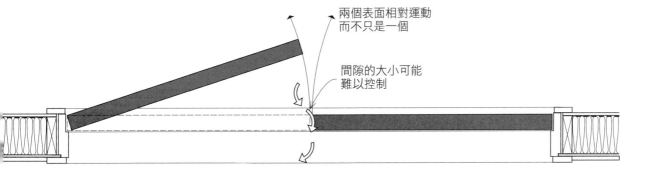

兩個表面相對運動而不只是一個

間隙的大小可能難以控制

.43 雙門氣密性的兩項挑戰。

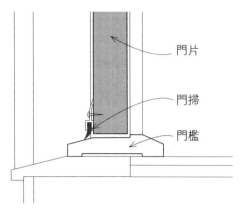

7.44 室外門底部邊緣的氣密條（擋風雨條）。

圖中標示：
- 門片
- 門掃
- 門檻

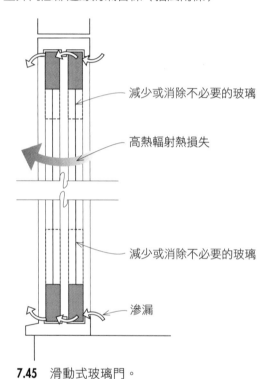

7.45 滑動式玻璃門。

圖中標示：
- 減少或消除不必要的玻璃
- 高熱輻射熱損失
- 減少或消除不必要的玻璃
- 滲漏

圖中標示：
- 考慮使用風門和氣閥
- 使用隔熱外門
- 使用兩層耐候氣密條
- 檢查門縫是否正確讓氣密條壓縮
- 避免過多的玻璃和盡可能使用雙層門和推拉門
- 在門框和周圍結構之間的內外間隙填縫

7.46 門的最佳實踐做法。

由於戶外門通常位於建築物的底部樓層和頂樓層的屋頂通道，所以它們也會比窗戶更容易受到煙囪效應的風壓影響。

戶外門的底部邊緣通常需要特別設計，因為直接固定於表面的氣密條會影響通行而不宜設置。因此為了對應這一挑戰而採用門掃（門刷）來減少洩漏。門掃柔性部分通常是刷子或乙烯基或橡膠刷，所以門掃的耐久性並不好，可能會隨著時間而損壞。因為門掃並不具有良好的氣密性，因此如果需要很好的氣密來遮蔽，可以採用防風門。然而，為了使防風門更加有效，防風門本身也需具有良好的門掃、氣密條和框架填縫的密閉性。

橫拉式的外門常常是採用玻璃拉門，而這種更容易發生誤差和空氣洩漏的問題。

在玻璃拉門上的玻璃開口就如同窗戶有著高熱損失的特性。因此，門上的玻璃窗應只限於需要視野或安全的情況下才裝設。如果這些視覺用玻璃不是完全需要，應盡量少使用全玻璃門，如滑動拉門或陽台門，商業建築物中的大門、側門和後門都是不需要完全採用玻璃門的部位。

綠建築門中的最佳設計包括：
- 盡量減少建築物戶外門的數量。
- 盡可能避免滑動門。
- 盡可能避免使用雙開門。
- 盡可能避免使用過多的玻璃門。
- 使用隔熱的室內外門來阻隔有空調及無空調的空間。
- 盡可能使用防風門。防風門提供一個額外的隔熱層保護，不僅增加了熱阻，還增加了空氣的氣密性。
- 在內部和外部的門框、門檻下方填塞，也填塞接防風門的縫隙。
- 考慮將氣閥設置於建築物入口。
- 在門框周圍隔熱。
- 門裝設氣密條，並通過確保要求的壓力測試。

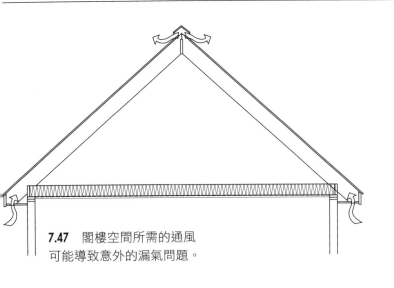

7.47 閣樓空間所需的通風可能導致意外的漏氣問題。

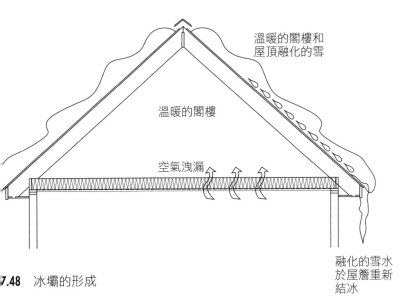

溫暖的閣樓和屋頂融化的雪

溫暖的閣樓

空氣洩漏

融化的雪水於屋簷重新結冰

7.48 冰壩的形成

屋頂

能源法規和高性能標準（如 ASHRAE-189）為屋頂隔熱提供了要求和規範，通常針對特定的地理位置進行改良。像牆壁一樣，屋頂可能會由於熱橋造成能量損失，但連續的隔熱層可以防止這種情況。屋頂通常不允許空氣滲漏，因為屋頂的構造通常設計成防水的，但有時屋頂的通風口（例如山脊通風口）是將空氣引入閣樓的策略之一，特別是在具有傾斜屋頂的建築物中，而這個設計卻可能是意想不到的耗能問題。

斜屋頂

從能源的角度來看，與屋頂最有關且重要的就是發現空氣從建築物室內洩漏到閣樓，再透過斜屋頂中的閣樓通風口散失是相當嚴重的熱損失。閣樓所造成的空氣洩漏狀況是非常顯著且多樣的，空氣可以經由閣樓艙口和牆壁的頂部洩漏、圍繞煙囪和通風口洩漏、透過無遮蓋的管線和其他佈線穿透洩漏、從排風扇和嵌入式燈具洩漏、甚至可以沿著牆的邊緣洩漏。

這種空氣洩漏的另一個負面的影響，是在寒冷的氣候下會在屋頂上形成冰壩，這是由於洩漏的空氣融化了屋頂上的雪，融化的水沿著屋頂流下而在屋頂溝槽、屋頂邊緣和排水溝處重新結冰。

為什麼斜屋頂和閣樓會有這麼多的滲漏問題呢？答案可能在於屋頂、天花板頂部與閣樓地板這幾個功能性之間的角色混亂。斜屋頂的功能主要是阻止雨水進入建築物，閣樓板的作用主要是作為熱邊界隔熱，然而，這種角色的分工可能會讓閣樓的氣密不夠充分。所以如果閣樓板可以做到防水的效果，不論是牆壁或平屋頂，空氣也不會從中洩漏。

平屋頂甚至有可能比斜屋頂更環保，這有兩個原因：平屋頂避免了斜屋頂和通風閣樓的空間易受到的實質性空氣洩漏現象，且平屋頂更容易裝設綠色設施，例如太陽能光電板和綠屋頂等。

平屋頂也比斜屋頂更加經濟。斜屋頂基本上需要兩倍的屋頂結構的成本，一部分在屋頂的構造，另一部分在閣樓層，而平屋頂僅需要一個結構即可。根據統計，平屋頂的成本比斜屋頂的成本低 22%。但是我們也發覺到平屋頂以美學來說不如斜屋頂美觀，且有水會集中於水坑、不容易排雪等問題。所以如果在建築物中因為美學設計或其他原因則斜屋頂是至關重要的，但需注意不論是沿著斜屋頂線或是閣樓板都必須提供強而完整連續的熱邊界保護。

如果單獨討論綠屋頂本身，關於綠屋頂的高成本以及它們對於熱能效益的大小有各種說法，然而，在建築物頂部採納綠屋頂可以有一些好處，例如減少熱島效應和控制逕流。如果綠屋頂是成本經濟且可靠的，隨著時間的推移，平屋頂比斜屋頂更容易設置並符合效益。

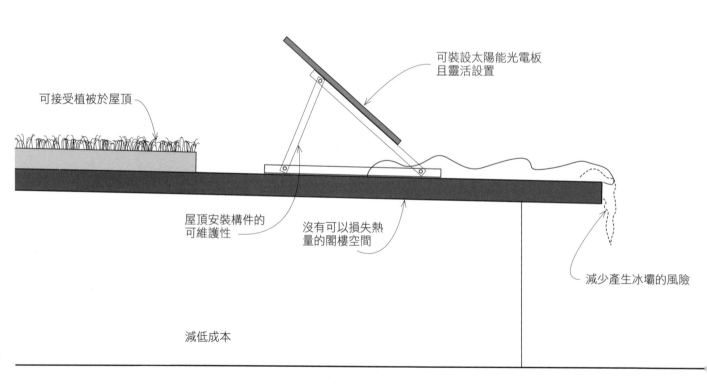

可裝設太陽能光電板且靈活設置

可接受植被於屋頂

屋頂安裝構件的可維護性

沒有可以損失熱量的閣樓空間

減少產生冰壩的風險

減低成本

7.49 平屋頂的綠色效益。

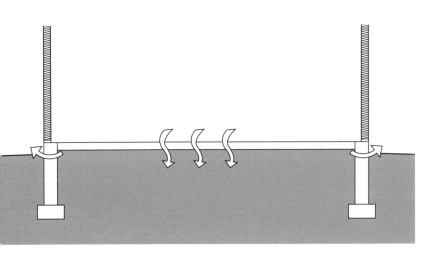

圖.50 從地面板產生的熱量損失。

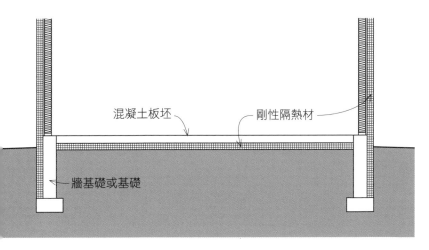

混凝土板坯

剛性隔熱材

牆基礎或基礎

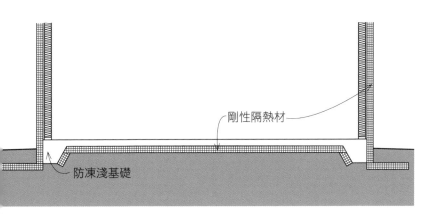

剛性隔熱材

防凍淺基礎

圖.51 為樓層板提供完整的熱連續性。

地板

我們結束了對外部皮層的討論，接著要討論地板，特別是樓板，地下室、供電線或水管等空間會在第 8 章「無空調空間」說明。

建築物透過平面地板到底下的地面會失去熱量。地面通常比建築物中的空氣更冷，冬季地表約 30℉ 至 60℉（-1.1℃ 至 5.5℃），這取決於地理位置會稍有不同。然而，冬季建築物中的空氣約為 70℉（21.1℃），因此底下的地面將從上面的建築物吸收熱量。有一項針對 33 個節能住宅的研究發現，地面損失為建築物總熱能損失的 24%，而且根據推測，非高效能的房屋損失率甚至更高。我們知道建築邊緣的隔熱尤其重要，因為冬天時室內的空氣熱量會透過地板、透過地面移動到地下。紅外線掃描器可以看出這種熱損失。建築樓板的邊緣因為熱量被向外傳導，通常會顯示為暖紅外線色塊。

隔熱的連續性也是一個挑戰。隔熱壁通常設置在作為熱導體的實心混凝土板上，如果樓板在其頂部表面上隔熱，則樓板被放到隔熱層之外，外部和內部牆壁結構向下到樓板形成熱橋。如果只在樓板的下緣做隔熱，除非樓板邊緣本身就有隔熱效果，否則邊緣產生的熱橋效應破壞了隔熱的連續性。為了保持連續性，更有效的方法是在板的外部和其周邊和下面對其進行完整隔熱包覆。

目前趨勢可以採用地板內輻射系統加熱建築物以提供舒適性和溫度均勻性的特性，另外還有更好的節能潛力，由於輻射熱系統提供更高的舒適性，室內空氣溫度可以降低。然而，地面上的樓板即使下面有隔熱材，還是有熱量損失到地下的風險，因此設置時還需要考慮在地基中的輻射地板內熱量對地面的能量損失評估。

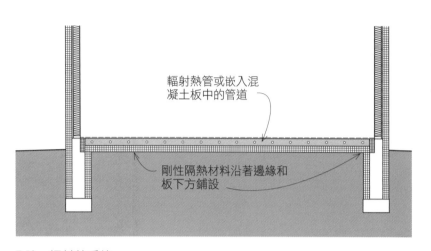

輻射熱管或嵌入混凝土板中的管道

剛性隔熱材料沿著邊緣和板下方鋪設

7.52 輻射熱系統。

隔熱的地板是相當重要的，不僅僅是為了節能，也是為了舒適性。冰冷的地板會讓人的雙腳感到不舒服，且同時也是一種從身體散失熱量的途徑，所以會讓人的身體感到寒冷。

防止水分透過樓板向上滲入也很關鍵，否則，與地面接觸的材料將變濕，並且使空間變得潮濕。所以需要一整套保護層來防止這樣的問題發生：分層以將地面的水引導離開建築物、周邊排水設施以引流任何靠近建築物的水、設置礫石以盡量減少濕土與樓板的接觸，並於樓板設計完整且連續的防潮層。

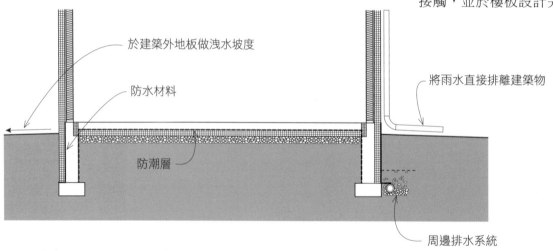

於建築外地板做洩水坡度

防水材料

防潮層

將雨水直接排離建築物

周邊排水系統

7.53 防止水分穿透過地面層板面的方法。

8
無空調空間

無空調空間是既不加熱也不冷卻的空間。在建築物的
外部皮層和內部皮層之間可以有各種無空調的空間。
這些空間包括閣樓、地下室、爬行空間（建築物下方
的架高空間）、附加的車庫、玄關、前廳、機械室和
儲藏室等。

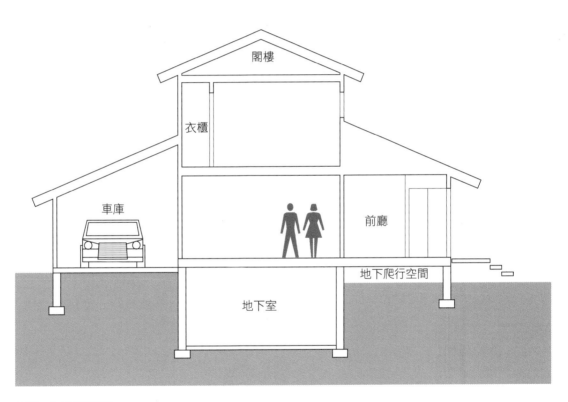

8.01 無空調空間。

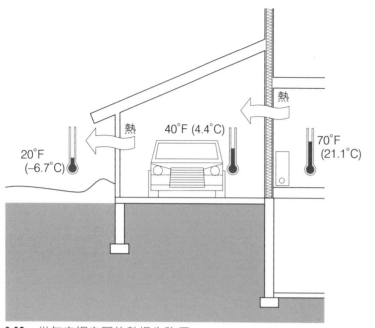

8.02 從無空調空間的熱損失路徑。

無空調的空間會形成一些被動式的暖房或冷房效果。在冬天，熱量穿過中間的共用牆，從加熱的空間流失到無空調空間，然後從無空調空間流失到室外。相反地，在夏天，熱量進入建築物。無空調的空間通常處於室內空間溫度和室外之間溫度的平衡，結果在中間的中介空間被動地接受熱或冷的影響，也造成該熱傳遞在中介空間中形成，在無空調空間形成熱損失而消耗能量。

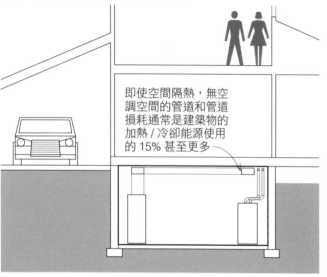

即使空間隔熱，無空調空間的管道和管道損耗通常是建築物的加熱/冷卻能源使用的 15% 甚至更多

8.03 管線系統損耗。

無空調空間與能源相關的缺陷還有另一個問題，因為這些部位通常是暖房或冷房空調管線系統所經過的中介空間。這些空調系統包括管道的設備或管線，或兩者皆是。無空調空間的名詞定義即是「不需要空調的空間」，而在這些空間中管道系統產生的熱損失則會導致能源浪費。

我們需要注意這些無空調空間會造成能量損失的部位。除了解決這個問題之外，我們更可以將無空調的空間好好利用，當作另一種居室空間使用。無空調空間基本上可以有隔熱空氣的截留功能。此外，無空調的空間通常在與室外或相鄰的室內空間之間具有至少一個未隔熱的牆面，我們可以在其中增加隔熱材料，通常最經濟有效地做法是增加額外的表面披覆隔熱層。最後，無空調的空間可以充當類似氣壓過渡艙這樣的功能，減少人們進入和離開建築物時空氣的滲漏。

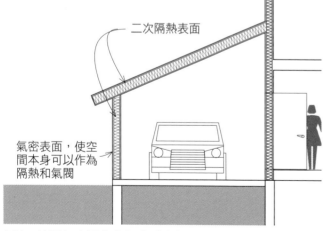

二次隔熱表面

氣密表面，使空間本身可以作為隔熱和氣閥

8.04 使用無空調的空間來減少能源消耗。

在本章的後面，我們將研究各種常見的空間類型，用來檢視哪些空間可以從有空調改為無空調的空間，這麼一來便可以進一步減少能源的使用並降低建築成本。

地下室

地下室在一般的家庭中很常見，在許多商業建築中也常被發現。這些部分或全部地下空間方便用來當作倉儲和作業的區域、放置機械設備以及隱藏各種服務設施，例如管道、電路系統和配電系統。地下室有時被設計用作視聽空間、或是辦公空間、臥室，而空間也需要有適當的採光和通風。從暖房和冷房的角度來看，地下室大部分是完全密閉的空間，所以應該比完全暴露於戶外空氣的空間具有更低的熱損失和熱得，不過事實上，地下室也是會大量損失或獲得熱得。

舉個負面的例子，如果水分穿透過混凝土基礎牆壁和地板進入空間中，則地下室可能會受到高濕度的影響。地面上的水也可能因為重力流到地下室。以作為機電設備的無空調空間來說，由於其施工所需的挖掘和基礎工作，地下室造價相對昂貴的。且地下室只能提供很少的甚至沒有日光照射，所以作為居住空間並不是非常受歡迎的。

地下室並不總是被設計成有空調的或無空調的空間，這可能導致對實際上是否要對這些空間進行調節有不確定性。而地下室的天花板有時是隔熱的，但通常不是，因此未隔熱的天花板也成為從上方到地下室的熱損失路徑之一。

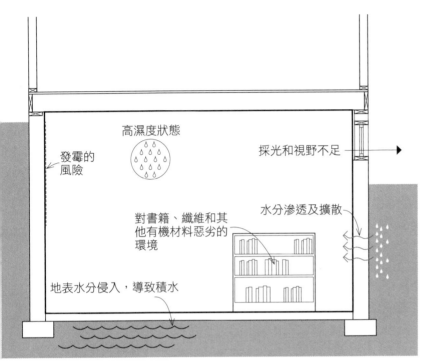

8.05　地下室環境品質問題。

地下室也是在加熱和冷卻空調系統中產生大量能量損失的空間。最近的研究證實了這種損失的實質性影響。設備和配電系統包括鍋爐、加熱爐、管道系統、水電管、閥門和泵的傳輸過程都會損耗能源。空氣會透過管道的接縫、管道連接處、空氣處理機本身以及過濾器部位產生滲入和漏出空氣洩漏。對於加熱和冷卻設備和分佈位於地下室的建築物來說，在這種地下室的系統建築物中使用的暖房和冷房能源可能會損失 15% 以上。地下室的配電系統也容易隨著時間的影響而越來越糟。管道和管道隔熱材雖然可以分離或拆卸，但不好更換，管道隔熱材質會被壓縮而降低其熱阻，管道的空氣洩漏可能會隨著時間的推移而變得更糟，本來使用上應該關閉的管道出風口則可能在無意中被打開造成漏風。

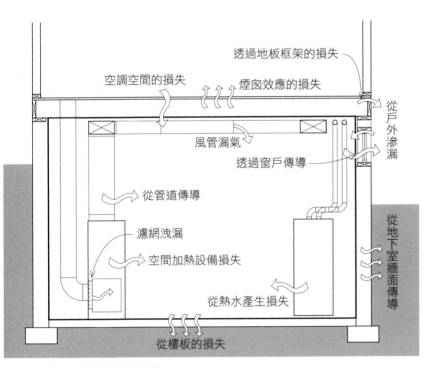

8.06　地下室空間的能源損失。

關於地下室的另一個能源損失跟所謂的煙囪效應（Stack Effect）有關。地下室的設置等於給建築物增加了一個樓層，即使在只有一個樓層的建築物中，煙囪效應也會增加。因為地下室通常都有蠻明顯的洩漏，冬天的冷空氣會從諸如門檻地板、不適當的窗戶和地下室門等位置容易地流入地下室。地下室相對於樓上的暖房空間來說很少是完全密封的，因此煙囪效應會讓空氣藉由門縫、管道、線路和電氣設備、以及底板或地板之間的接縫從地下室到建築物的一樓慢慢上升。一旦這種空氣進入到有空調的空間，它就成為建築物能源使用額外的負擔，而加熱的空氣會經由上層的窗戶和牆壁並穿過閣樓離開建築物。

地下室可以設計成閉密的牆壁、窗戶和地下室天花板可以更加節能，並確保樓上通往地下室的門是密閉性良好的。管道和管道相關配件也必須隔熱且密封。傳導的損失可以透過隔熱牆壁、地下室天花板和改善窗戶的熱性能來降低。

人們常對於地下室空間有個普遍誤解，認為隔熱的地下室牆壁就該將空間視為熱封層，而沒有意識到地下室的熱損失。其實只要地下室屬於無空調空間，一樣會對連接的空間產生影響甚鉅的熱損失，例如，ASHRAE 就對住宅熱力分配系統的設計和季節效率進行一項測試，根據估計，當地下室完全隔離時，普通房屋的熱損失將從 19.1% 降低到 17.6%。

另一個選擇是不要在綠建築中設計地下室空間。當我們考慮到減少暖房和冷房的熱損失時，這種潛在的節能也許是重要的策略。這麼做可以減少煙囪效應和滲漏損失到上面的空調空間，以及從樓上流往地下室，然後再透過基礎牆壁和板坯形成的傳導熱損失。

無空調的地下室以前通常是大型機械室，100年前可能需要大型機械室來存放比現在大得多的鍋爐和加熱爐，但現在地下室常常設計的比需要的機械室空間大得多。

高濕度地下室不適用於儲存紙張、書籍、服裝和其他有機材等材料。潮濕條件和積水也可能產生室內空氣品質的問題。所以對於一般或半地下室來說，如何讓地下室空間獲得自然光和景觀真是一項挑戰。

當考慮到能源問題、空氣品質問題以及缺乏景觀和自然光線的結果時，我們仍然要思考地下室是否可以被認為是綠建築中的健康空間，所以可能需要採取實質措施來防止上述的問題。

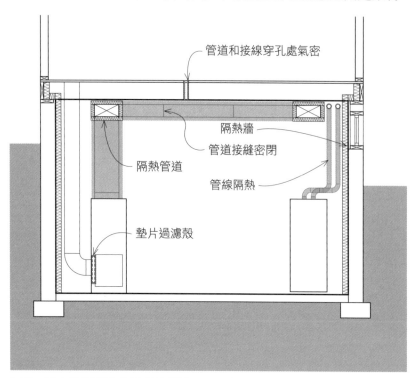

8.07 減少地下室空間的能源損失。

管道和接線穿孔處氣密

隔熱牆

管道接縫密閉

管線隔熱

隔熱管道

墊片過濾殼

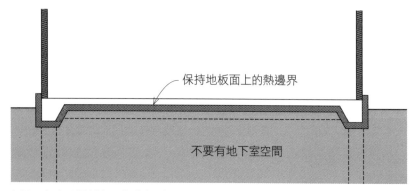

8.08 如何消除地下室的損失。

保持地板面上的熱邊界

不要有地下室空間

閣樓

閣樓就如同地下室這樣的空間會大大增加建築物中的煙囪效應。這主要是因為閣樓會讓空氣在冬天時洩漏出來。直接的傳導熱損失也是一項問題,而閣樓的面積越來越大更加劇了直接的傳導損失。閣樓的暖房空調系統不像在地下室那麼常見,但是如果閣樓有這樣的設備,損失可能會更加顯著。與地下室不同的是,閣樓的設計通常都是通風的,所以冬天的室內溫度會更接近於戶外溫度,而在夏天更可能比戶外還高,這是由於熱空氣會聚集於閣樓。管道系統內經過調節的空氣與管道系統周圍環境空氣之間的溫差在閣樓中會更加明顯,因此,當管道中的空氣經過閣樓時,則會有更高的熱損。

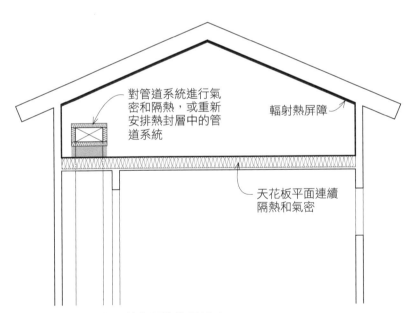

8.09 閣樓空間的能量損失。

就像地下室一樣,閣樓可以經由空氣密閉的設計而更節能,在閣樓板或屋頂平面或兩者之間增加隔熱材質,並隔熱和密封包覆所有的配電系統。盡量不要將配電系統設計於閣樓之中,另一種則是用隔熱從屋頂平面將閣樓完全熱密封,或者最根本的方法則是完全不要設置閣樓。

8.10 減少閣樓空間的能量損失。

地下爬行空間*

爬行空間基本上也可以說是低矮的地下室，通常位於地平線以上。這是從二次世界大戰後慢慢發展起來的，爬行空間歷史上一直是用來通風的空間。即使在移動式房屋下也很常見。

最近的研究發現，爬行空間的熱傳導性產生很多問題。爬行空間與地下室空間非常類似，有很多相同的問題：高濕度、高導熱損耗、配管熱損失，以及由於煙囪效應而引起的能量損失，所以不適合作為居住空間。地下爬行空間在冬天通常會有管道結凍的風險，以及沿著爬行空間上方、地板下方裝設的隔熱材料可能會有脫落的可能性。

* 這種地下室「Crawl Space」是美式某些住宅特有，不到半層樓高，平常人是下不去的，只有維修時才「爬（Crawl）」進去。

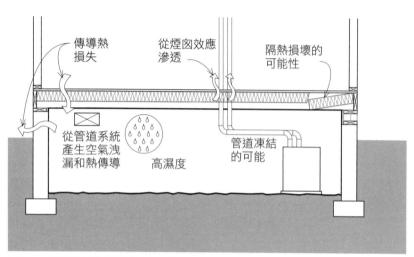

傳導熱損失　**從煙囪效應滲透**　**隔熱損壞的可能性**

從管道系統產生空氣洩漏和熱傳導　**高濕度**　**管道凍結的可能**

8.11 地下爬行空間可能造成的問題。

對於這個空間，有一個基本的共識是消除它們的通風開口，設置隔離圍牆以及在爬行空間地板上放置一個良好的防水布層，以便阻止水分侵入到空間中，爬行空間應該被設計在熱封層內。這樣的處理使得爬行空間更加節能，也消除了管道凍結的風險，同時減少了濕氣的存在和發霉等相關的室內空氣品質問題。將這層做好隔熱與密封的同時，也對建築物提供了另一層氣密的保護。

與閣樓和地下室一樣，另一種解決方案是在綠建築設計中不設置地下爬行空間，這種方法將完全消除以上所提的相關問題。

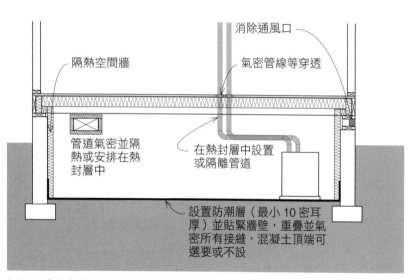

隔熱空間牆　**消除通風口**　**氣密管線等穿透**

管道氣密並隔熱或安排在熱封層中　**在熱封層中設置或隔離管道**

設置防潮層（最小 10 密耳厚）並貼緊牆壁，重疊並氣密所有接縫，混凝土頂端可選要或不設

8.12 減少爬行空間的損失。

車庫

車庫有可能是獨立的或與建築物連接，同時可以開啟也可以關閉。

對車庫來說，有許多類似於閣樓、地下室和其他無空調空間的相關能源議題：隔熱損失、空氣滲漏損失以及由於空氣經過管線系統而導致的損失。之前已經討論了與車庫中的熱邊界不明確相關的問題。車庫的另一個弱點在於由於汽車排氣和放置在車庫中的化學物品而導致空氣品質下降。另外管道結凍偶爾也是一項問題。

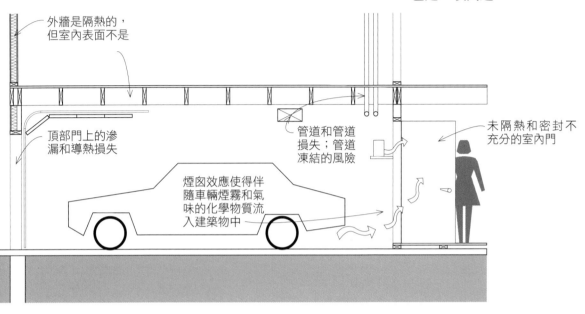

外牆是隔熱的，但室內表面不是

頂部門上的滲漏和導熱損失

管道和管道損失；管道凍結的風險

未隔熱和密封不充分的室內門

煙囪效應使得伴隨車輛煙霧和氣味的化學物質流入建築物中

8.13 車庫的問題

車庫可以有效地用作空調空間和室外的熱緩衝區，所以應注意熱邊界的定義、設計和執行。車庫的外牆可以透過空氣密封隔熱和使用隔熱車庫棚門來改善。這些都加強了外殼整體性，也將車庫轉變成了一個對建築的額外保護層。

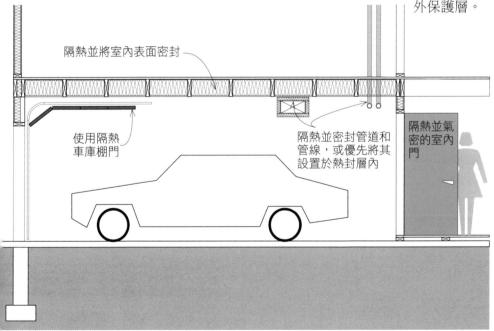

隔熱並將室內表面密封

使用隔熱車庫棚門

隔熱並密封管道和管線，或優先將其設置於熱封層內

隔熱並氣密的室內門

8.14 如何減少車庫損失。

無法識別的無空調空間

有一類空間可能被稱為「無法識別的無空調空間」，包括附屬的棚屋、壁櫥和天花板上方的空間。這些空間可以有效地用作附加的額外保護層，以下提供幾個有效的策略：

- 把這些空間找出，使其至少有一個表面靠著外牆或屋頂。
- 採取額外措施，減少這些空間與室內（如果在熱封層裡面）或戶外（如在熱封外面，如附著的棚屋）之間的空氣交換。
- 考慮增加隔熱層以形成另一層保護。

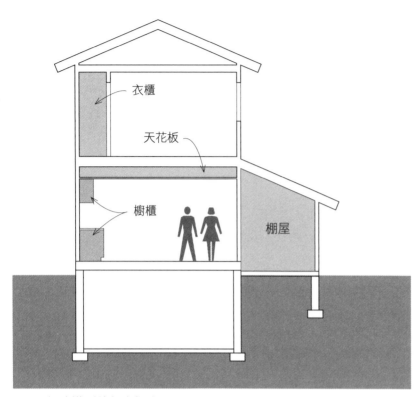

8.15 無法識別的無空調空間。

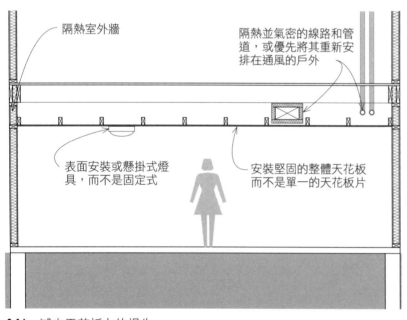

8.16 減少天花板上的損失。

通常會比較常用的空間是天花板上方的空間。在商業建築中，這個空間是供暖氣與冷氣空調系統和其他設施的設置位置。傳統上，能源法規中並沒有求管道和管道系統與天花板下空間需要做隔熱，因為這空間應該屬於在熱密封包覆中。

然而，增加室內中的任何能量損失都會造成不必要的加熱或冷卻空間，並改變其平衡溫度，從室內空間邊緣的外壁增加到戶外的能量損失。如果空間在頂樓，天花板面材會在天花板上方的空間和下面的空調空間之間進行相當的空氣交換。

所以對天花板空間來說，更節能的方法包括在天花板上方固定管線系統並隔熱和密封、避免使用嵌入式燈具、使用硬且堅固的天花板面材而不是軟性多孔的天花板材料。這些改進措施將天花板上方的空間變成更強力的無空調空間，可用來當成室內和戶外的緩衝區。

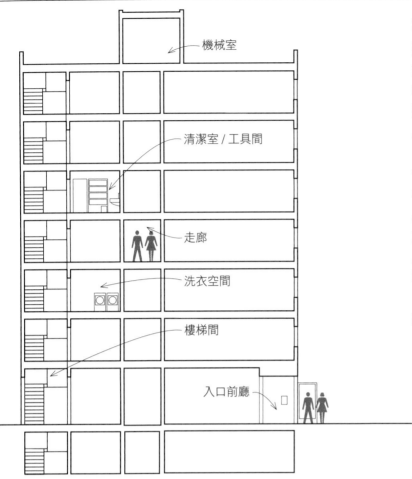

機械室

清潔室 / 工具間

走廊

洗衣空間

樓梯間

入口前廳

8.17 有時有空調但可能不需要的空間。

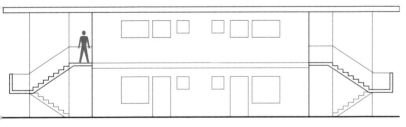

8.18 外部樓梯有時可能是一個可行的選擇。

走廊、樓梯間和其他空間

建築物中的許多空間有時是有空調的,但可能實際上不需要。這些包括走廊、樓梯間、機械室、洗衣間、門廳、入口、前廳和玄關。將這些不需要空調的空間改成沒有空調就可以節省更多的能源。

例如,走廊和樓梯間並非總是需要空調。在冬季進入或離開建築物的人們通常在大門和居室空間之間移動時都會穿著外套。因此從大門連同走廊和樓梯間提供暖房,反而會讓人感到不舒適。讓走廊和樓梯空間有空調的唯一原因是,如果這些空間在白天被用作室內居室空間,在某些高級住宅或養老院等建築物中可能就是這樣。

甚至可以在戶外放置一些樓梯。許多建築物只有兩層樓,只需要從一樓到二樓的單層樓梯。如果二樓只需要戶外的通道,換句話說,如果兩層樓之間不需要室內通道,樓梯可以設置於戶外,這樣做會產生各種好處:減少空調面積、減少煙囪效應、並可以降低施工成本。在古老的褐砂石建築中,戶外梯是常見的做法,而至今在各國許多的建築物中仍然相當常見。對於一個 2,000 平方英尺(186 平方公尺)的兩層建築來說,將樓梯放置在建築物外部可以減少 2% 至 3% 的表面積,並相對的減少了暖房和冷房能源的需要。對於多層樓的建築來說,外部樓梯顯然不太可行,儘管仍然可以對不須空調的樓梯間進行調節,但也可以將其移動到熱封層之外,這樣的效果更好。

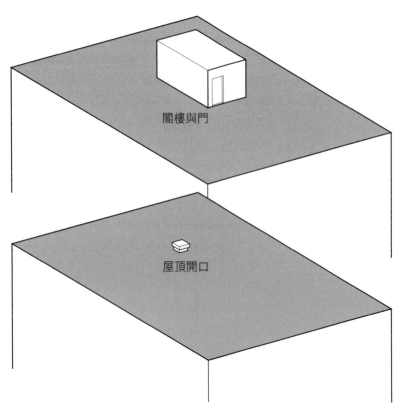

另外，還有一個有趣的討論是關於樓梯間是否需要到達平屋頂的建築物樓頂。在高層建築中，通常會有一個或多個樓梯經由一個門進入一個小的閣樓，提供方便通往屋頂的通道。然而，頂樓公寓在平屋頂上占據了可用於太陽能光電板或其他綠色設施的空間，閣樓空間增加了建築物表面積更伴隨更多的熱損失，頂層屋頂增加了建築物的成本，也增加了熱封層的較大滲漏可能性。更好的做法是，雖然將會喪失樓梯間的可用性，但以一個更簡單的開口取代之，將減少能源問題並降低建築成本。

進入玄關後常見到供暖、冷房或過度空調，對玄關增加空調只會增加建築物的能源消耗，特別是因為入口門窗打開和關閉時，經過玄關的空氣流量和擾動特別明顯而形成局部滲漏。顯然的，如果前廳或入口區經常有人使用，則必須進行調節，否則可以考慮消除空間的暖房和冷房功能。

透過對不需要調節的空間減少空調，可以降低施工成本、減少加熱和冷卻用的能量和營運成本，而環境舒適度卻是提高的。

進一步減少居室的空調

特別是在綠建築中可以這麼做，除了原本無空調的或很少使用的空間之外，更將一部分加熱和冷卻的負荷從更多的房間移除。良好設計和構造的熱包覆層可顯著緩和建築物內的空氣溫度變化。簡言之，在冬季若能減少冰冷的內部窗戶和牆面，這樣能夠減少建築物的加熱和冷卻需求。

例如，完全在建築物中心的房間可能不需要加熱，而部分暴露在戶外的綠建築周邊或頂層的房間也可以在沒有冷暖房的情況下使用。有一些證據更表明，只需向公寓的客廳提供暖房和冷房，而不需要向全部的臥室提供。可以根據電腦模擬的結果決定要對特定的空間提供多少熱能來暖房，許多電腦程式可以預測未經空調的房間中的最小平衡空氣溫度，這將確保室溫保持在目標舒適度要求的範圍內。

8.19 屋頂開口可能是閣樓的替代選擇方案。

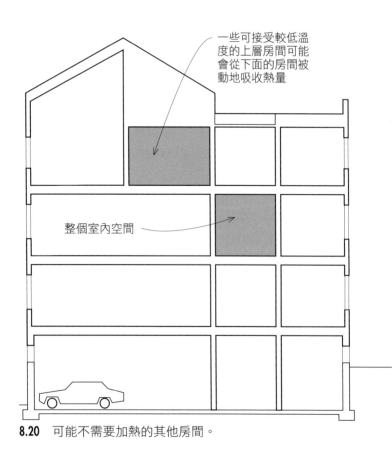

一些可接受較低溫度的上層房間可能會從下面的房間被動地吸收熱量

整個室內空間

8.20 可能不需要加熱的其他房間。

倉庫選址

如果我們考慮消除諸如閣樓、地下室和地下爬行空間之類的空間，則可能需要增加一些倉儲空間，因為這些可被消除的空間傳統上都是用來儲存使用。消除一些有問題的空間對能源和環境有正向的好處，但滿足原來的儲存需求成為綠建築設計的關鍵所在。

如果不需要從室內直接進入倉庫，且較低溫度也可以被接受的話，可以考慮附加型的倉庫空間，如棚屋。若將倉庫空間連接到主要建築，它們可以作為一個附加的熱密封層。假如從室內是有可能直接進入倉庫的話，在這種情況下，應保持原來熱密封層的完整性。所以外部通道是較優的，它可以保持建築物的空調完整性以及連接外部的牆壁所設置的氣密門和氣密窗的密閉。

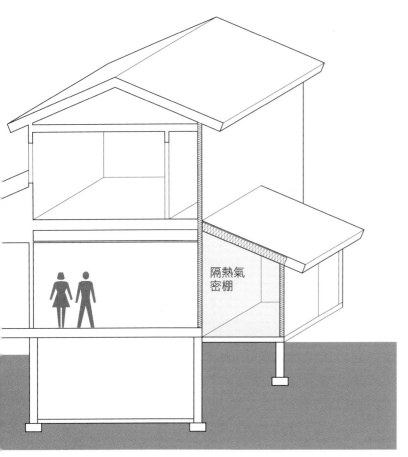

8.21 附著的棚屋，如果隔熱且氣密，就可以作為一層額外的保護。

當有必要從室內進入倉庫、或倉庫需要適當的溫度時，可以考慮採用附加的櫥櫃空間。將這些儲存空間優先地置靠外牆，還可當作額外的隔熱層。浴室和走廊等較低的天花板也可提供位於天花板上的空間作為保護的緩衝。

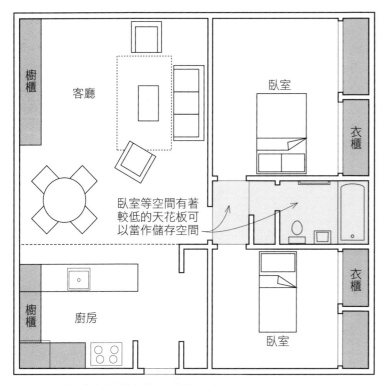

8.22 可以充當額外的保護層的儲存空間。

控制無空調空間的溫度

儘管無空調空間的溫度無法被精確控制，[但]我們可以透過設計的手段來估計溫度。

為了提高冬季無空調空間的溫度，以防止管道或儲存的液體結凍，我們可以將未經空調的空間與戶外之間的外表面隔熱，並且在無空調的空間與相鄰的空調空間之間隔熱。為了將無空調空間的溫度保持在室內和戶外[的]溫度之間，我們可以平均地將其所有表面[做]隔熱。無空調空間與室內和戶外的空氣運[動]也會影響空間的溫度。如果需要在無空調空[間中更準確地預測空氣溫度，則可能需要[使]用電腦模擬。

無空調空間 - 總結

總而言之，無空調空間的一些細節需要特別注意，以避免大量能源從建築中損失，在[許]多情況下，更可以將這些無空調空間轉變[為]節能的契機。

- 提供至少一個明確定義和完整的熱邊界用[於]隔熱，並儘量減少空氣洩漏。
- 考慮加入第二層熱邊界，使無空調的空間[提]供一個顯著增加的保護層。例如，在其與[有]空調的建築物之間設置具有隔熱性的連接[車]庫也可以視為具有隔熱以及空氣密封的[外]牆。
- 避免在無空調的空間內安裝加熱、冷卻的[空]調系統。
- 辨識出無空調的空間，以便它們可以作為[室]內和戶外的保護層的緩衝區。
- 不要加熱走廊、樓梯間、機械室和儲藏室[等]空間，將其從空調空間轉為無空調空間。

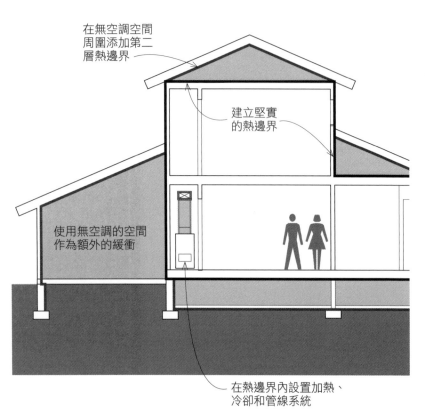

在無空調空間周圍添加第二層熱邊界

建立堅實的熱邊界

使用無空調的空間作為額外的緩衝

在熱邊界內設置加熱、冷卻和管線系統

8.23 如何使無空調的空間避免熱損失。

9
內部皮層

在第 7 章中，我們區分了外部皮層和內部皮層，外部
皮層與室外接觸，內部皮層則與室內空調空間接觸。

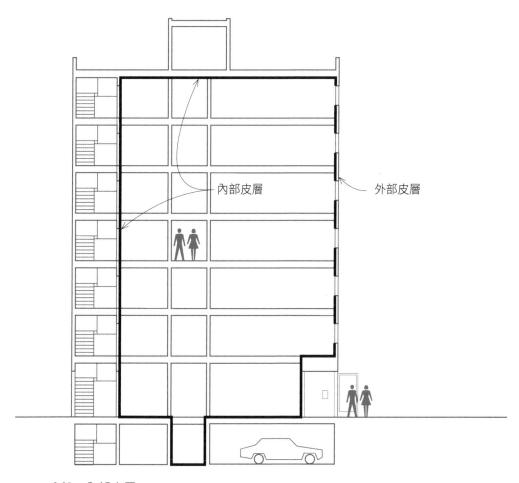

內部皮層　　　　　外部皮層

9.01　內部皮層。

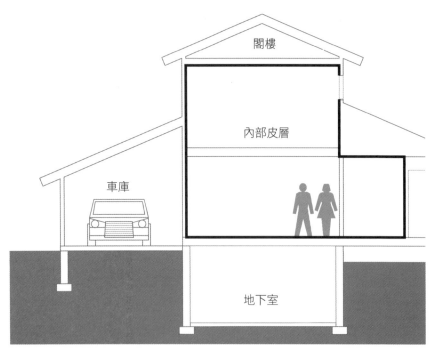

9.02 低層建築的內部皮層。

脆弱性

第 8 章討論閣樓和其他無空調的空間時，我們發現了內部皮層中的許多漏洞。但通常外部皮層（例如屋頂或外部附加的車庫）已經給人包覆的印象，所以有時會忽略了內部皮層的熱完整性。然而，所有熱邊界都需要非常完整，表面不得洩漏大量空氣，因為空氣洩漏是能量損失的主要原因。此外，隔熱需要在牆壁、地板或屋頂這些部位由內外兩側進行保護才完整，如果沒有雙面防護，則隔熱體容易受到物理損壞、意外拆卸造成隔熱層周圍的空氣洩漏。因此防止空氣流動的隔熱材料就出現了，如密集纖維板、剛性隔熱板和噴射泡沫材質都可以防止隔熱材中間和周圍的空氣洩漏風險。不過，一般的物理損壞和施工仍可能造成失敗。

在閣樓中的隔熱材料經常被移除或破壞。在一般的閣樓中，因為裝修工程很常見，例如安裝和佈設數據線路、安裝排風扇和設置太陽能光電板等，都需要鑽一個小孔，或者需要拆下幾平方英尺的隔熱層才能進入天花板表面。而隔熱通常是不能更換的，因此隨著時間的流逝，閣樓就成為隔熱的一個弱點。

另一個名詞稱為強層或高強度隔熱硬板的定義就是在隔熱材的兩側都具有剛性表面的強度，而這一層剛性隔熱層可以減少熱橋的熱損失，同時被良好地密封以防止空氣洩漏。而相對的弱層就是弱強度隔熱板，只有一面有剛性的隔熱層。而最弱層的隔熱是僅具有隔熱材，沒有剛性披覆，通常要用膠帶固定在適當位置。閣樓、女兒牆以及地下室，如沿著地下室的天花板處，都是弱強度隔熱板常見的地方。而完全用剛性表面保護的隔熱層並不常見，但還是會出現在一些模組化建造的新建築物中，例如閣樓的垂直支撐和上面的天花板中。而這樣薄弱的隔熱層也造成了重大的建築性能問題。

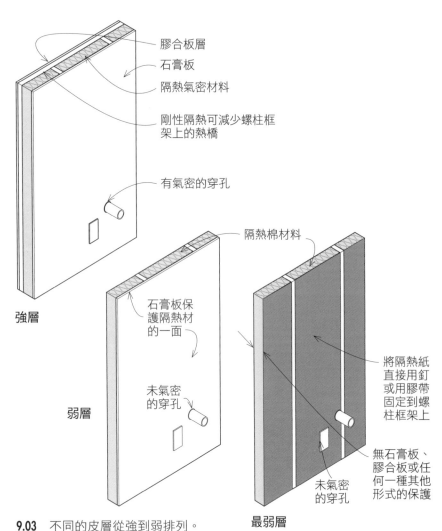

9.03 不同的皮層從強到弱排列。

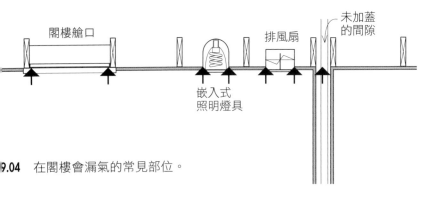

9.04 在閣樓會漏氣的常見部位。

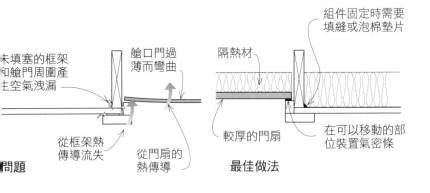

9.05 開口艙門的問題。

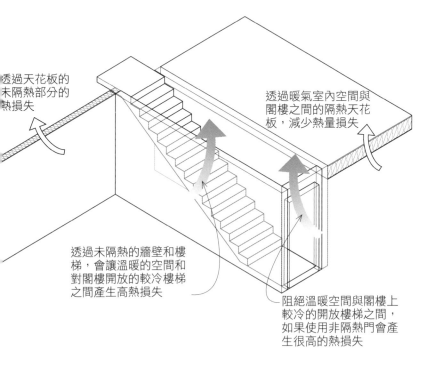

9.06 會導致閣樓熱量損失的樓梯空間。

閣樓層的天花板是內部皮層中最常見的弱層。嵌入式燈具、排風扇外殼、導管和接線以及進出口造成很多穿透，就算去追蹤這些弱層也可能是無效的，包括煙囪和通風口都可能存在著間隙。此外，當我們進行拆裝或施工時，隔熱層經常不受到任何保護。

內部皮層中有一個特別脆弱的區域是進入閣樓的開口位置。最新的一項研究表明，一個簡單的閣樓艙口有下列幾項缺點。因為開口板通常由 1/4 或 1/2 英寸厚（6.3 或12.7 毫米）的方形膠合板材製成，艙門本身由於熱應力隨著時間經過而慢慢彎曲，產生縫隙讓空氣從艙口框架處洩漏。經過研究發現，只有 3/4 英寸厚（19 毫米）的膠合板可以保持其形狀所需的強度。不過就算保持了不變形的強度，這樣還不足以形成完全的氣密。為了進一步減少這個部位的空氣洩漏，必須採用防風壓條，使用門鎖或栓頭可以壓縮氣密條讓門片與框架中的空氣完全密閉。不過一旦門框與門片被密封，則框架和天花板之間的縫隙就可能產生洩漏，所以在門框與天花板之間需要填縫。最後，開口的門也必須是隔熱的，以減少熱傳導的損耗。

另外一種從閣樓通往屋頂的走道樓梯可能會比閣樓頂部開口有更多的隔熱缺失。因為即使這閣樓是處於較接近戶外溫度的狀態，通往屋頂的大門也不會做隔熱，這扇門通常也不會被遮蔽，讓空氣透過煙囪效應滲透到閣樓裡，門周圍的框架也不密閉。此外，一般會將空調空間和閣樓樓梯之間的牆壁當成內壁處理，並沒有設計隔熱材料也不進行氣密設計。樓梯間周圍的牆壁通常沒有隔熱處理，因此閣樓會和旁邊空調空間的牆壁進行熱交換。設計上雖然將空調空間與未空調的閣樓分開，但樓梯踏板和立管本身也不被視為熱邊界的一部分，既不氣密也不隔離設置。從一樓到二樓的樓梯間也通常缺乏隔熱層，上層樓梯上方的空間不僅沒有被蓋住，上方暴露的天花板和牆壁也沒有隔熱。

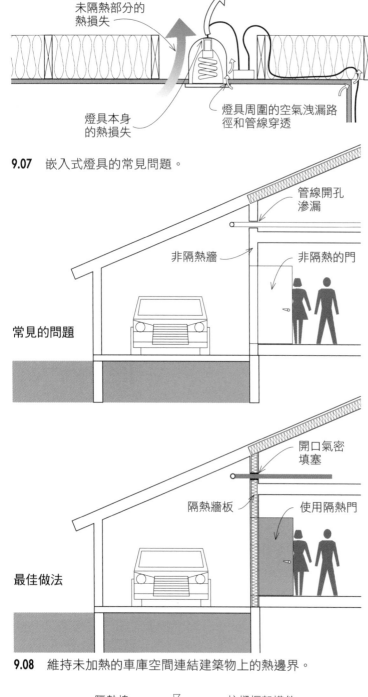

透過天花板的
未隔熱部分的
熱損失

燈具本身
的熱損失

燈具周圍的空氣洩漏路
徑和管線穿透

9.07 嵌入式燈具的常見問題。

管線開孔
滲漏

非隔熱牆

非隔熱的門

常見的問題

開口氣密
填塞

隔熱牆板

使用隔熱門

最佳做法

9.08 維持未加熱的車庫空間連結建築物上的熱邊界。

隔熱棉

柱樑框架構件

牆壁或天花板

9.09 透過螺栓或柱樑框架的構件傳熱。

建築物頂層內部皮層還有另一個弱點是燈具嵌入天花板的位置。再次說明，以上提出一個問題時，可以發現問題是多重且複雜的。燈具本身的熱量進入閣樓而從建築物流失。固定燈具的配件本身形成從空調空間到無空調閣樓之間的熱橋，空氣也會在固定燈具的配件邊緣周圍洩漏。從上方閣樓供應的配線電路也是來自下面的建築物，因此這條通道也提供了與固定配件不同的另一個空氣洩漏途徑。

在家中的低層建築物或具有綜合停車場的較大建築物中，附近的車庫通常在車庫和空調建築空間之間的牆壁或天花板處具有較弱的內層。同樣地，這些缺點包括牆壁或天花板上的隔熱缺陷，或非隔熱門及產生空氣穿透的滲漏。

我們已經討論了內部皮層的一部分，例如閣樓板、連接的車庫和空調空間之間的牆壁是否會形成熱邊界中的弱點，因為它只有一面硬表面和隔熱材，但是沒有雙側硬性材料來保護中間的隔熱材。這種弱層另一個缺點是，無論是牆壁的螺栓還是閣樓的托樑、框架都會發生熱橋的現象，加劇從空調空間到無空調空間的熱損失。在這種情況下的熱橋與平常牆壁中的不同點在於，因為不存在第二層硬性表面，只有在外牆中的表面和雨淋板，就是唯一的硬表面。因此這種情況下，木框架不僅形成熱橋，而且整塊都視為一個傳熱的構件。熱損失不僅只發生在框架構件的一個向度，包括框架構件的後邊緣以及側面，等於熱損失出現在二維空間中。

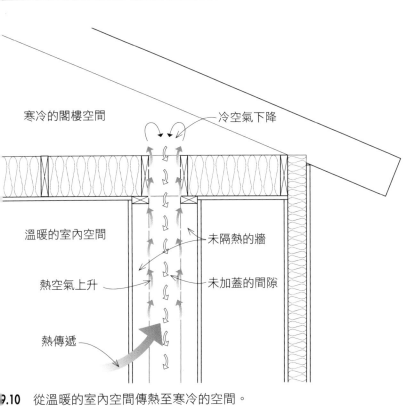

無加蓋的暗管和中空牆是閣樓板的重大弱點。這個問題的嚴重性來自於空氣可以從開口向上流出，同時從下面的走廊和牆壁的內部慢慢傳導熱量，熱量從中加熱上升的空氣，然後因為熱空氣密度小而上升。所以即使下面的牆壁是氣密的，但這些空心的空間夠大，內部持續保持熱浮力氣流，冷空氣一旦加熱就會從外面將冷空氣向下流入空心部位，然後上升回到閣樓形成循環。

閣樓的另一個弱點是居室之間的分間牆，分隔兩個區域的隔音牆，如公寓。這面牆從基礎直通閣樓到屋頂。從閣樓這些牆壁的紅外線照片可以顯示這牆相對於冬天的閣樓空間要來得溫暖，這也代表熱正在從中喪失。牆遭遇三種能量損失的形式包括：分間牆和閣樓之間的裂縫中產生空氣滲漏、透過混凝土牆體的中心將熱在其中傳遞，將來自建築內部的暖空氣向上對流，然後在閣樓空間中冷卻又向下落下，以及熱從牆面直接傳導到結構體三種方式。

在地下室和爬行空間中，熱層中的弱點通常是在地下室或爬行空間上部的構件之間的懸空隔熱材，非常容易受到破損或分離。當隔熱層沿其邊緣裝設到支撐框架時，幾乎無法阻止空氣在這些間隙周圍自由流動。例如，一個 1,000 平方英尺（93 平方公尺）的地下室會產生超過四分之一英寸的隔熱間隙，空氣經過隔熱層（通常是多孔玻璃纖維）向上流動，從接觸底層的底板或者透過地板中的孔或裂縫向上流到上面的空調空間。

寒冷的閣樓空間　　　　冷空氣下降

溫暖的室內空間　　　　未隔熱的牆

熱空氣上升　　　　　　未加蓋的間隙

熱傳遞

9.10　從溫暖的室內空間傳熱至寒冷的空間。

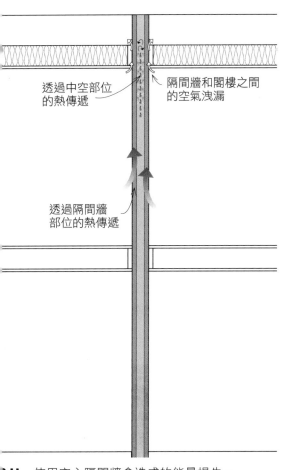

透過中空部位的熱傳遞　　隔間牆和閣樓之間的空氣洩漏

透過隔間牆部位的熱傳遞

9.11　使用空心隔間牆會造成的能量損失。

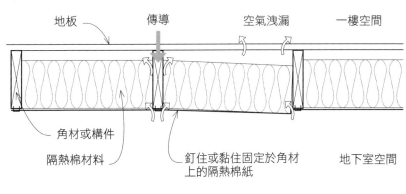

地板　　　　傳導　　　　空氣洩漏　　　一樓空間

角材或構件

隔熱棉材料

釘住或黏住固定於角材上的隔熱棉紙

地下室空間

9.12　地下室天花板的能量損失。

內部皮層 / **129**

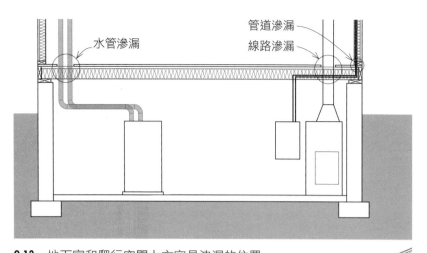

9.13 地下室和爬行空間上方容易洩漏的位置。

地下室或爬行空間的天花板上是內部皮層中許多機能工具穿透的部位。冷熱水管、管道系統、電線、數據和電纜線、排水管線和其他設施都通常透過這個內部開孔。如果這些孔沒有完整密封，則來自地下室的空氣將因為煙囪效應引起上升現象。

地下室、爬行空間或是閣樓中的門或艙口也會形成弱點。雖然脆弱度可能不是那麼強烈，這是因為一般的地下室溫差並不像一般的閣樓那麼大。但研究表明，開放式的地下室門仍然增加建築物的能源損失。

9.14 減少進入和排出無空調空間的滲漏也減少了傳導熱損失。

解決方案

內部皮層的弱層有幾種解決方案。

最優先處理的方式是透過消除其表面上的開孔來減少內皮層的空氣流通。要優先氣密的理由包括：

- 與內部皮層相鄰的無空調空間進出氣流可減少，而這些空間還作為一種隔熱緩衝空間，可以增加隔熱性。
- 在裝設隔熱材於結構之前，必須先完成結構表面的完整氣密。如果先安裝隔熱材，則很難找到結構中原本的漏洞位置並將其密封。

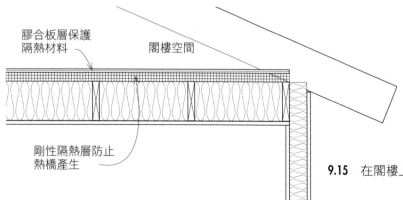

9.15 在閣樓上設置一層強層。

接下來，強層應在隔熱層的兩側具有剛性強度的表面。隔熱應盡可能完整連續設置，以防止發生熱橋效應。

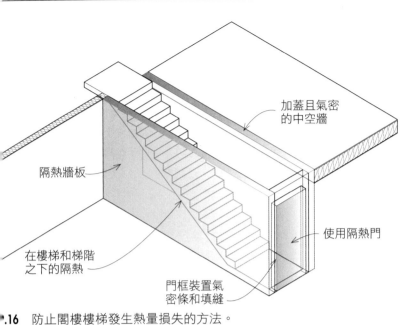

隔熱牆板

加蓋且氣密的中空牆

在樓梯和梯階之下的隔熱

使用隔熱門

門框裝置氣密條和填縫

9.16 防止閣樓樓梯發生熱量損失的方法。

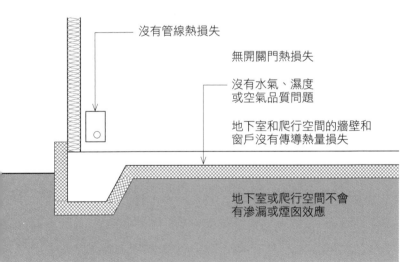

無加熱管道損失
沒有閣樓進出的損失
沒有熱橋
沒有隔熱不良的損失
沒有穿透閣樓樓層的損失
沒有嵌入式燈具的損失

9.17 將閣樓消除產生的綠色效益。

沒有管線熱損失
無開關門熱損失
沒有水氣、濕度或空氣品質問題
地下室和爬行空間的牆壁和窗戶沒有傳導熱量損失
地下室或爬行空間不會有滲漏或煙囪效應

9.18 將地下室和爬行空間消除產生的綠色效益。

如果可能，應消除其他不連續性因素，如嵌入式燈具。應將冷房或暖房空間進入無空調空間的樓梯和艙口進行整體處理，以使隔熱或空氣密封在內部皮層中不會出現間斷。這些地點的複雜性需要特別注意細節，不只在門口或艙口本身而已，包括周圍的框架和走道都需要考慮。門和艙口應隔熱，沿著相對運動發生的部位進行氣密設計，並沿著非移動表面接合處（例如門的框架與周圍牆壁相交處）包覆。在閣樓空間，管槽和暗管及牆壁應加封蓋、密封和隔熱。

對於閣樓，複雜性帶來了不連續性和能源的高風險問題。簡單的屋頂線條設計可以幫助降低這種風險。如前所述，一個可行的解決方案是完全不要有閣樓的設計，設計平屋頂或斜屋頂的建築物。沒有閣樓則可以消除以下問題：包括沒有閣樓穿透洩漏、不須保護隔熱材表面的削弱、閣樓入口艙門沒有洩漏問題、沒有嵌入式燈具的問題、閣樓沒有形成熱損失、沒有熱橋問題、並且在寒冷的氣候中降低了冰壩的風險。

同樣的，考慮不設計地下室和地面爬行空間而不需設置基礎版有一些優點。在平基礎，水管、電氣和數據線等公用服務設施可以從混凝土板上密封起來。地下室不再有常見的大面積加熱損失、不再有來自地下室或爬行空間的煙囪效應、不再與門或艙口相關的能源損失、不再導致熱量從高於地下室或爬行空間的空間傳導出並透過其牆壁和窗戶傳出。另外一個額外的好處則是消除了與潮濕的地下室空間和爬行空間相關的室內空氣品質問題。

總而言之，內部皮層對一個通常相對薄弱的住宅來說，需要特別注意和加強。加強內部皮層的經濟成本是多少？一般來說，加強內層是需要增加成本的。在隔熱兩側提供剛性表面，同時注意閣樓樓梯和艙口部位沿著閣樓板和地下室天花板的熱連續性，增加了建築成本。然而，其他改進措施卻可以降低建築成本，例如使用非嵌入式燈具。如果我們考慮省略地下室和閣樓的話，雖然減少了儲存空間而可能需要在其他地方增加空間，但將這些弱點改善的同時也進一步降低其建築成本。

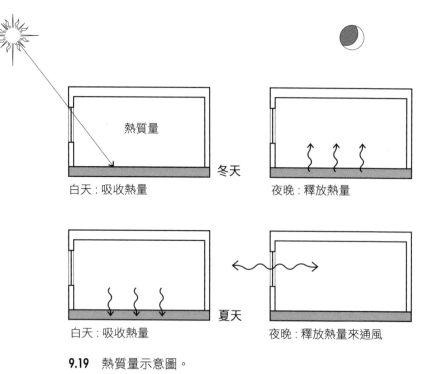

熱質量

白天:吸收熱量　冬天　夜晚:釋放熱量

白天:吸收熱量　夏天　夜晚:釋放熱量來通風

9.19 熱質量示意圖。

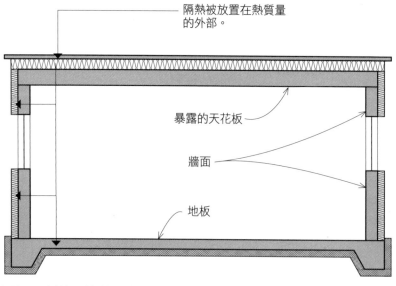

隔熱被放置在熱質量的外部。

暴露的天花板

牆面

地板

9.20 可以放置熱質量的部位。

熱質量

熱質量是指具有吸收和儲存熱能力的結構元件。熱質量如果位於熱邊界的內側則最有效。在冬天，當太陽輻射有正向效益時，熱質量用於吸收和儲存太陽的熱量，當太陽下山時將熱量緩慢地釋放到建築物的內部。熱質量也可用於夏季的夜間通風，作為被動冷卻的形式，將吸收的熱量釋放到較冷的夜間空氣中，然後在白天吸收周圍空間熱能。熱質量最好置於其服務空間中，通常在冬季會使用南面的空間。如果不能，熱質量必須經過空氣循環管道或水循環管道將熱連接到使用的空間中。

熱質量可以由各種形式呈現，但通常由高質量的牆壁、地板和天花板組成。對於被動加熱或冷卻來說，熱質量通常是策略的一部分，其使用適當的集熱系統或諸如可動式窗戶隔熱裝置或熱遮陽的控制以避免夜間熱損失，並保持夜間通風。

如果能源模型預測能源使用量會減少，那熱質量應該只包括在建築物中。如果不加選擇地使用，熱質量反而增加建築能源的使用。各種研究顯示，從高達 10% 到負的節能（能源使用增加）都有出現過。

因為熱質量通常意味著更高的隱含能量，所以應該仔細考慮採用熱質量的平衡。例如，具有 6 英寸（150mm）厚的混凝土牆體加上 4 英寸（100mm）厚的剛性泡沫隔熱材的 R 值為 17，但是由於熱質量的好處，這與 R-27 木質框架壁的熱質量等效。然而，由 6 英寸混凝土提供的等效隔熱材料中，額外的 R-10 代表了隱含能量的增加，這是在木框牆需使用額外的 2.5 英寸（63.5mm）厚的硬質泡沫隔熱材兩倍以上才能達到的 R-27 等效熱阻。

也可以透過地板和天花板提供熱質量。天花板作為熱質量有效的做法是必須要直接外露，而不能隱藏在完成的天花板後面。

室內裝修與家具

從社區和基地透過外部皮層，接著經過無空調的空間，再穿透內部皮層，我們發現自己處在一個有條理的建築物內。我們仍然可以使用更多層次的居室設計讓節能更好。例如，內部的各種裝飾可以有效地用於節約能源，又或者如果誤用，可能會無意中對能源效率產生影響。

熱和輻射性能

地毯具有適度的熱阻，大概在 R-0.5 至 R-2.5 的範圍。當將地毯添加到地面上時，可以預期會有 R-0.6 至 R-2.1 的附加熱阻。除了這些隔熱增加之外，地毯降低的輻射損耗也可能會降低室內空氣溫度。地毯的吸音也減少了建築物的噪音傳播。使用滿鋪的地毯在這裡是有意義的，以保持連續地隔熱層的位置。然而，地毯不能代替地板底板本身剛性隔熱或表面的隔熱性。

在缺點方面，許多地毯含有化學物質，儘管一些化學成分較低的物質現在是可用的，地毯也需要吸塵維護造成相關的能源使用。地毯會減少混凝土地板中熱質量的好處。而且，最重要的是，地毯具有很低的光反射率，因此需要更多的人工照明和增加的採光窗口面積。

對於窗戶來說，隔熱窗簾是有益的附加物，可以增加大約 R-5 隔熱值，隔熱窗簾可以使窗戶的熱阻達到兩倍或三倍。另外，隔熱窗簾可以形成輻射屏障以減少輻射損失，如果適當地密封安裝到窗框上，也提供適度的氣密優點以減少滲透。

其他室內裝飾部位可以提供各種熱和太陽輻射的優點。深色玻璃可用於在溫暖的氣候中減少不必要的太陽熱得。輻射遮罩可以放置在暖氣後方，以反射從牆壁的熱量損失。百葉窗可以減少眩光，在夏季為太陽能增加提供輕微的遮蔽效果，並減少從室內到戶外的輻射損失。但是回想一下，戶外遮蔽在減少太陽能熱得方面是更有效的。百葉窗還具有提供高照明反射率的能力，從而減少所需的人工照明量。

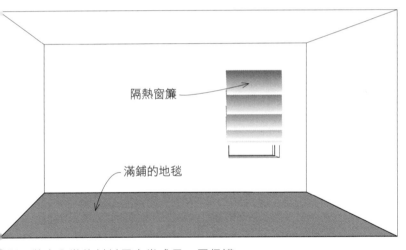

隔熱窗簾

滿鋪的地毯

9.21　將室內裝修材料用來當成另一層保護。

照明反射

家具的熱和輻射性能提供適度的增益，它們的照明反射率可以對建築物的能量使用產生重大影響。提高反射率表面的使用可以節約以下兩個部分的能源：

1. 減少對人工照明的需求，從而節省電力
2. 減少採光卻可以實現同級的照明程度，因此只需要更少的窗戶和 / 或更小的窗口面積，進一步節省了相關的加熱和冷卻成本。還有其他相連效益產生，例如可以降低照明燈具成本、減少空調需求以及相關的能源使用。

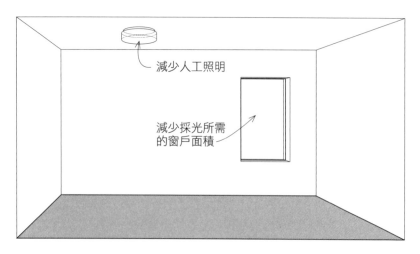

9.22 高反射家具與材質的好處。

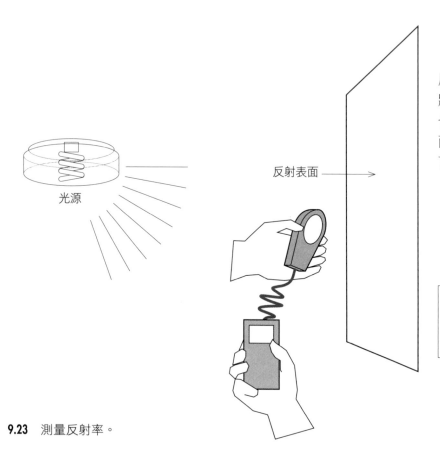

反射率可以透過將測光計靠近表面放置，將其先指向光源，測量到達表面的光量，也就是入射光，然後將測光計轉向物體表面來測量其反射光，以反射光為入射光的百分率來測定。

> 例：
> 測光計到光源亮度：100 英尺燭光
> 測光計到反射表面：45 英尺燭光
> 反射率 = 45/100 = 45%

9.23 測量反射率。

油漆		木材		混凝土	
高反光白色	90	楓樹	54	黑色拋光混凝土	0
普通白色	70–80	楊樹	52	灰色拋光混凝土	20
淡白色	70–80	白松樹	51	白色拋光混凝土	60
淺黃色	55–65	紅松	49	反光混凝土地板塗層	66–93
淺綠色*	53	俄勒岡松	38		
凱利綠*	49	樺木	35	牆壁	
中等藍色*	49	山毛櫸	26	暗色面材	10
中等黃色*	47	橡樹	23	麻布	10
中等橙色*	42	櫻桃樹	20	膠合板	30
中等綠色*	41				
中等紅色*	20	地毯		家具	
中等棕色*	16	低維護狀態，暗色	2–5	灰色塑膠鋼板桌	63
深藍灰色*	16	中度維護狀態	5–9	公告欄	10
深褐色*	12	更高維護狀態	9–13	灰色纖維隔板	51
		非常高的維護狀態	13+	檯面	4–85

* 以上是平面油漆估計，亮面油漆則需加 5%-10%。

亞麻仁布		天花板瓷磚	
白色	54–59	普通天花板瓷磚	76–80
黑色	0–9	高反射率瓷磚	90

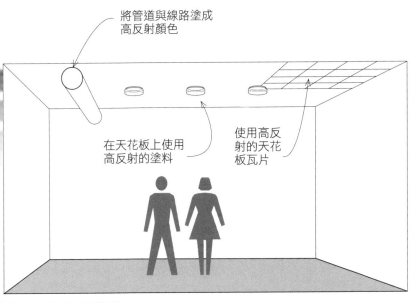

將管道與線路塗成
高反射顏色

在天花板上使用
高反射的塗料

使用高反
射的天花
板瓦片

9.25　天花板反射策略。

對於牆壁和天花板，應優先考慮利用反光面來減少對人工照明的需求。反光地板和家具都可以為此做出貢獻。通常假設地板的預設反射率為 20%，這是不需要事先計算的。一些硬木地板的反射率值超過 50%，各種商業地板產品的反射率高達 75%，一些混凝土地板塗料的反射率為 93%。檯面也具有廣泛的反射率值，從低於 10% 到高達 85% 都有。透過早期建立完整的室內裝飾與家具設計，利用反光室內表面可以優化後期的照明設計。

雖然白色表面確實是高度反光的，但它們並不是唯一的選擇。研究顯示，各種油漆顏色都可以是高反射性的，以及各種其他表面，如某些金屬和木材表面、反光百葉窗和反射混凝土塗層都是不錯的選擇。

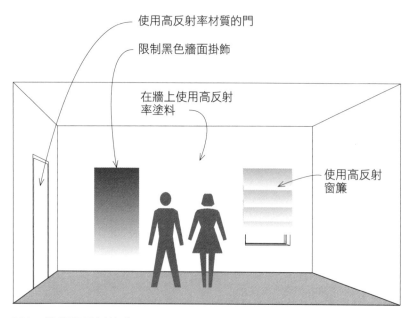

使用高反射率材質的門

限制黑色牆面掛飾

在牆上使用高反射率塗料

使用高反射窗簾

9.26 牆壁高反射策略。

舉一個例子來說明室內具有反射表面的建築物的效益，例如 90% 反射率的天花板、60% 的牆壁和 30% 的地板，比具有 80% 普通表面反射率的天花板、50% 的牆壁及 20% 的地板的建築物要少 11% 的人工照明。如果反射率更高則可以節省更多。天花板的表面反射率為 90%、牆壁為 70%、地板為 40%、照明能源消耗可以節省大約為 28%。要注意一點是較高的表面反射率意味著可以減少燈具成本和較低的建築施工成本。

通常在照明設計中是假設牆壁的反射率為 50%，所以顯然有很大的改進空間。關鍵是不僅要選擇反光牆面材料，還要避免非反光材料如織物，並考慮門和壁掛式家具有更多的反光表面處理，如檯面和櫥櫃。相同地，反射性窗簾比大多數窗簾的非反光材質更好。請注意，在最需要人工照明的夜晚沒有遮蔽的窗戶幾乎沒有反射，因此除非被反光百葉簾或遮光簾覆蓋，否則將需要更多的照明光線。

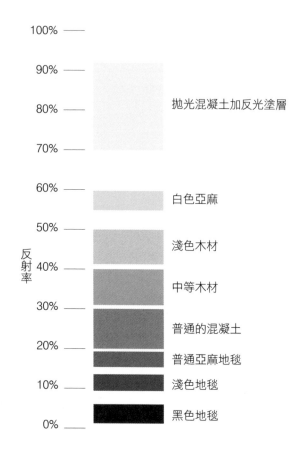

100% —

90% —

80% — 拋光混凝土加反光塗層

70% —

60% — 白色亞麻

50% — 淺色木材

反　40% — 中等木材
射
率　30% — 普通的混凝土

20% — 普通亞麻地毯

10% — 淺色地毯

0% — 黑色地毯

9.27 地板反射策略。因為照明通常設計為預設地板反射率為 20%，所以地板提供了比天花板或牆壁更高反射率的潛力。

特別值得一提的是，地毯反射率相對較低。據報導，反射率在 9% 以上的地毯需要更多的維護保養。當其反射率高於 13% 時，地毯需要非常多的維護。假設地毯具有 10% 的預設反射率，使用具有 50% 反射率的輕質木飾板或瓦片則可以將照明功率和燈具數量降低 36%，還可最大化採光潛力。

為了獲得較高反射率值，需要將以下事項協調完整：
• 在設計過程的早期選擇這些物品；
• 將這些數值資料給照明設計師，使照明設計得以優化；
• 確保裝修按圖完成；
• 完成相關紀錄以備將來重新塗裝或汰換其他物品，如替換天花板片。

建築業主需要意識到反射率值的重要性和相關性。整合式設計有助於所有的人員積極參與設計過程，以照明設計參與來說，所有各方人員都同意使用高反射率表面來減少人工照明和採光所需的開窗。根據以往的經驗，照明設計大多假設天花板反射率為 80%，壁面反射率為 50%，地板反射率為 20%。這些數值已被廣泛使用，在大多數照明設計軟體程式中已成為預設值。為了在使用高反射率表面處理時節省照明成本，應特別注意不僅要選擇這樣的表面處理，還要相應地設計照明系統。

10
熱區劃和分區

熱區劃和分區有助於透過使用內部保護層來減少能源
消耗，以限制建築物內不必要的熱量和空氣流動。

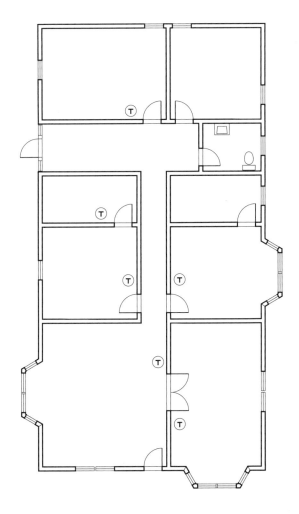

10.01 熱分區結合了建築物不同區域的獨立溫度控制。

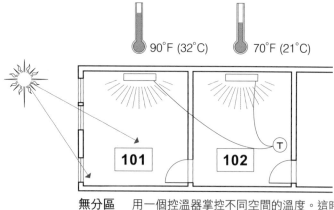

90°F (32°C)　　70°F (21°C)

無分區　用一個控溫器掌控不同空間的溫度。這時對於 101 室來説就獲得過多的太陽熱

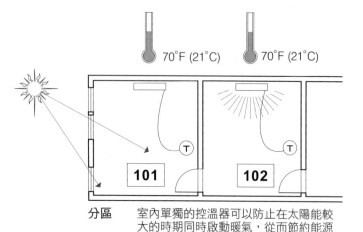

70°F (21°C)　　70°F (21°C)

分區　室內單獨的控溫器可以防止在太陽能較大的時期同時啟動暖氣，從而節約能源

▲

10.02　防止從其他來源接收熱量造成空間過熱。

10.03　允許居室空間在某些時候保持無空調狀態。　▶

熱區劃

熱區劃使建築物的不同區域具有單獨的溫度控制，並更好地調整各區的溫度偏好。它主要有兩個方面可以節省能源：

- 熱區劃可以防止接收其他外部來源的熱量造成空間過熱，如建築物南側的太陽能照射、沒什麼人常駐的會議室、教室和其他設備空間，以及來自機械或照明產生出的異常內部熱。
- 熱區劃可以使空調空間在適當的時間保持定值。可以局部降低冬季空氣中的空氣溫度，或夏季提高溫度來降低暖房和冷房負荷。

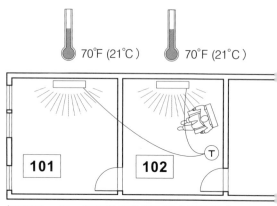

70°F (21°C)　　70°F (21°C)

無分區　用一個控溫器控制不同空間的溫度。即使 101 室無人使用，這兩個空間同時都被加熱

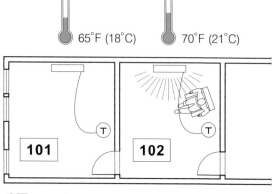

65°F (18°C)　　70°F (21°C)

分區　室內單獨的控溫器可防止房間未被使用時加熱，從而節約能源

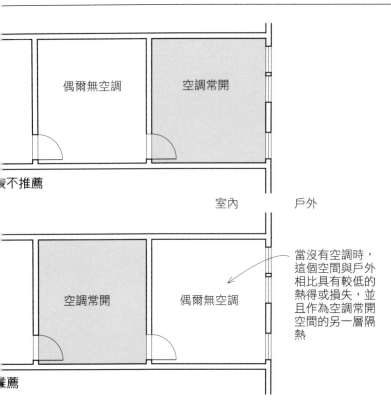

由於這些原因，熱區劃可以節省大量的能量，因此找出可能不總是需要加熱或冷卻的空間是很重要的。

對於有時候無空調的空間，如果可能，將其規劃於靠近最外圍的牆壁是比較好的。這樣這些空間用於減少從空調的空間到戶外的熱量損失。

偶爾無空調　空調常開

不推薦

室內　戶外

當沒有空調時，這個空間與戶外相比具有較低的熱得或損失，並且作為空調常開空間的另一層隔熱

空調常開　偶爾無空調

推薦

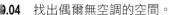

.04　找出偶爾無空調的空間。

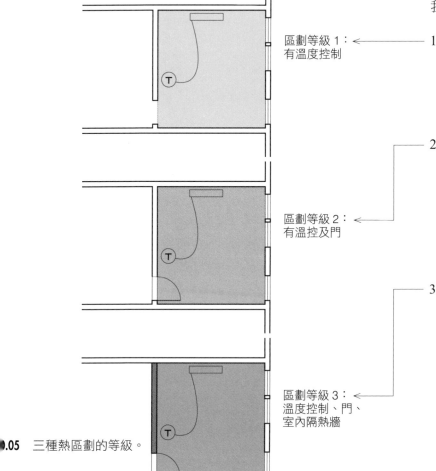

我們可以思考三種熱區劃的等級：

區劃等級 1：有溫度控制

1. 有溫度控制：必需設置。如果沒有溫度控制，那就不可能有熱區劃。溫度控制意味著區域有自己的恆溫設備或其他方式來控制可以對此區域傳遞暖房或冷房的設備。

區劃等級 2：有溫控及門

2. 區域有可以關閉的門：推薦設置。為了增加這個區域的節能效果，門應設計成防止在有空調區域和無空調區域之間的空氣流動造成的熱損失。舉個例子，在樓梯的頂部或底部放置一個門扇阻隔，或是在兩層樓高的辦公空間內建立分隔成樓上和樓下。

3. 區域有可以關閉的門且牆壁有隔熱：可選設置。將一個區域與另一個區域分隔開的內牆，地板和天花板應進行隔熱和氣密，並將門片擋板密封。分區的空間如果長時間沒有使用，這樣做是最有效果的，例如家裡的客房或書房或飯店的客房。

區劃等級 3：溫度控制、門、室內隔熱牆

.05　三種熱區劃的等級。

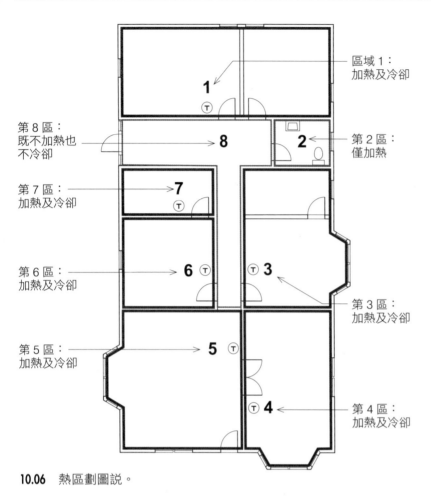

區域 1：
加熱及冷卻

第 8 區：
既不加熱也
不冷卻

第 2 區：
僅加熱

第 7 區：
加熱及冷卻

第 6 區：
加熱及冷卻

第 3 區：
加熱及冷卻

第 5 區：
加熱及冷卻

第 4 區：
加熱及冷卻

10.06 熱區劃圖說。

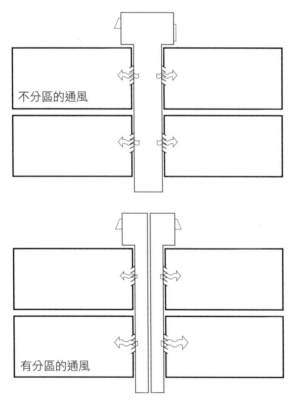

不分區的通風

有分區的通風

10.07 分區通風系統。

由於一些暖房和冷房的空調系統不能完全配合熱區劃，因此首先要選擇一個支持熱區劃且合適的暖房和冷房空調系統，這是最有幫助的。

施工文件中可能包含熱區劃圖說，需要幫助描繪哪些區域受到哪些溫度控制、哪些空間可能需要暖房但不需要冷房、哪些空間完全不需要空調。

將建築物劃分為區域的概念也可以應用於通風。一個大型的商業建築通常有大型的中央空調或空氣處理機，可以為建築物的大部分空間提供服務。這種較大的系統對局部通風需求的調控能力較差，因此有可能使特定區域過度通風，浪費多餘的能源，或是通風不良，並使室內空氣品質處於不良之中。透過將建築物分成較小的區域，每個區域的通風系統可以根據自己的通風需求進行適當的調控，並以更低的能源成本提供良好的室內空氣品質。

熱區劃對施工成本的影響可能為負或正。當需要額外的溫度控制、門扇或隔熱時，成本可能上漲，但從空間中減少加熱或冷卻設備時，則會節省成本。

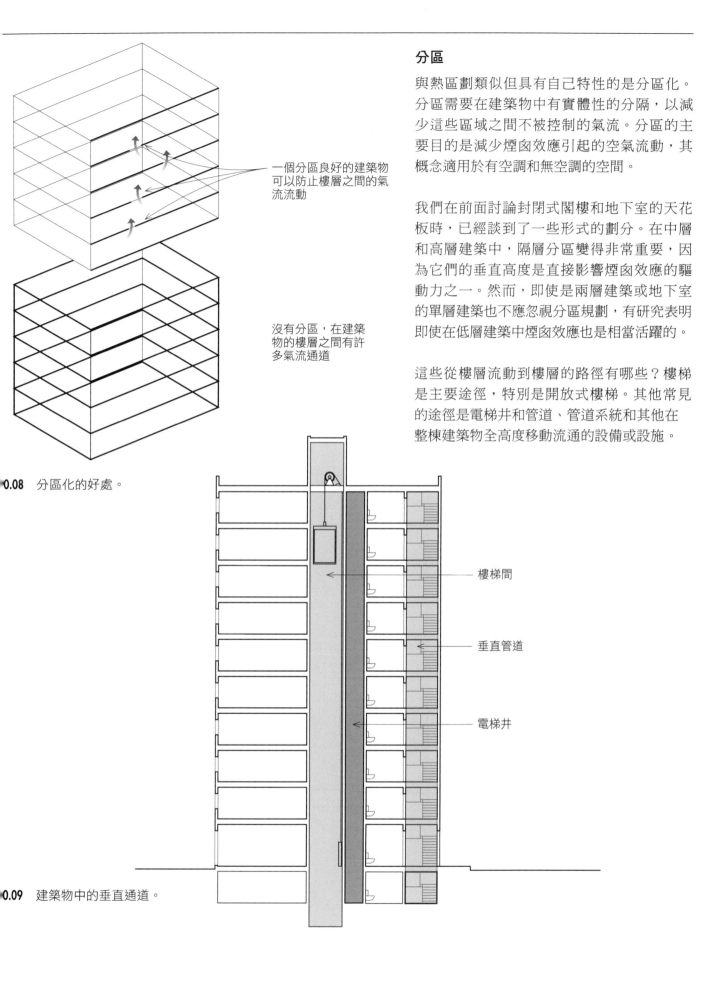

分區

與熱區劃類似但具有自己特性的是分區化。分區需要在建築物中有實體性的分隔，以減少這些區域之間不被控制的氣流。分區的主要目的是減少煙囪效應引起的空氣流動，其概念適用於有空調和無空調的空間。

我們在前面討論封閉式閣樓和地下室的天花板時，已經談到了一些形式的劃分。在中層和高層建築中，隔層分區變得非常重要，因為它們的垂直高度是直接影響煙囪效應的驅動力之一。然而，即使是兩層建築或地下室的單層建築也不應忽視分區規劃，有研究表明即使在低層建築中煙囪效應也是相當活躍的。

這些從樓層流動到樓層的路徑有哪些？樓梯是主要途徑，特別是開放式樓梯。其他常見的途徑是電梯井和管道、管道系統和其他在整棟建築物全高度移動流通的設備或設施。

一個分區良好的建築物可以防止樓層之間的氣流流動

沒有分區，在建築物的樓層之間有許多氣流通道

0.08 分區化的好處。

樓梯間

垂直管道

電梯井

0.09 建築物中的垂直通道。

當我們找尋控制這種氣流的方法時，在冬季根據煙囪效應氣流的路徑是有效的。空氣從戶外流入建築物，當它到達建築物頂部後，通過建築物再到戶外。空氣從建築物中性面以下的任何一點進入。在中性面上，室內和戶外之間的空氣壓力達到平衡，因此不會因煙囪效應的壓力而滲漏。我們通常會將中性面定為建築物高度的一半以上位置，不過其確切位置會根據沿建築物高度的滲漏相對位置而變化。

煙囪效應將更多的空氣吸入建築物，開口位置離中性面越遠則效應越大，例如靠近地面的位置，因為建築物的真空壓力高，煙囪效應也越大。因此空氣會從建築物的較低層吸入，而發生於地下室或一樓是最明顯的。它可能從敞開的前門進入、窗框周圍的裂縫或從公共設施的入口滲入，如裝卸區或後門進入。地下室和一樓同時具有最強的煙囪效應的負壓力空氣和最多的開口，所以抵抗煙囪效應的第一步應該是在這些較大的較低入口處進行改善。例如，前門上有氣閘可以防止煙囪效應的空氣流動，其他一樓的各個門扇開口也應設置氣密壓條並密封各種其他開口。

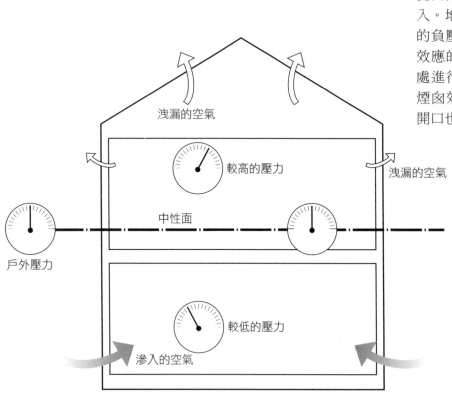

洩漏的空氣

較高的壓力

洩漏的空氣

戶外壓力

中性面

較低的壓力

滲入的空氣

10.10　建築物的中性面。

現在，空氣經過建築物往上升，空氣需要先水平地流動到樓梯間、垂直管道或電梯井。因為空氣可以通過任何敞開和封閉的門、經過房間和走廊，我們可以將前面提過熱區劃的門放在第二道防線來防止這種水平氣流，因為它正尋求一條上升的路徑。可以沿著這條路徑完整關閉的門將減少水平氣流，具有防風的室內門也將減少氣流。要同時注意多層保護，因為我們正試圖在沿其路徑的多個點阻止來自煙囪效應產生的氣流。

接著空氣會進入樓梯間、電梯或機械的垂直管道。與管道和通風井的連接處通常設在廚房和浴室中。空氣會從開口、管道、水槽和廁所進入，再經由通風格柵連接到管道系統。管道設置護蓋可以減少氣流，但是要更有效的話，應該在護蓋周圍填塞材料。

在管道中，地板之間的填塞材料能非常有效地抵抗煙囪效應的氣流，而且防火填塞通常需要通過防火規範。對於樓梯間來說，門擋或擋風雨條可有效減少煙囪效應氣流。為了防止空氣從管道系統進入垂直機械室並因為煙囪效應而上升，管道系統必須被良好密封，從起始的管道到每個格柵的連接也必須被完整密封。請見圖 10.12。

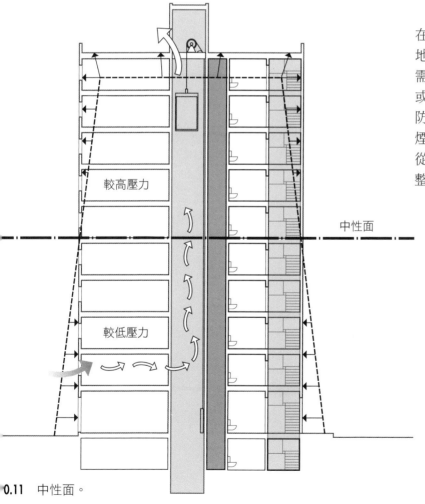

較高壓力

中性面

較低壓力

0.11　中性面。

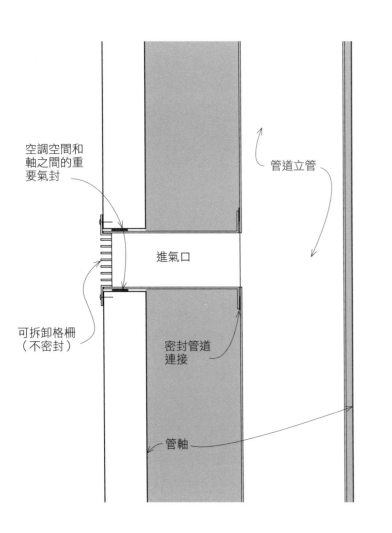

空調空間和
軸之間的重
要氣封

可拆卸格柵
（不密封）

管道立管

進氣口

密封管道
連接

管軸

10.12 防止空氣從管道或空調空間進入機械軸心，並由於煙囪效應而上升。

當空氣上升到較高的樓層時，會產生越來越大的正向煙囪效應的空氣壓力，將空氣從走廊和樓梯間推出。因此，用於防止空氣進入這些通道的相同氣密材料也適用於防止上層樓層的空氣離開建築物。同樣地，內部門扇也用於防止空氣水平向外流動。這時需要一個堅固可靠的天花板是至關重要的，為什麼閣樓是建築物密封性的弱點呢？如果建築物具有強壯封閉的屋頂，例如剛性平屋頂，煙囪效應的氣流就無法通過屋頂離開建築物，它只會經由窗戶和牆壁離開。如果牆壁是一體式的，空氣就被限制只能經由窗戶離開。如果窗戶更小、數量更少、密封性更好，我們就有效地控制了煙囪效應的氣流。其中要特別注意窗框，施工過程通常會將未密封的開口隱藏而容易被忽略。

因為電梯門不會是密封的，所以我們必須防止空氣流入建築物內的電梯位置，這代表必須先防止空氣通往梯廳。電梯井底部百葉後通風口可配置低洩漏電動風門，並時常保持在關閉位置，同時與消防控制系統連動。

分區會造成怎樣的成本影響呢？一般來說，這增加了施工成本。建築物地板之間的空氣密封增加了施工成本，也同時防止空氣自由進出建築物中。

11
照明和其他電力負載

透過外部設計，設計專家將採光列入早期評估，在開始設計
人工照明之前，將照明納入外殼設計之中。在本章中，我們
將研究如何使人工照明更有效率。

人工照明使我們擺脫昏暗和黑暗。直到夜晚到來，我們可以
藉由光線的穿透讓視覺達到建築物的內部，還能夠在晚上利
用電力讓我們繼續享有照明的服務。

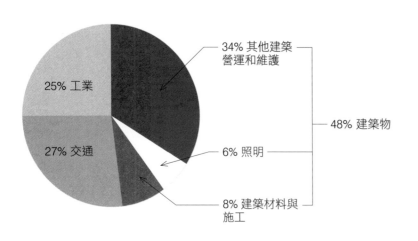

34% 其他建築
營運和維護

25% 工業

27% 交通

48% 建築物

6% 照明

8% 建築材料與
施工

11.01 照明佔用能源百分比。

照明

照明是建築物的主要能源負荷之一，僅次於
空間的暖房與冷房空調之後，佔建築物第二
多的一次能源用量比重。燈具可以很容易地
被設計成比傳統燈具消耗的能量少 50% 以
上，而且大多數情況可以非常省電。

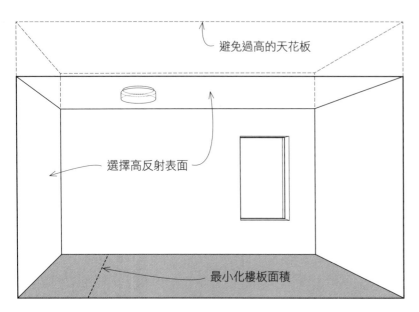

避免過高的天花板

選擇高反射表面

最小化樓板面積

11.02 空間設計盡量減少人工照明。

以最大限度的減少照明需求來空間設計

透過智慧空間設計，人工照明的需求可以最
小化。回顧之前的設計階段，如果特定的建
築物可以設計成較小且適合的建築面積，則
所需的人造光源以及建築物的照明所需能源
將會更少。

此外，以建築面積來說，小面積的建築可以
讓日光投射到較大比例，而面積較大的建築
物則日光投射比例較低。

也可能避免使用過高的天花板來得到效益，
例如，具有 8 英尺（2,440mm）高天花板的
空間比 10 英尺（3,050mm）高天花板相同的
面積可以少 5% 的人造光。

也可以選擇反光家飾讓對照明的需要最小化，
回想一下，在天花板、牆壁和地面上只需增
加 10% 的反射率，就可以達到節省 13% 的照
明能源的效果，同時還可以提供同一空間相
同的照度。透過進一步增加天花板、牆壁和
地面反射率，可以節省 30% 以上的費用。

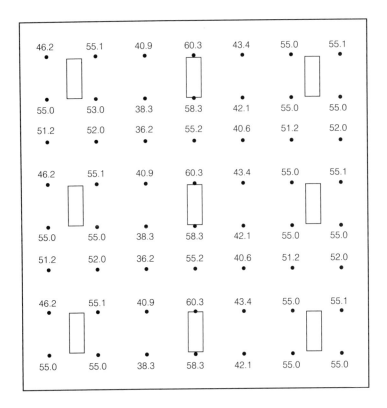

11.03 光度計算的範例：

燈具數量	9
平均照度	55.4 英尺 - 燭光*
最大照度	60.3 英尺 - 燭光
最小照度	36.2 英尺 - 燭光
總功率	540 瓦
照明功率密度	0.82 瓦 / 平方英尺

* 1 英尺燭光（foot-candles）/ 尺 - 燭光 = 1 流明 / 平方英尺或 10.764 勒克斯。

11.04 照明工程學會（IES）建議的照明等級。

工作區	尺-燭光
會議室	20–50
辦公室	50–100
教室	50–75
體育館	30–50
商品陳列區	30–150
製造區	50–500
走廊和樓梯	10–20

優化照明設計

為了最大限度地減少對人工照明的需求，我們可以進行照明的整體設計。對於綠建築來說，這需要使用光度計或電腦軟體逐步的檢查燈具的佈設與效果。傳統上，許多照明設計都是以經驗法則來設計，這經常導致過多的光線。有效的室內照明設計是綠建築設計的最佳實踐。沒有室內照明設計，建築物可能會有過多的照明、使用更多的能源、燈具比所需的更多並可能使用過多的實體材料。

設計照明時，建議的照度範圍很廣。對於綠建築，請考慮在照明工程學會（IES）手冊中推薦設計範圍的下限。例如，50 英尺燭光的能量使用量是 20 英尺燭光所需能量的兩倍以上。

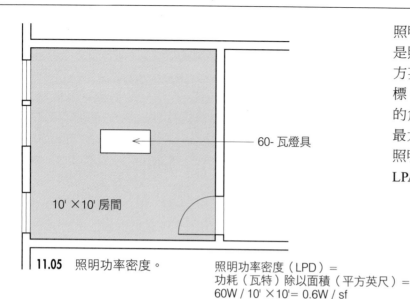

照明功率密度（Lighting Power Density, LPD）是照明功率（Watt，瓦特）除以建築面積（平方英尺）而來。LPD 是照明設計中有用的指標。無論是以整個建築來說還是在各個空間的角度，各種能源規範和標準都要求或建議最大的照明功率密度。最大所需 LPD 也稱為照明功率容許值（Lighting Power Allowance, LPA）。

11.05 照明功率密度。

照明功率密度（LPD）＝
功耗（瓦特）除以面積（平方英尺）＝
60W / 10' × 10'= 0.6W / sf

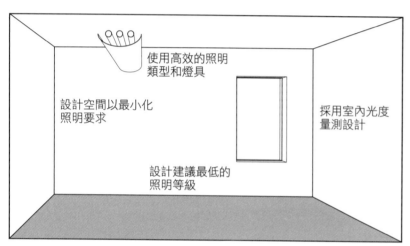

使用高效的照明類型和燈具

設計空間以最小化照明要求

採用室內光度量測設計

設計建議最低的照明等級

由於法規和標準中引用的照明功率容許值為建築設計提供了一些靈活性與變化，因此法規和標準所要求的值通常高於必要或最低值。即使相對於高性能規範和標準的要求，綠建築也可以輕鬆達成更低的照明功率密度。然而，要達到較低的照明功率密度需要將上述的方法組合，包括室間照度整體設計、選擇比 IES 建議更低等級的設計值、使用高反光的牆、天花板和地板並安裝高效率的燈具。

11.06 照明設計的綜合策略。

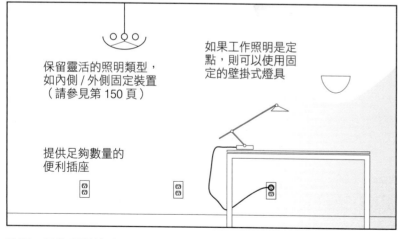

保留靈活的照明類型，如內側 / 外側固定裝置（請參見第 150 頁）

如果工作照明是定點，則可以使用固定的壁掛式燈具

提供足夠數量的便利插座

工作區的照明通常我們會希望降低整體作業照明水平以降低能源消耗，不過同時仍然給個人提供足夠的獨立照明以便作業。雖然研究顯示，成功的低耗能工作照明是難以實現的，不過低耗能的工作照明仍然是其中一種策略。綜觀以上，綠建築設計時最好不要先預想工作照明區的節能潛力，但設置容易彈性控制的獨立照明是一種更容易且節能、靈活的做法。為了使未來的工作照明容易達成此目標，可以考慮在作業區設置方便且充足的插座。

11.07 工作照明策略。

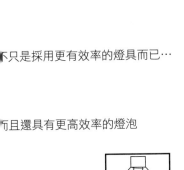

不只是採用更有效率的燈具而已⋯

更有效率

而且還具有更高效率的燈泡

更有效率

嵌入式筒燈　　　　　　　　管狀日光燈

11.08　使用更高效率的燈具和燈泡。

高效率燈具

某些類型的光源和燈泡比一般類型更有效率。例如，日光燈的照明就比白熾燈和鹵素燈更有效率。此外，對某些類型的照明燈具來說，特定的燈泡類型也比其他燈泡更有效。例如，安裝於表面的管狀日光燈比嵌入式的凹槽日光燈要來的更有效率，它們也比天花板吸頂式的圓形燈具更有效率。LED 照明一開始被認為是另一種有效率的光源，但品質和效率的差異卻很大。

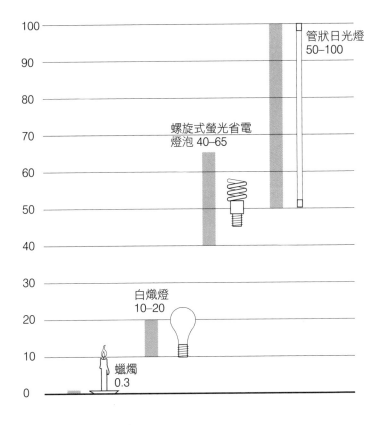

11.09　近似的發光效率比較。

選擇照明燈具的指標是發光效率，以流明 / 瓦特（lm/w）表示。以蠟燭的發光效率當作參考為 0.3（lm/w）。白熾燈泡的發光效率大致在 10 至 20（lm/w）範圍內。螺旋型省電燈泡（CFL）的照明效率比其他的更高，它的發光效率通常在 40 至 65（lm/w）的範圍內，效率是顯而易見的。管狀日光燈甚至更有效率，效率在 50 至 100（lm/w）的範圍內，這也看出了它們比固定式的點光源（如筒燈）的優勢。新興的 LED 照明燈具有廣泛的發光效率，範圍從 20 到 120（lm/w）都有。

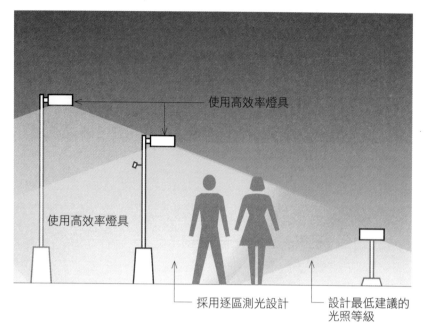

戶外照明

戶外照明可以透過使用許多與室內照明相同的工具來提供最有效率的效果：高效率照明燈具、電腦分區照明設計、提供不超過最低需求的安全性照明、低照明燈具安裝、集中照明在需要的地方且更有效的配置和高效率的照明控制。之前已經討論了如何減少光污染是另一種挑戰，這也與最小化能源使用的目標一致。

在設計的早期階段與業主進行積極的討論，並仔細評估在每個地區需要多少外部照明，可以將照明、成本、能源消耗和光污染降到最低。例如，可以使用低矮投射地面而不是電燈柱廣泛照射的方式來提供不須太亮的人行道照明。業主的專案需求可能會詳細說明各種戶外照明的要求：包括停車場、建築物通道、安全需求、美觀需求或是其他目的，如夜間戶外休閒或運動。一個更核心的問題是，是否需要每一種類型的照明呢？從專案項目中刪除不必要的燈具可以降低施工成本、材料使用和能源需求。

11.10 高效率的外部照明設計策略。

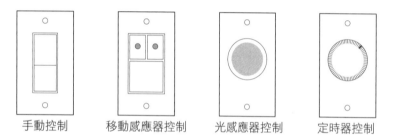

手動控制　　移動感應器控制　　光感應器控制　　定時器控制

11.11 四種照明控制類型。

控制

有四種主要的控制類型，每種控制可以單獨使用或組合使用，用來減少照明能源的使用：手動控制、移動感應器控制、光感應器控制和定時器控制。

手動控制通常使用撥動式開關或旋轉調光器來控制。在單一空間中使用多個控制能提供更多的照明等級控制，並可以靈活的節約能源，該控制策略被稱為「多控制切換」。即使是小房間，也建議至少使用兩個開關，每個開關控制一部分燈具。這樣控制器可以在同樣一個燈具內分別切換或調暗不同的燈泡，有時也稱為內側／外側或多層次開關。較大的房間則建議使用更多的開關，如果房間有兩個入口，每個入口可以考慮分別設置開關，可以分區或全部控制照明，這被稱為「三向開關」。

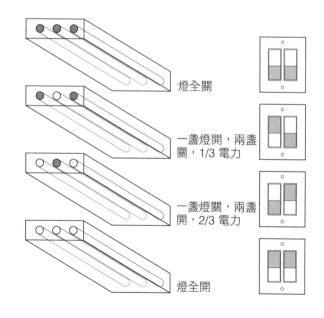

燈全關

一盞燈開，兩盞關，1/3 電力

一盞燈關，兩盞開，2/3 電力

燈全開

11.12 燈具的內側／外側照明控制。

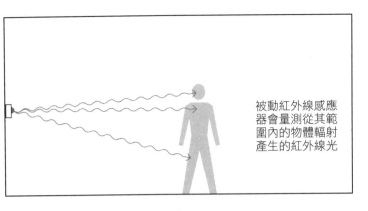

被動紅外線感應器會量測從其範圍內的物體輻射產生的紅外線光

超音波感應器接收來自超音波的回波

11.13 被動紅外線和超音波感應器。

不同的情況需要選擇適合的移動感應器才可以正確的運作。被動紅外線感應器透過空間中的人員產生的熱量而運作，所以適用於感應器可以對人員在視線範圍內且不被遮蔽的位置。超音波感應器透過感測由感應器發出的超音波訊號的回波而運作，因此它們不需要對人員有直接視線傳遞。然而，超音波感應器有時可能感應到相鄰空間中的運動因而錯誤地啟動。更好的雙重感應控制則包括被動紅外線和超音波感應器。

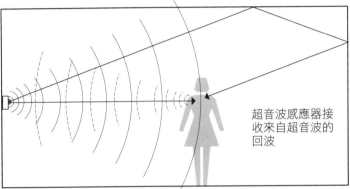

移動感應器

無人使用：
燈光關閉

使用中：
燈光開啟

無人使用：
燈光持續開啟

延時關閉是可調整的。這是一個關鍵的設計，因為如果將延遲關閉時間設置過長的時間調短，則可以顯著的降低能耗。

無人使用：
時間到燈光自動關閉

11.14 移動感應器控制。

延時關閉

功能驗證對移動感應器非常重要。移動感應器在不再測到有人員之後，會將燈光保持一定的時間。此設計稱為延遲關閉。例如，ASHRAE -90中要求延遲時間最長為 30 分鐘，則發現縮短 30 分鐘的延遲關閉幾乎可以產生三倍的節能，以高層公寓樓的走廊照明來說，可以從 24% 的能量減少到 74% 的能量消耗。公寓的走廊大概有 97% 的時間都是空閒的，但因為走廊上的移動感應器幾乎可以偵測到不到 30 分鐘內的每一次活動，所以 30 分鐘的延遲意味著燈光幾乎一整天活動的時間都是保持開啟的。較短的延遲關閉時間可以讓移動感應器真正在未使用的時間內關閉並節能。在其他高度使用的地區，例如學校和辦公大樓的大廳和走廊，可以調整較短的移動感應器延遲時間來節能。應該特別注意的是，對於日光燈來說，非常短的延遲關閉設定可能會影響燈泡的使用壽命。與所有照明控制一樣，最好的時機是在施工文件中規定適當的延時設定。

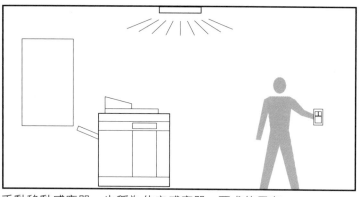

手動移動感應器，也稱為佔空感應器，要求使用者
手動開啟燈光。移動感應器會在一段時間（延遲關
閉）沒有感應到有物體移動後自動關閉燈光

如果手動感應器未打開，燈會在短暫的使用期間持
續保持關閉狀態，例如步行經過

11.15 手動移動感應器。

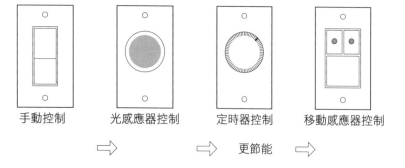

| 手動控制 | 光感應器控制 | 定時器控制 | 移動感應器控制 |

更節能

11.16 如何更環保的選擇外部照明控制。

手動移動感應器要求使用者手動開啟燈
光。移動感應器會在一段時間（延遲關
閉）沒有感應到有物體移動後自動關閉燈
光。如果手動移動感應器未打開，燈會在
短暫的使用期間持續保持關閉狀態，例如
步行經過。手動移動感應器，也稱為佔空
（vacancy）感應器，要求使用者手動開啟
空間中的燈光，移動感應器將在不再感應
到人員活動後自動關閉燈光，也就是提供
自動關燈的服務。這種類型的控制適用於
不總是需要人工照明的空間，例如可能有
足夠日光的辦公室或短暫使用而可能需要
開啟燈光的洗衣間。手動移動感應器能有
效避免空間中燈光的切換錯誤。另一方面
自動的移動感應器更適合於使用者可能不
熟悉的空間、或容易接近燈光開關位置，
例如公共廁所、車庫和走廊。

外部照明最節能的控制可以透過提出兩個
問題來思考：

1. 在各種戶外照明需求中，哪些燈光可以
   由移動感應器來控制？良好設計的移動
   感應器可以有最少的照明能源使用和減
   低光污染。像在室內使用的移動感應器
   一樣，需要確認並將外部的感應器驗證
   使其延時設定盡可能短，最好在 5 分鐘
   或更短的時間以內。用於外部照明控制
   的移動感應器最好與光感應器控制結合
   使用，以防止白天由於有物體移動而無
   意中開啟燈光。注意這種類型的控制是
   有層次的：除非有物體動作且環境光線
   不足，否則戶外燈光不會開啟。

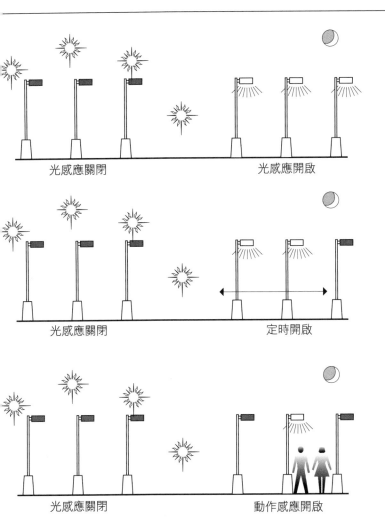

光感應關閉   光感應開啟

光感應關閉   定時開啟

光感應關閉   動作感應開啟

更綠色

11.17 選擇更綠色的外部照明控制。

11.18 一般的戶外照明水平。

階段	尺－燭光	勒克斯（Lux）
陽光直射	10,000	100,000
全日照	1,000	10,000
陰天	100	1000
黃昏	10	100
薄暮	1	10
曙光	0.1	1
滿月	0.01	0.1
上弦月	0.001	0.01
無月亮的夜	0.0001	0.001
陰天晚上	0.00001	0.0001

如果某些戶外燈在夜間必須持續開啟，則可以使用光感應器將其打開，使燈光只在戶外黑暗時亮起。對於節能設計，我們可以進一步討論第二個問題：

2. 出入口是否因為安全的考量而需要整夜的照明，還是只要在晚上有人出入時開啟即可？如果是後者，則需要一個光感應器來開燈，但需要另一個定時器來關閉它們。此種方式可以比整夜開啟所需的能量節省約 50% 的能量。同樣的，會在業主專案需求中說明每個戶外燈具的安全需求或是夜間出入的使用需求。如果要關閉晚上時間的燈光，需要對應的調整定時器的設定。

請注意，戶外燈通常需要兩個獨立的控制，以避免在不需要時亮起，即光感應器加移動感應器或光感應器加定時器的組合。手動控制是另一種選擇，但它最好與光感應器結合使用，以避免戶外燈在白天時忘記關閉的情況。

與移動感應器一樣，外部光感應器也需要正確安裝並仔細進行功能驗證。它們最好不要對準人工光源，例如夜間經過的車輛的大燈可能會造成感應器誤判而關燈。外部照明光感應器的最大節約能源在於設置適當的照度水平。感應器應設置在戶外需要人工光線的照度上。

當周圍環境照度低於 10 尺燭光（footcandle）時，光感應器通常會讓設備一起開啟，但如果將標準設定太高，這些過高的設定可能會導致戶外燈在陰天中無意自動開啟。各種規範和標準建議了戶外照明不同空間的值，如人行道和停車場的照明只需要 0.5 至 2.0 尺燭光。戶外照明的要求應在施工和功能驗證文件中詳細記錄，包括光感應控制設定，環境光線降低至多少亮度時需要開啟照明。

還應規定光感應器的停滯區（deadband）。停滯區是開啟設定點和關閉設定點的範圍，應設置在足夠高於關閉設定值的值，以避免燈泡的干擾造成循環啟閉。例如，如果設計照度級別為 1 尺燭光，當環境光線水平低於尺燭光時，應將光感應器設置為打開燈光，當環境光線水平升高到 3 尺燭光以上時則關閉燈光。在這個案子中，停滯區是 3-1 = 2 尺燭光。

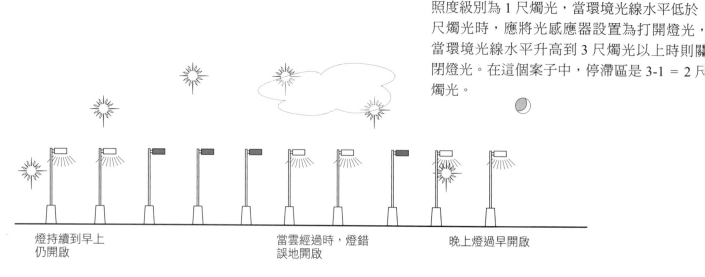

11.19 當光感應器設置的開啟範圍過高時的結果。

燈持續到早上　　　　當雲經過時，燈錯　　　晚上燈過早開啟
仍開啟　　　　　　　誤地開啟

外部照明控制的正確設置可以在施工後進行檢查。如果在雲層經過時戶外燈開啟、已經日出之後太晚關閉、或黃昏前太早開啟，且光源並沒有改變燈具附近的環境亮度情況下，則光感應控制設定點為過高。請注意，正確的功能驗證只能在低光照度的情況進行。覆蓋光感應器即可看到燈光是否亮起，不會顯示設定點是否正確。

裝飾性照明

裝飾性照明在綠建築的環境下值得拿出來單獨討論。裝飾照明包括室內照明，旨在吸引戶外對建築物內部的注意、突出外牆或其他外部元件的照明、招牌照明以及為了突顯藝術作品或零售展示的照明。儘管使用高效能的燈泡和燈具，裝飾的照明通常還是效率低下，所以可以透過高效率的系統進行控制。

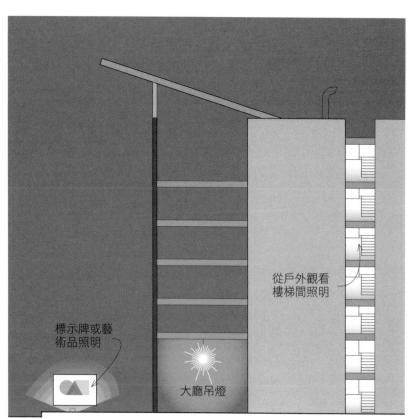

標示牌或藝術品照明

從戶外觀看樓梯間照明

大廳吊燈

11.20 建築裝飾照明。

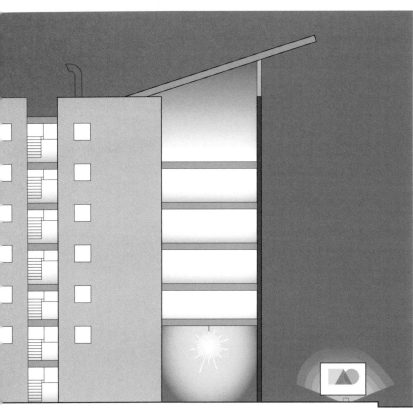

1.21 外部彩現時通常會過度強調建築物的外部照明。

除了高效率的裝置和控制之外，綠建築設計通常需要提出一個問題：是否建築物當中都需要裝飾用燈光呢？以往，建築物在初期設計中被概念化，繪製由內部照明發亮的窗戶可以讓建築物有溫暖的感覺。這樣的渲染圖可能導致照明和控制的設計失真，這些渲染的照明在夜間保持全亮，而這也超出了建築使用者真正的照明需求。

裝飾性的照明在一些綠建築規範、標準和指南中是沒有包含並免予檢討的。然而，由於裝飾照明通常效率不高，因此在綠建築設計中最好可以逐一對裝飾性照明的需求進行最佳的檢驗與調整，以避免過度的設計。

其他照明問題

降低照明能源使用也降低了空調使用的附加能源。降低空間的照明在冬季會增加一些暖房需求，但由於照明其實是低效率的供暖方式，因此降低照明要求仍然具有能源和成本的效益。冬季時照明產生的的熱與暖氣系統的熱是相同的，所以減少照明對於成本不會有太負面的影響。然而，在夏天時由於冷卻系統與照明開啟時的熱能會互相抵銷，所以降低照明系統可以有明顯的成本優勢。在一開始就辨識出這些問題，可以直接減少空調系統的冷凍噸數進而節約成本，但如果先設定好照明才安裝冷房設備，那麼就只能因照明所減少的熱而降低冷房需求，節省能源費用而已。

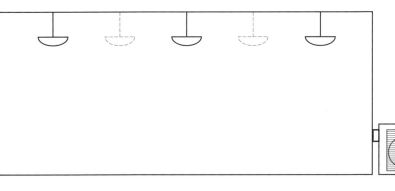

1.22 減少照明通常也會減低空調系統的負載。

高效率的照明設計可以降低施工成本，因為適度的照度通常可以安裝較少的照明裝置。不過另一方面，高效率燈具和更高效率的照明控制系統通常比普通的燈具更貴一些。

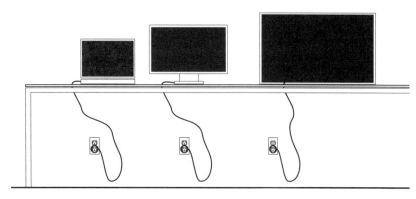

11.23 過度的插頭負載。

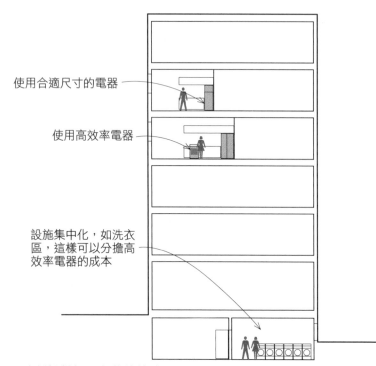

使用合適尺寸的電器

使用高效率電器

設施集中化，如洗衣區，這樣可以分擔高效率電器的成本

11.24 降低設備插頭負載的策略。

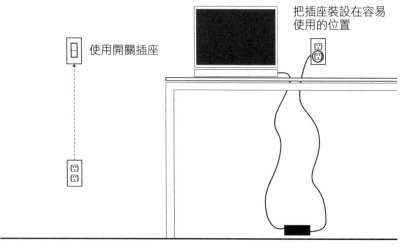

使用開關插座

把插座裝設在容易使用的位置

11.25 降低電源插頭負載的策略。

插頭的用電

插頭用電是建築物能源使用快速增加的原因，諸如較大的電視螢幕、電腦、電子遊戲設備、額外的冰箱和除濕機以及用於電子設備的電源讓插頭用電越來越增長。

傳統的建築設計是讓插頭的用電完全由建築物的使用者或人員操作。然而，在某些情況下，電器的選擇也受到設計人員影響。所以在未來，插頭用電的能量也會因為設計的差異受到影響。

諸如冰箱、洗碗機和洗衣機等大型設備，可以選用高效率的機型。在某些情況下，如同熱烘衣機一樣，改變燃料或設備類型可以讓能源消耗或碳排放量減少許多。

集中使用電器設備——例如，在公寓大廈中獨立設置洗衣間，而不是在每間公寓單元中裝設單獨的機器，這樣允許採買更高效率的機器的初期成本在多個使用者之間分擔及共享，也可以更有效地提供更高效率的熱水系統。中央洗衣房也減少了使用水、烘乾機的排氣、燃氣管道和建築物的通風，集中控制可以比獨立的單元放置機器有更低的滲漏率。

家電也應做適當的調整。例如，如果一個 14 立方英尺（0.4 立方公尺）的冰箱型號可能就夠用了，那就不該使用一個 22 立方英尺（0.6 立方公尺）的冰箱於一間公寓中。除此之外，還應有效的利用這些高效能的電器，例如，冰箱不應放在爐子旁邊或其他溫暖的地方，這樣會造成冰箱的效率被影響。製冰機或是商業用的製冰設備、可以進入的大型冷凍機也不應設於溫暖的地方。

許多用於電子設備的電源，如筆記型電腦和手機，會持續消耗電力。應該將插座設於比一般高度更高的位置，這樣當人們發現有不使用的設備時，較有可能隨手拔掉或關閉這些電源。另一種做法是，為插座提供方便的控制，例如牆壁的手動撥動開關，使插頭用電更容易關閉。

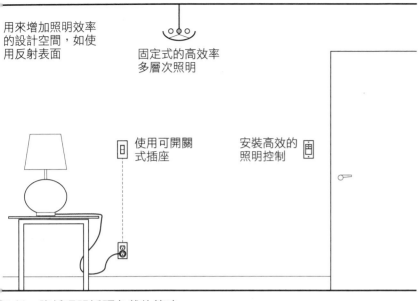

在照明插頭使用的情況下，建築設計可以提供高效率的固定燈具，潛在地減少插頭用電的使用量，這將減少平常使用低效能的白熾燈或鹵素燈泡的檯燈。燈具不僅可以更有效率，整體設計還可以運用燈具的照明均勻性和間距設計使照明設計更加有效。無論是透過使用移動感應器、日光控制、定時器還是可操作的牆壁開關，讓人們可以更加容易地打開和關閉燈光，照明控制都可以更有效率。除此之外我們仍然需要提供足夠數量且方便的插座，以便搭配這種高效率照明方式，為特定的作業提供彈性照明。

11.26　降低照明插頭負載的策略。

11.27　降低烘衣機插頭負荷的策略。

另外還有一些創新的節能方法，可以用建築設計降低插頭的負載。例如，英國 BREEAM 評估系統就為給衣物自然乾燥的空間提供得分，因為可以節省烘乾機的能源。

互聯網控制的出現讓控制負載和減少能源使用提供了進一步的機會，而這些節能措施將隨著時間讓營運與維護的成本相對分擔，回收初期成本。

大型電機負載

大型的電機負載包括驅動電梯的馬達、自動手扶梯、以及機械設備的風扇和馬達。另外，大型的變壓器也是常見的電力負載之一。

應注意長時間運作的大型電機。更加綠色選擇包括使用高效率的電機設備、變頻主機、高效設計和控制或是讓電機設備在不使用時關機。

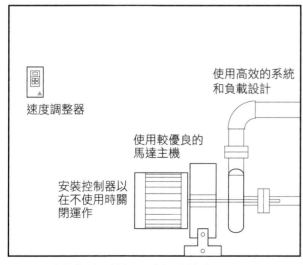

11.28　減少大型電機能源消耗的策略。

現代的多層建築中，電梯的能耗約占總電力的 3% 至 5%。低層建築通常使用油壓式電梯來降低成本，高層建築則使用交流電並採用可變壓、變頻（VVVF）的馬達主機來提高能源效率和速度。

電梯的能耗取決於許多因素，包括使用頻率、電梯容量和電梯效率。使用具有高效率馬達的電梯和能源回收（再生制動）等功能可以減少能源消耗。電梯還可以採用高效率的燈光控制，讓不使用時自動關閉燈光，並在不使用時也自動關閉通風風扇，進而節省能源。更先進的控制可以優化電梯運作來進一步減少能源消耗，這種方法包括把電梯停在最有需要的樓層，並在具有多台電梯的建築物的非尖峰期間，關閉某一部分的電梯電力。為了估算能源使用情況，液壓電梯在小型、低層建築中使用大約 0.02-0.03 千瓦時（度）／趟的電力，在更大型或中等高層建築物中，使用更高效率馬達的耗能可以降低到 0.01-0.02 千瓦時（度）／趟。而在高層建築中使用變頻式驅動器（VVVF）的電梯大約需要 0.03-0.04 千瓦時（度）／趟，這種使用還可以透過能源回收或直流馬達驅動將用電降低到 0.02-0.03 千瓦時（度）／趟。

傳統的自動手扶梯每年每個會使用 4,000 到 18,000 千瓦時的電力。變速型手扶梯可以透過感應不載運乘客時對扶梯設備進行減速，或在沒有人使用的時段將一部分自動手扶梯暫停來減少能量消耗。

標準型的變壓器必須達到美國聯邦規定的最低效率標準值，從 15 kVA 變壓器的 97% 到 1,000 kVA 變壓器的 98.9% 都有。高效率變壓器目前定義為 15 kVA 變壓器的 97.9%，對 1,000 kVA 變壓器而言，效率須提高到 99.23%。變壓器必須置於通風良好、並且在較低溫度的環境中工作，這樣的效率會更高，因此，它們不應置於炎熱的房間或封閉且沒有足夠空氣流通的空間。

* kVA = KiloVolt-Ampere 千伏安培，kVA 是變壓器中的容量。

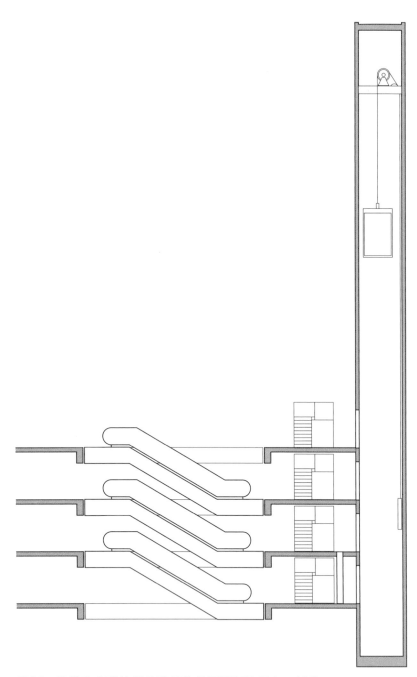

11.29 電梯和自動扶梯佔建築物能源消耗的很大一部分。

12
冷水與熱水

水越來越被視為有限的資源。在評估綠建築的用水改善時,應考慮冷熱水的運送與消耗。減少熱水的消耗同時節約了水和用於熱水的能量。

前面在第 4 章「社區和基地」中討論了基地的用水,本章將重點介紹室內用水。

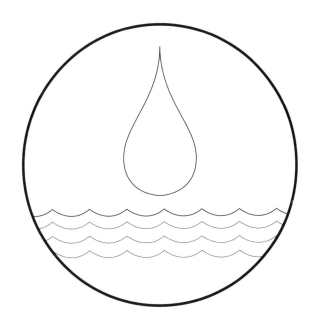

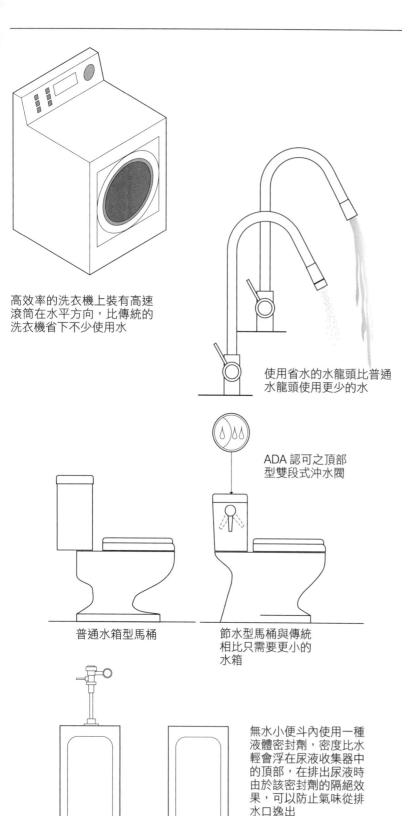

高效率的洗衣機上裝有高速滾筒在水平方向，比傳統的洗衣機省下不少使用水

使用省水的水龍頭比普通水龍頭使用更少的水

ADA 認可之頂部型雙段式沖水閥

普通水箱型馬桶

節水型馬桶與傳統相比只需要更小的水箱

一般的小便斗

無水小便斗內使用一種液體密封劑，密度比水輕會浮在尿液收集器中的頂部，在排出尿液時由於該密封劑的隔絕效果，可以防止氣味從排水口逸出

12.01 高效率電器和用水設備。

減少使用

首先要先檢查用水負荷（Water Load），才能最有效地減少水和能源的浪費。從最後使用者端開始，第一步是使用高效率的電器和設備，這樣可以達到一樣的效果，但是只需要使用較少的水。

高效率的洗碗機比標準洗碗機減少 20% 的用水。高效率的洗衣機比標準洗衣機減少 50% 的用水。低流量的蓮蓬頭和水霧式水龍頭也可減少用水量。

雙段式馬桶可使用較少的水沖洗。無水小便斗則完全不需要使用水，而是在排水管中使用密度比水輕的油類液體密封，與空氣隔絕防止氣味飄散到建築物內。另外還有堆肥廁所也不需要用水。

12.02 由美國環保署 EPA 發起的 Water Sense 標章列出的低用水設備標準。

設備	聯邦要求標準	EPA Water Sense 計畫標準
蓮蓬頭	2.5 GPM*	2.0 GPM
小便斗	1.0 GPF**	0.5 GPF
住宅馬桶	1.6 GPF	1.28 GPF
辦公大樓水龍頭		
私人廁所	2.2 GPM	1.5 GPM
住宅水龍頭		
浴室	2.2 GPM	1.5 GPM

*GPM：加侖／分鐘
**GPF：加侖／每沖洗一次

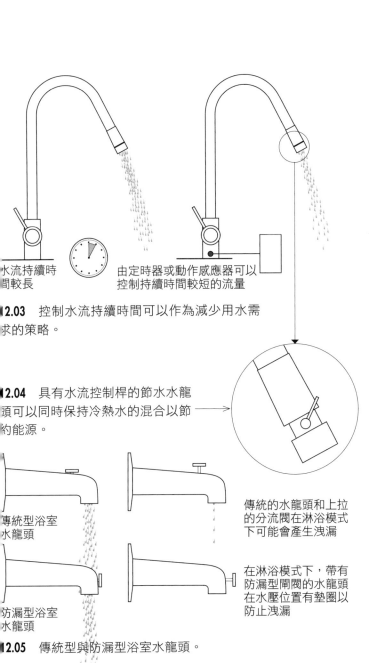

水的負荷不僅包括流量，還包括持續的時間。可以透過降低流速或縮短流動的持續時間來減少用水量。感應節水器，如在公共廁所可以自動關閉水流的定時器，就是可以透過限制水流持續時間來減少用水量。同樣地，有暫時開關之蓮蓬頭或水龍頭可以暫時關閉，但內部還是保留混合的冷熱水，再使用時也可以因為水流減少而節省能源。

其中一項重要的水負荷是由洩漏所引起的。我們可能認為洩漏是一個無法避免的情況，這種問題無法透過建築設計來控制。然而，有一些洩漏是非常普遍的，且在很多類型的設備出現過這些現象。這些現象我們可以透過設計的手段簡單的將其消除而避免漏水發生，例如，當把手把往上提切換成淋浴時，把手的水龍頭部位經常會漏水。一項研究發現，這些設備中有 34% 的洩漏平均速率為 0.8 GPM。透過使用帶有防漏閥的設備，利用水壓讓開關緊閉可以減低漏水狀況。另外也可針對馬桶的洩水閥進行漏水檢測。

另一種具有內部漏水可能的設備是蒸汽鍋爐系統。蒸汽鍋爐雖然通常被認為是一種十九世紀的技術，但現在的應用還是很普遍。然而，蒸汽鍋爐系統經常會洩漏蒸汽，因為這些系統通常直接面對大氣，而且蒸汽的洩漏通常不容易被檢測出。直接避免使用蒸汽鍋爐，可以防止建築設計中的洩漏現象。其他的措施例如不要設置自動流入鍋爐的補給水（無論是蒸汽鍋爐還是熱水鍋爐），因為這種自動補水可能會掩蓋鍋爐系統中的洩漏現象。改用閥門開關補水，只用來填充鍋爐不足的水分，而不要連續自動補充洩漏的水分。

水流持續時間較長

由定時器或動作感應器可以控制持續時間較短的流量

2.03 控制水流持續時間可以作為減少用水需求的策略。

2.04 具有水流控制桿的節水水龍頭可以同時保持冷熱水的混合以節約能源。

傳統型浴室水龍頭

傳統的水龍頭和上拉的分流閥在淋浴模式下可能會產生洩漏

防漏型浴室水龍頭

在淋浴模式下，帶有防漏型閘閥的水龍頭在水壓位置有墊圈以防止洩漏

2.05 傳統型與防漏型浴室水龍頭。

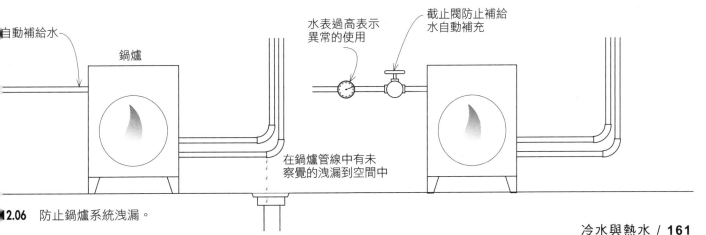

自動補給水

鍋爐

水表過高表示異常的使用

截止閥防止補給水自動補充

在鍋爐管線中有未察覺的洩漏到空間中

2.06 防止鍋爐系統洩漏。

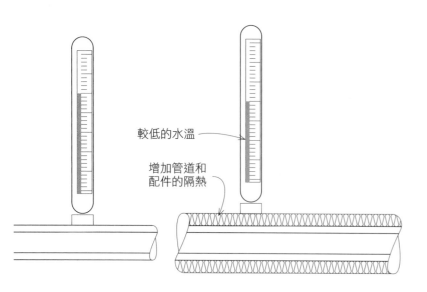

12.07 降低水溫和增加管道和配件的隔熱可以幫助減少熱水損失。

熱水

廚房、浴室、洗衣間和其他消耗型的熱水往往造成一個巨大的能源負荷 —— 這是住宅建築中第二高的負荷，超過所有建築物一次能源使用量的 9% 以上，整體來說也是僅次於暖氣系統、照明和空調系統之後第四高的能源負荷。辦公大樓通常不太需要這種熱水，而其他建築類型，如醫院、旅館、公寓和工廠則是高用量的用戶。這種消耗性熱水通常被稱為家用熱水或服務性熱水。不應該與用於加熱建築物空間的熱水系統混淆。

家用熱水的能量負荷與溫度、太陽和風等外部能量並沒有直接相關。雖然冬季隨著進入建築物的水溫降低，冬季的能源負荷也會稍微增加，但關聯性不大。

為了提供熱量給熱水，將家用熱水器完全放置在熱密封的環境中是有意義的，尤其在冬季的北方氣候下，這些熱水損耗可以有效地用於空間供暖。換句話說，最好不要將熱水加熱器放在無空調的空間，如地下室。同樣的，如果管道設置在加熱的空間內，而這種管道所逸散的熱在一年大部分的時間對於暖房有正面的效益，但是對冷房空調會產生負面影響。因此，使用隔熱管使這種損失最小化是很重要的。

減少能源使用的另一策略是盡量減少熱水器與使用位置之間的距離，這樣便可以使用獨立的熱水器或集中式使用來達成，例如在浴室和廚房中。

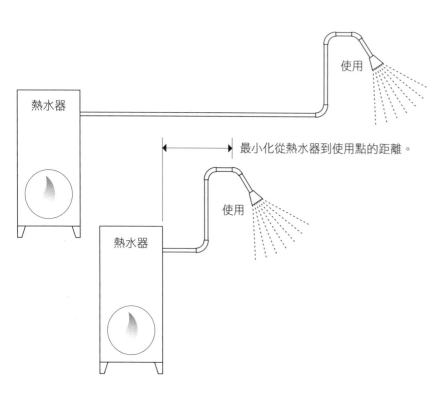

12.08 最小化從熱水器到使用位置的距離可以幫助減少能源消耗。

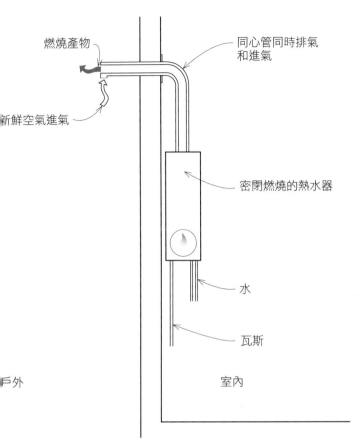

燃燒產物

同心管同時排氣和進氣

新鮮空氣進氣

密閉燃燒的熱水器

水

瓦斯

戶外

室內

12.09　高效率的燃氣熱水器。

對於燃燒像天然氣這樣的石化燃料的熱水器，封閉式熱水器的燃燒系統通常有更高的效率，還消除了在未被密閉的系統中燃燒可能引起的洩漏。某些燃燒燃料也比其他燃料更有效率，例如，天然氣和丙烷燃燒熱水的效率通常比燃油的加熱器高。

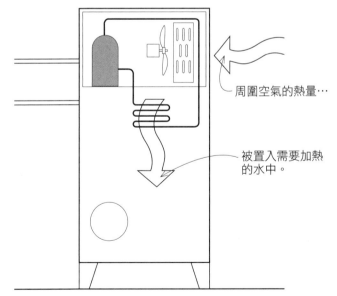

周圍空氣的熱量…

被置入需要加熱的水中。

12.10　熱泵熱水器。

另一種新興的熱水器是熱泵熱水器（Heat Pump Water Heater）。該設備使用電力為熱泵提供動力，可以將熱量從周圍的空氣移動到熱水中。儘管這個技術仍在發展，但這種系統的效率通常還是較高。由於熱是由周圍的空氣供應，熱泵通常會將周圍所在的空間冷卻。因此也需要足夠的空間來供應這種熱量，否則熱泵效率會下降，能源的消耗將會上升。另外，當冬天熱泵在吸收熱能時，不應該置於一個需要暖房的空間，否則會導致冬季建築物需要的熱量提升。

熱泵熱水器也受到溫度的限制。在較高的溫度下，熱水器的效率和容量會降低，所以可能無法應用在商業廚房中持續提供高溫的熱水。儘管有這些優缺點，但熱泵熱水器還是值得在綠建築中考慮使用。我們估計，隨著地源暖房和冷卻系統的技術發展，地源熱泵（Geothermal Loop）的技術將越來越常當作家用熱水器的熱源，這會是一個有效的供水系統，而且不會在建築物中排放熱氣。

在大型建築物中，熱電聯產（或稱汽電共生，Cogeneration、combined heating and power, CHP）系統還可以產生家庭熱水作為副產品生成物。

對於家用熱水來說，提高水溫所需的能量比儲存和輸送熱水時所損失的熱量要少。儲存和輸送會有下列多種損失，包括熱水器儲桶兩側的熱傳導損耗、燃燒熱水器的煙囪熱損失、由於點火器常常啟動而連續燃燒造成的損失、引發滲漏造成的熱損失、配水管道的熱損失、在水龍頭和蓮蓬頭上的水量過大以及管道、水龍頭和閥門的漏水損失等等。要提高供熱效率的重點首先就是減少損失，例如封閉式燃燒、即熱式熱水器可以減少幾項損失，包括：待機損失、煙囪燃燒損失和滲漏的損失。即熱式熱水器還有一些獨特的特性，需要用一個最小的水流量來進行點火，在某些條件下水溫是會波動的，如果水是硬水則熱水器容易受到鈣化問題的影響，但是使用即熱式熱水器可以減少管道的熱損耗。

在許多情況下，一個有效減少熱水損失的方式是不要設計向所有空間提供熱水，不要把熱水用管線的方式輸送。例如有些小廁所是不需要熱水的，這在許多國家也十分常見。可以針對使用空間的用途評估是否一定需要熱水，或是查詢管道規範或相關技術規則以確認是否需要為此空間提供熱水的服務。

將熱水的生產和空間的加熱系統結合在一起是很常見的，例如鍋爐系統。不過這看來是浪費能源的做法，因為鍋爐是全年運行的，除了冬季月份之外，於夏季也還是提供多餘的熱水。即使在一種高效率的冷凝鍋爐系統中設置一部分作為家用熱水使用，這種系統使用電力來將熱量從鍋爐的循環傳送至獨立的儲水器，也還是有很大一部分的熱損失。

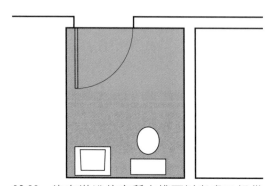

12.11 沒有淋浴的廁所水槽可以考慮只提供冷水。

水與熱源

一旦將使用點的負載減低、洩漏和損失最小化，則透過各種重新收集的方法可以進一步降低對水的需求和熱水所需的熱量。

水與熱回收

水回收允許將相同來源的水用於不同的目的，例如，附洗手台的馬桶是在補充馬桶水箱之前先使用乾淨的水來洗手的裝置。廢水則可以在建築物內過濾和重複使用。同樣的，來自廢熱水的熱量可以透過灰水熱回收來重新收集。這樣可以有效提高進入冷水的溫度來降低系統的負載。

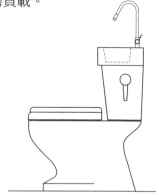

12.12 附洗手裝置的馬桶。

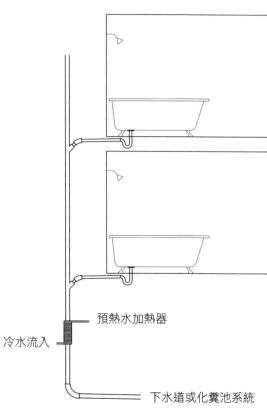

預熱水加熱器

冷水流入

下水道或化糞池系統

12.13 從灰水中回收熱量。

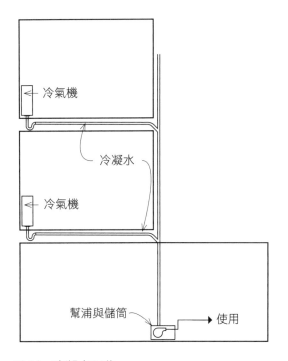

12.14 冷凝水回收。

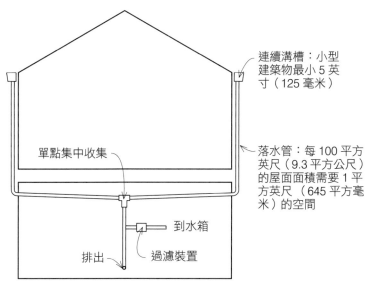

2.15 雨水回收：收集和過濾。

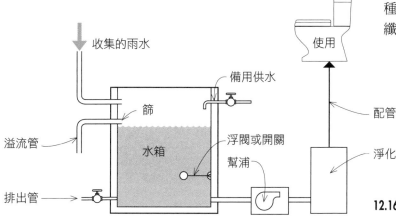

12.16 雨水回收：儲存和分配。

冷凝水回收

冷凝水可以從空調系統中回收，這些空調產生的水通常不含太多雜質，雖然流量小、而且可能不穩定、甚至在冬季乾燥時可能會沒有。根據建築物和氣候條件，產生的冷凝水量會有所不同。經驗法則估計每年每平方英尺可以產生 1 至 2 加侖（3.8 至 7.5 升 /0.1 平方公尺），對於在北方氣候中幾乎不需要冷房或在乾燥氣候下不需除濕的建築物量會較少，但像是美國東南部地區則需要更多冷房和除濕的建築物來說量則較多，冷凝水必須收集並提供儲存容器，例如用於收集雨水的水箱或可立即使用的水桶。

最後，必須盡量減少使用量和熱損失，並找尋再生水資源和再生熱源的可能。

雨水回收

雨水是可以被收集用於建築物，可以減少使用自來水或井水。雨水回收系統包括：通常是建築物屋頂的集水區、可以將雨水運送到儲桶或水箱的運輸系統、過濾和消毒處理系統、雨水貧乏時期的備援系統、超量的溢出裝置以及將水輸送到水系統的分配管線等。

如前所述，雨水溝、下水道和排水溝都需要重新定位和調整，以集中放置和收集雨水。經驗法則是，對於每 100 平方英尺（9.3 平方公尺）的小型建築物屋頂面積的溝槽寬度應為 5 英寸（125mm），落水口應提供一平方英寸（645 平方毫米）的排水面積。

在寒冷的氣候中，儲存空間可能必須在室內或地下以防止收集的雨水結凍。材質則由各種材料製成，包括鋼、混凝土、木材、玻璃纖維或塑料。

雨水回收之後最常用的用途是廁所的沖水。在這種情況下，建築物中的廁所會連接到雨水儲存裝置，而不是自來水系統，這些裝置通常需要使用幫浦將雨水抽到廁所。但如果儲存位置高於廁所的高度，則直接使用重力即可。雨水收集系統通常有一個浮球閥，這樣可以在缺雨期間由建築物供水系統提供沖水用的水。如果廁所使用沖水閥式的馬桶，則需要提供沖水閥所需的最小壓力，通常為10 psi。

雖然雨水本身被認為是乾淨的，但是如果收集、運送、儲存或使用的地方空氣是被污染或有髒汙，則水也會被污染。所以防止污染的最佳方法是讓存放的空間沒有會產生細菌的積水。其他還要防止包括生物污染物如鳥類和其他小動物的尿液和糞便。在屋頂的流動路徑中，雨水也可能從屋頂上的碎屑或建築材料釋出化學污染物。雨水也可能會帶著其他固體顆粒物，如葉子、樹枝和其他碎屑髒汙。如果將雨水用於非人體直接接觸的場所，例如沖洗廁所，則需要的前置處理是用過濾器去除顆粒物。如果將雨水用於飲用水，則需要額外的處理才能對生物污染物進行消毒。

使用並導入當地降雨條件、最適屋頂面積和預期用水需求的軟體，可以讓雨水收集系統最佳化。

太陽能

太陽能的熱非常適用於家庭用熱水的加熱，如太陽能熱水器。對於全年都有家用熱水負荷的建築，如公寓、旅館、醫院和一些工廠，這是很有用的。在世界各地中的獨棟家庭，特別是在非寒帶氣候中，外部水管與管線可以簡化，不需要防凍保護。太陽能的部分將在第 15 章「再生能源」中有更詳盡的介紹。

用水成本的改善

這些各種水處理的措施對於成本負擔有什麼影響？高效率、低耗水的設備和裝置與標準設備的成本雖然差異已經越來越小，但目前還是比較貴。減少從熱水器到使用端的距離通常會降低施工成本，同時也不再需要熱水供應的水槽。高效能的熱水器的成本高於標準型熱水器，太陽能熱水器和雨水回收系統將增加建築的施工成本。總體來說，需要大節約用水的建築物需要付出一些代價，並尋求減少使用石化燃料來加熱水的方法。

用水總結

總之，高效率熱水系統的方法包括盡可能地減少負荷、最大限度地減少損耗、使用高效能熱水器以及將熱水器和配水系統完全放置在定溫的空間內，盡可能地靠近使用端的位置。在此過程中，目標是將需要的熱量降到太陽能熱所能提供的範圍內。同樣對於冷水來說，應盡量減少負荷和損失，能使需求量降到收集的雨水所能滿足的範圍則再好不過了。

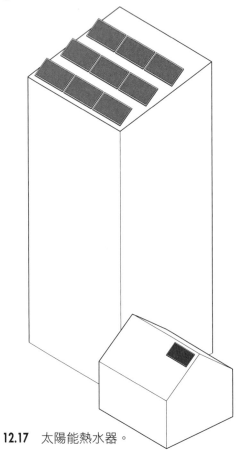

12.17 太陽能熱水器。

13
室內環境品質

室內空氣品質

品質好的室內空氣不會產生令人不舒服的空氣污染物濃度，例如灰塵顆粒、二氧化碳、危險化學物質、煙草的煙霧、不好的氣味、高濕度和生物污染物。空氣污染物形成了建築物需要處理的事情之一，所以對各種建築物的污染物來說，不僅僅於建築物外部形成，它也可以由建築物內部產生。

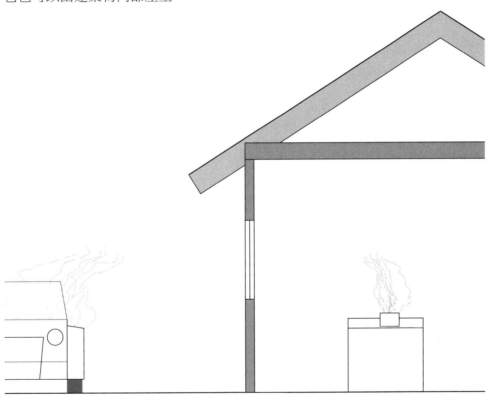

13.01　空氣污染物不僅來自建築物外部，還可能源於內部。

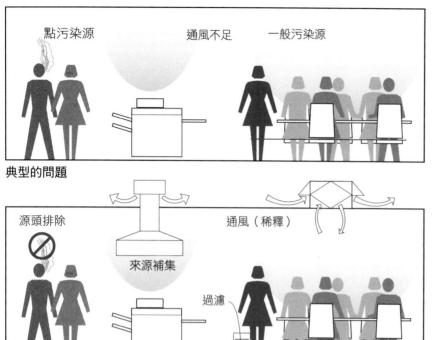

點污染源   **通風不足**   **一般污染源**

典型的問題

源頭排除   **通風（稀釋）**

來源補集

過濾

最佳做法

13.02 提供良好的室內空氣品質的方法。

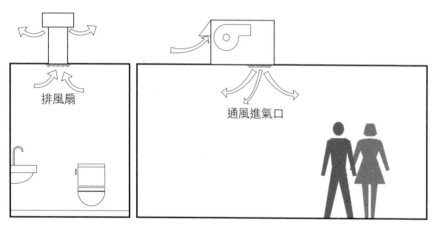

排風扇   **通風進氣口**

13.03 排風扇與戶外通風的區別。

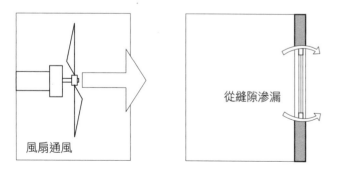

從縫隙滲漏

風扇通風

13.04 通風和滲透之間的區別。

要形成良好室內空氣品質的四個主要方法，分別是減少污染源、污染採集（排除）、過濾和稀釋。而最好的方法是從源頭開始。我們首先消除室內污染物來源，例如禁止室內吸煙或使用低逸散的油漆和地毯。污染物採集（排除）是在污染物到達人類呼吸區域之前進行攔截。這通常針對在廚房和浴室、通風櫥等中安裝排風扇。過濾則是從空氣中去除污染物。前三種方法都是安全且常用的，但是例如從新家具或產品中排出的微量化學物質和呼吸產生出的空氣中的二氧化碳，則是屬於無法被消除、排除或過濾的污染物。所以為了提供良好的室內空氣品質，另外最後一個方法還可以用戶外的新鮮空氣來稀釋，也稱為通風（ventilation）。

為了通風需要，第一步是要有乾淨的戶外空氣，但也可以採取一些措施及技術來確保其實際上盡可能是乾淨的。

對於空氣的自然進出、還是排風扇強制通風，這兩者界定可能會有一點模糊，到底這是污染物排除的用途（如抽風機）、還是用於污染物稀釋的戶外空氣通風。出現模糊不清是因為兩者通常都被稱為通風並一起分析。這兩者經常也相互作用，因為排氣產生負壓也導致外部空氣進入建築物中。

通風和滲漏之間的相互關係，也是容易產生混亂的。通風通常是由機械的風扇引起的。然而，引入外部空氣來稀釋室內空氣污染物，空氣的滲漏也可以產生與通風相同的效果。此外，排風扇和空氣滲漏之間的相互作用也一樣，具有將戶外空氣引入的空氣滲漏也可以有類似效果。另一方面，如果將空氣透過風扇吸入建築物進行通風，但沒有伴隨的排風風扇，則空氣將被推出建築物外。所以討論通風時不可避免地也要連滲漏的討論一併納入。

最後，通風和空調冷房之間也會產生模糊不清，因為我們有時會將通風用於冷卻效果。

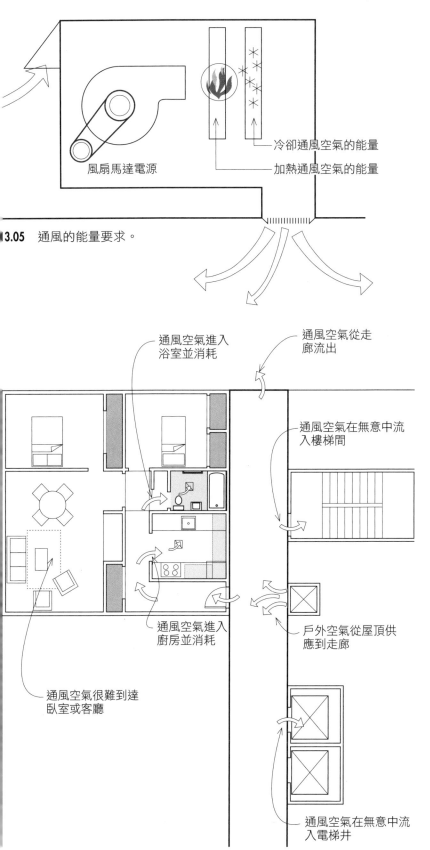

冷卻通風空氣的能量
加熱通風空氣的能量

風扇馬達電源

3.05 通風的能量要求。

通風空氣進入浴室並消耗

通風空氣從走廊流出

通風空氣在無意中流入樓梯間

戶外空氣從屋頂供應到走廊

通風空氣進入廚房並消耗

通風空氣很難到達臥室或客廳

通風空氣在無意中流入電梯井

3.06 通風的空氣並不總是能達到預期的人群活動區域。

通風挑戰

改善室內空氣品質的傳統方法是通風，但是通風也面臨諸多挑戰。

通風使用的能量很大。因為需要電力來運行使空氣通風的風扇轉動的電機。更重要的是，被帶入建築物的外氣也需要使用電力來進行加熱或冷卻。建築物的能源使用率對通風來說極為敏感，通風量增加將導致建築物能源的使用立即並顯著的增加。

將戶外空氣帶入建築物而不會引起居住者的不適，這是另一項挑戰。如果沒有經過加熱或冷卻，戶外空氣有可能在任何溫度下進入建築物。戶外空氣溫度為 32°F（0°C）、70°F（21°C）或 100°F（38°C）時，又或者戶外空氣溫度低於 0°F（-18°C）狀況則是非常不同的。最大的挑戰就是戶外溫度變化時，加熱或冷卻戶外空氣處理所需的能量不斷變化。這個問題在加熱的狀況尤為重要，因為溫差過高造成不舒適的風險很高。所以需要記錄包括通風空氣及其服務的空間過熱、加熱器故障以及由於溫度控制不當而被關閉的通風系統等問題。

新鮮的外氣往往無法達到預期目標人群的空間。例如，在許多高層公寓大樓或旅館，通風空氣從屋頂上方被吸入，並透過走廊牆上的線形出風口傳到走廊，而這通常高於頭部高度。通風系統也設計成可以讓空氣從公寓或旅館房間的門下流入。然而，這種空氣有很大一部分根本無法傳遞給需要的人。相反地，大部分的空氣透過電梯井、樓梯間、垃圾回收區和走廊窗戶從建築物外面流出。只有一小部分空氣從門外流入公寓或旅館房間內，但大部分空氣只會從廚房或浴室排氣中流出。這是因為廚房和浴室通常都設於公寓或旅館房間的入口附近，所以新鮮空氣從建築物形成一個迴路，而沒有到達起居空間、客廳或臥室的人。

類似的短迴路問題，也是無效的通風，常發生在具有空調系統通風管路的建築物中。在許多這樣的建築物中，空氣都是以天花板內的管道供應的，所以空氣從天花板的出風口吹出，又從天花板的回風口返回到管道系統與機器設備，而大部分的空氣不會到達使用者的呼吸區域。

通風的另一個問題是建築物中存在孔洞造成熱邊界的連續性被破壞的後果。這些孔洞應該能夠使空氣流動，不過正確設計的通風系統只有在需要空氣時才開啟通風讓空氣流通。例如，當建築物沒有被使用，辦公大樓晚上是不需要通風換氣的。這些通風孔應該在這些時候被關閉，而調整的阻尼器是可以控制打開或關閉的裝置。但是，空氣是一種流動的流體，也很容易從阻尼器穿透──換句話說就是洩漏。而如果阻尼器壞掉或卡住，常開則造成多餘的空氣洩漏，常關則造成永遠沒有通風效果。

通風是非常難以量測的，通風系統也難以檢查和了解。因此，建築檢查人員通常也無法確定設計或安裝是否有問題。因此，通風系統不僅在建築物完工後才會故障，甚至在建築物被使用前也經常會出狀況。即使通風系統發生故障，建築物使用者或操作人員也不會意識到已經發生問題。比較通風與建築物中的其他相關狀況，如果空調暖房或冷房失效，我們會在幾個小時內知道，因為建築物變冷或變熱。或者如果電梯故障，我們會立即知道。如果熱水器出現故障，我們通常也會在打開水龍頭的時候知道。但通風不一樣，如果通風故障，我們經常不會注意到，有時甚至好幾個月或幾年。

即使通風系統正在運作，而且可以在正確的位置提供足夠的空氣量，但何時減少或增加通風量也是一個挑戰。我們要實現這一個目標可以依照需求控制通風，通常使用二氧化碳感應器，如果二氧化碳濃度過高，則可增加通風量，這是一個通風重大的進步。然而，需求控制的通風通常僅適用於商業建築，尚未在各種其他常見建築類型普遍使用，如獨立住宅、集合住宅或旅館。

通風的另一個問題是，進氣口有時會位於污染源附近。所以，這時不要用戶外空氣來稀釋室內空氣污染物，因為這樣的通風反而將污染物引入建築物。有些部分可以看出車輛排放廢氣的痕跡，如空氣格柵上的黑色髒污，或是有裝卸區或停車場的建築物靠近進氣口。

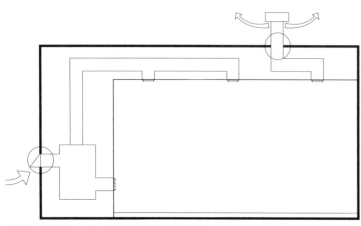

13.07 通風可能會繞過居住者的呼吸區。

加熱、通風和空調系統

13.08 通風口會破壞熱邊界的連續性。

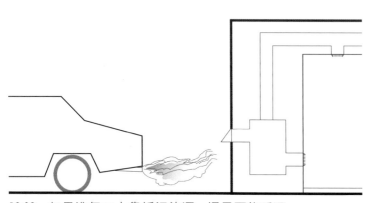

13.09 如果進氣口太靠近污染源，通風可能反而會將污染物引入建築物。

室內空氣品質解決方案

我們從外部的建築物討論到內部的工作，一起看看整體空氣品質與哪些因素有關。

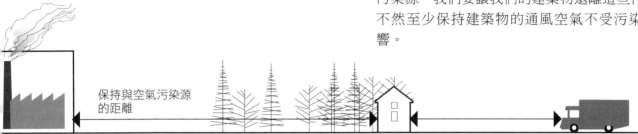

社區

我們一開始選擇一個不受空氣污染嚴重的社區，並試圖減少社區的空氣污染，知道我們的室內空氣品質最多只能和戶外空氣一樣好，所以先避免點污染的空氣污染，特別是汽車廢氣，在車輛交通繁忙的街道或車輛停置的街角。還應調查和避免工業廢氣污染源。我們要讓我們的建築物遠離這些污染源，不然至少保持建築物的通風空氣不受污染源的影響。

3.10 社區防止室內空氣品質問題的策略。

基地

基地的交通方面，當我們安排車輛交通模式和停車空間時，要試圖讓車輛遠離建築物。我們還禁止在建築物附近吸煙，特別是靠近通風進氣口，或是靠近通道和入口處，甚至可能在整個基地全面禁菸。我們力求減少或消除其他位於基地的污染源，如燃燒性機械、化學反應過程和焚燒。最重要的是，我們把注意力放在分級和基地水的管理上。建築物中許多更嚴重的空氣品質問題是由於濕度造成的，特別是如果有地下室，濕度的來源常常來自於進入建築物的地表水。

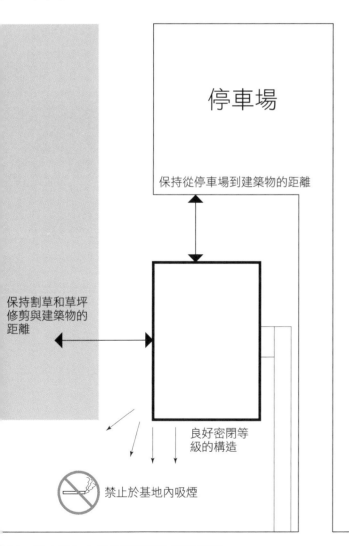

3.11 防止室內空氣品質問題的基地策略。

建築形狀

關於建築形狀，從外部設計的早期階段就開始做了一些工作。具體來說，可以結合較小的建築物占地面積以及避免過高的天花板，以減少通風要求，例如，在住宅大樓（包括公寓大樓）中，多年的通風率要求每小時 0.35 空氣換氣率（Air Changes per Hour, ACH），使用較小的樓板面積，並盡可能避免過高的天花板可以大大降低通風率。例如，美國平均為 2,600 平方英尺（242 平方公尺），10 英尺（305cm）高的天花板的家庭所需的通風率為 152 立方英尺／分鐘（Cubic Feet per Minute, CFM），而 1973 年平均只有 1,660 平方英尺（154 平方公尺）面積與 8 英尺（245cm）高的天花板的家庭，住宅通風率僅需要 77 立方英尺／分鐘，幾乎節省了運送和調節通風空氣所需能量的近 50%。在許多建築規範中，廚房排氣也與每小時的空氣變化差異與廚房的面積和高度相關。

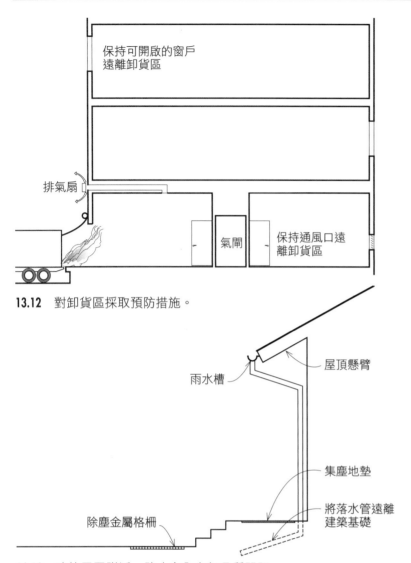

建築周邊

當討論建築周邊功能時，卸貨處存在風險應位於距離通風進氣口較遠的地方。此外卸貨處應有自己的排氣通風，以避免通過囱效應將廢煙引入建築物中。最後，應該卸貨處和建築物之間設立一個強大的保護緩衝空間，例如氣閘（Air Lock）。

13.12 對卸貨區採取預防措施。

我們力求透過盡量減少灰塵和碎屑等裝置（如踏墊和格柵）將顆粒物從建築物中排除以供人們在進入建築物時踩踏使用。再者建築物周圍的水資源管理至關重要，對於築物周邊的情況來說，主要指的是有效地用屋頂雨水排水管，水管收集屋頂雨水，重要的是，如果沒有回收再利用雨水，則要由溝渠將水直接從建築物引導出來。懸的設計可以幫助保護建築物免受雨水入侵影響，導致室內濕度問題。

13.13 建築周圍附近，防止室內空氣品質問題。

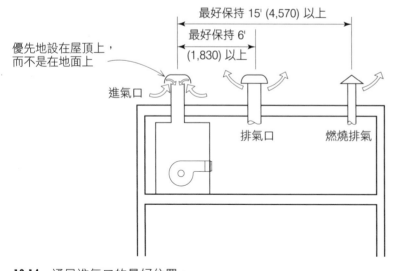

外部皮層

外部空氣進氣口應盡可能地高於地面以上建築物，優先可選在屋頂平面上，這樣空更乾淨且距離像車輛、割草機和其他小型動機設備、以及焚燒產生的煙霧污染源遠。進氣口也應遠離建築物的排氣，包括風排氣口或更重要的燃燒通風口或煙囱。

13.14 通風進氣口的最好位置。

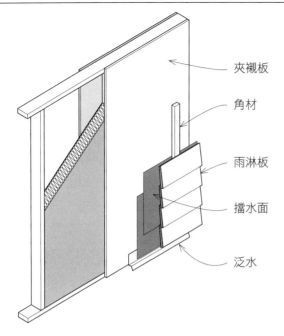

夾襯板

角材

雨淋板

擋水面

泛水

3.15　加強外殼防水性的做法。

水管和落水口將
水從建築基地引
導出來

防護面

設置每 10 尺 6 英寸
的斜坡（1:20）排水

低滲透土壤

自由排水
回填材料

在基腳與基礎牆之間
的毛細管截留

濾布

粗礫石

周圍排水系統

遮陽板上方和
下方的墊片

防水層直接加
在基礎牆外部

伸縮縫用聚氨酯
填縫密封

聚乙烯蒸汽混凝
土緩凝劑

礫石層

3.16　基礎牆上的氣密保護細部。

水管理的重點還包括繼續加強外牆的防水性、
設置強大的保護層。第一層是雨淋板，在雨
淋板後面，一個清楚界定且連續的擋水面可
以阻擋水流的侵入。擋水面可以由油毛氈、
板材、隔熱材以及密封的護套構成。泛水也
構成擋水面的一部分，可以保護窗戶、門和
牆壁的頂部 / 底部的不連續性。防止空氣滲透
的氣密和防雨滲水的功能通常是兩者兼容的，
強烈隔絕空氣滲透的牆壁和屋頂也不太可能
允許水分的侵入。

在地平面下方，防水氈是必不可少的。防水
層的部分應重疊和密封，以防止產生的不連
續性。防水氈最好至少為 10 mil 厚（1 mil =
0.0254 毫米），以避免防水氈被水蒸氣穿透，
即使一點點小問題也可能使水分入侵。板材
的邊緣以及伸縮縫應做填縫，基礎上方的抗
濕性也同時可以抵抗從地底土壤滲入的氡氣，
這是一種無臭的致癌物質。

我們想要減少因通風而引入熱邊界的不連續
性。一種解決方案是使用自動（馬達驅動）
閘閥，當不需要通風時，可以防止雙向的空
氣流動，而不是只能防止單方向空氣移動的
重力閘閥。密封的墊圈閘閥也有幫助，而不
是用許多排風扇周圍常見的未密封閘閥。

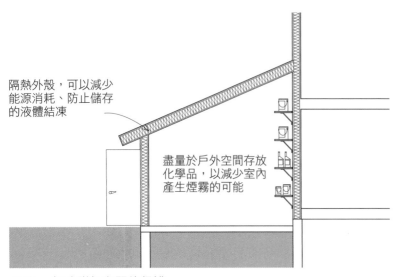

隔熱外殼，可以減少
能源消耗、防止儲存
的液體結凍

盡量於戶外空間存放
化學品，以減少室內
產生煙霧的可能

13.17 加強附加空間的保護。

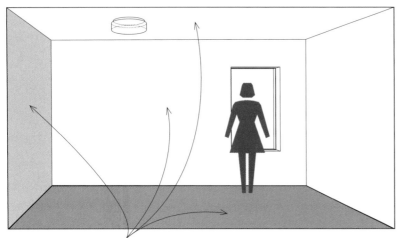

13.18 最大限度地減少化學品在室內裝修和家具中的使用，以促進室內空氣品質。

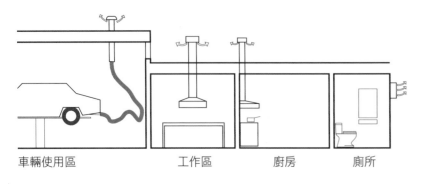

車輛使用區　　　　工作區　　　　廚房　　　　廁所

13.19 使用排氣通風來排除污染源。

無空調空間

由於車輛廢氣容易傳到建築物內，車庫附近的空間面臨使室內空氣品質變差的風險。如前所述，車庫的附屬空間通常也是一個無空調空間，這可以作為一個額外的保護層，以減少熱量的增加和損失。如果規劃一個車庫附屬空間，它還有另一個功能，就是在車庫和建築物之間建立一個強大的保護層，不僅用於隔熱，還用於氣密，以防止煙塵進入建築物。

消除地下室可以大大減少水分的問題。可以考慮將化學品（如清潔液、農藥和塗料等等）之類的儲存物移到附屬的棚屋中，而不要將它們放置在不合格的無空調空間，如地下室或閣樓。建築物與戶外之間可以設一個安全良好的連接空間，具有很強的保護性，在大多數氣候條件下不會有液體被冷凍的危險。在較冷的區域，內部皮層可以保持未隔熱（但仍然是空氣密封）的空間不會結凍，但在這種情況下，外部皮層必須設置隔熱層。透過有效的密封性，強大的保護層也能防止煙塵無意中侵入到使用中的建築物內部。

內部皮層

源頭減量可以從最小化施工中化學品的使用開始，特別是在建築內部皮層的表面處理上，如油漆、地毯和木材表面處理。這在第16章「材料」中會有更詳細的討論。

內部產生

前面在能源的背景下討論內部產生，例如照明和電器，室內內部產生的概念也可以應用於空氣污染物，清潔劑與建築日常中的化學品可以選擇無害的產品使用。吸菸的煙霧可以保持在建築物周圍以外一定的範圍。除了源頭減少之外，還可以考慮源頭排除法，就像廚房排煙氣罩直接排放到戶外而不僅僅是將空氣循環回到空間。浴室排風扇是源頭空氣排除的另一種形式。源頭排除的原則可能會擴展應用到其他污染源，如車庫、膠合和勞作活動的區域、車輛服務區域以及儲存化學品的地區都適用。

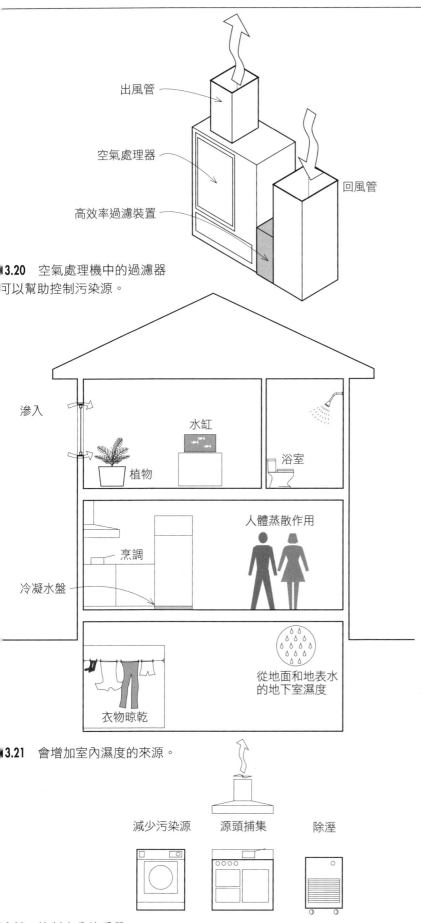

出風管

空氣處理器

回風管

高效率過濾裝置

3.20 空氣處理機中的過濾器可以幫助控制污染源。

滲入

水缸

浴室

植物

人體蒸散作用

烹調

冷凝水盤

從地面和地表水的地下室濕度

衣物晾乾

3.21 會增加室內濕度的來源。

減少污染源　　源頭捕集　　除溼

3.22 控制水分的手段。

除了源頭控制之外，也可以使用過濾法，可以考慮使用更高效率的微粒過濾器或甚至化學過濾器，而非只在空氣清淨處理機中使用低效率的過濾而已。空氣處理機與其中的濾網應緊密安裝，以防止空氣從旁流過而降低濾網的過濾效果。過濾器的外殼也應用墊圈密封以防止漏氣。

另一種獨特的內部控制形式是濕度控制。濕度是室內空氣品質問題的主要原因之一，它會損害材料並讓黴菌增長。濕度來自許多室內來源：烹飪、人體蒸發、植物蒸散、淋浴和洗澡、衣服晾乾、儲存在游泳池或水族箱中的水、以及水管的洩漏等等。如前所述之外，水分也會由戶外侵入內部，雨水和地下水透過混凝土的基礎、牆壁和樓板侵入。當戶外濕度高於室內濕度時，如夏季，濕度也會透過空氣侵入到室內。

室內濕度控制對於良好的室內環境品質至關重要。最好將相對濕度保持在 60% 以下，以保持低於 70% 的安全水平，這是讓黴菌不要滋生的關鍵指標濕度。

像往常一樣，源頭減量是減少室內濕度的最有效方法。可以透過在戶外晾曬衣服或用具有良好通風的烘衣機來達成、使用高效的洗衣機讓少許的水即可洗淨衣服、使用低流量蓮蓬頭、限制室內植物數量並選用防止漏水的盆栽。已經完工的空間後來裝設的空調設備，冷凝水很有可能因為沒有整體設計而堵塞並溢出，應考慮空調設備下設置的二次冷凝盤，當有溢出的時候，應顯示異常。源頭排除法也可以與廚房和浴室排風扇一起使用。最後，除濕是一個安全且是非常有效的策略，有些機器除濕的設定值與溫度設定值是分開的，除濕機除了除濕外，還可以有空調的效果。

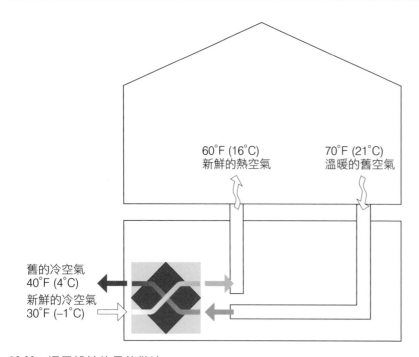

60°F (16°C)
新鮮的熱空氣

70°F (21°C)
溫暖的舊空氣

舊的冷空氣
40°F (4°C)

新鮮的冷空氣
30°F (−1°C)

13.23 通風設計的最佳做法。

通風

可以透過通風系統減少或消除許多潛在的室內污染物。另外還可以考慮全熱交換式通風，這減少了對外部空氣加熱和冷卻的需要，也減少了一些溫度控制的難度。這種方法結合了通風與過濾──將戶外空氣引入同時集中排除（如浴室排氣）一起引入這個系統，但是排出的空氣不能像廚房的排氣一樣，會讓熱交換器被弄髒。對於有空調的建築物，可以採用稱為「能量回收通風」的熱回收形式，讓其傳遞熱量和水分。這在夏季不需要水分時會將水從建築物中排出，並在冬季保持建築物內的水分，進一步減少能源消耗。夏季能量回收通風的濕度控制效果只有在建築空調的情況下才能獲得，如果建築物沒有空調，能量回收通風有可能在夏天的室內保有過多的不必要水分。

熱能或能量回收通風系統應將設備以及所有用於調節空氣的管道系統都設置於熱封層內，而不是設於戶外，安裝於屋頂的設備和管道系統將因為傳導和洩漏而將能量流失到戶外。熱回收系統與建築外殼設計良好且完整，可以讓空氣在進入建築物之前就預先加熱或冷卻，並減少空調加熱或冷卻系統的負載。

通風系統具有不同的能源效率。對於具有 ENERGY STAR 標章的系統，通常效率高達 500 CFM（Cubic Feet Per Minute，立方英尺分（ft³/min）），所以可以選用能源之星的系統，以確保風扇和電機系統的最低效率等級以及低噪音程度。對於較大的排風扇，還需要選用包括高效率電機、最小的風扇和電機系統效率，例如能源之星所要求的最低 2.8 CFM/walt，並考慮可調整的變風量馬達驅動。只要風扇和電機本身都不超過尺寸，適當調整的管道和格柵也可以減少風扇的功率。平衡和整體氣密性也有助於整個系統的有效性，使風扇電機可以用最小的功率達到所需的通風量。

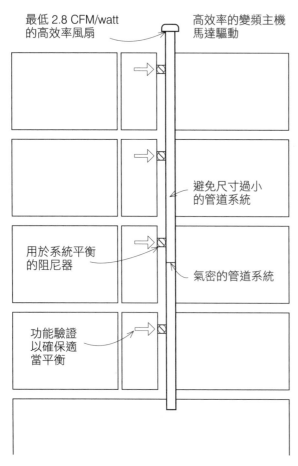

最低 2.8 CFM/watt
的高效率風扇

高效率的變頻主機
馬達驅動

避免尺寸過小
的管道系統

用於系統平衡
的阻尼器

氣密的管道系統

功能驗證
以確保適
當平衡

13.24 熱回收通風。

應注意通風出風和回風的位置。外部空氣應引進於不影響人體的位置,並且最小化溫差的問題。同時提供新鮮空氣,確保在回風抽走之前到達人們的呼吸區域。為了達到更高水準的效果,通風可能被設計成從房間靠近地板部分進入,並從天花板高度離開(依常用暖房或冷房調整),反之亦然,且房間的兩端設有開口。

3.25 透過適當放置供氣排氣點實現有效的通風。

| 夜間 / 沒人時段 風扇關閉 / 阻尼器關閉 | 清晨 / 人少時段 風扇仍然關閉 / 阻尼器關閉 | 早上 / 一般時段 風扇低速運轉 / 阻尼器打開 | 正午 / 人多時段 風扇打開 / 阻尼器打開 |

3.26 控制通風。

通風控制系統也可用於節約能源。考慮設置獨立通風,除了加熱或冷卻氣流之外,還可以獨立控制送風,如果有必要時再進行加熱或冷卻。通風控制可以隨著使用人的數量增加而增加,人數減少就減低通風,沒有人使用時就關閉。這種根據使用需求而控制的通風,包括定時器控制的通風、使用分區多個子系統,甚至使用窗戶進行自然通風。

通風系統的功能驗證非常重要。在建造建築物時就需量測通風程度。並連續且即時的偵測,可以使用下列形式的量測,例如在溫度控制的牆壁旁邊顯示二氧化碳濃度或結合二氧化碳感應器的自動監測,在通風不良時發出警報或其他指示燈提醒。

對於特殊的排氣通風來說,例如商業用的廚房排煙罩、帶有冷凍機壓縮機的房間和實驗室的通風櫃,可以將空氣直接供給到設備終端來節省能源。這可以在不需要加熱或冷卻整體空氣的情況下完成所需的排氣。應注意這種直接供應的戶外空氣不會產生舒適性的問題,例如,空氣可以在商業廚房的排煙罩後面加入導管,直接提供空氣並將有害的污染物抽走,獨立進行處理不會對靠近排煙罩附近工作的人造成不適。

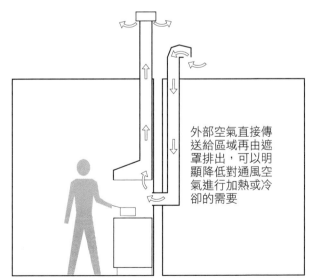

外部空氣直接傳送給區域再由遮罩排出,可以明顯降低對通風空氣進行加熱或冷卻的需要

3.27 排煙罩通風。

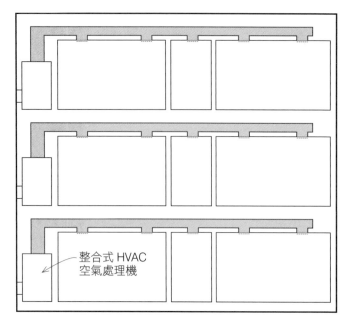

傳統的方式：將通風與加熱和冷卻系統整合成一體。

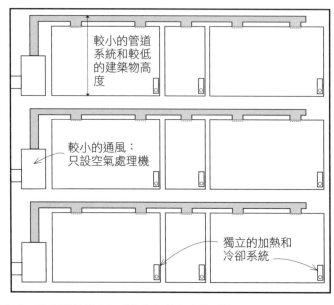

獨立式通風方式：將專用外部空氣系統與加熱和冷卻系統分開。

13.28 通風系統與加熱和冷卻系統分開。

目前有開發將加熱和冷卻系統與通風系統分離的趨勢。傳統上，商業建築都是將通風系統與加熱和冷卻系統結合在一起，它們可以在最一般的零售賣場的屋頂上看到：箱型的是加熱和冷卻單元，小的三角形構件則是通風進氣口的遮罩。在較大的商業建築中，進氣口通常是一個大的格柵，將空氣運送到中央暖氣或冷卻的空氣處理機。然而，由於以下幾個原因，在綠建築中需要將通風與加熱和冷卻系統分開：

- 減少風扇的功率。通風所需的空氣氣流通常比加熱和冷卻用的氣流要小好幾倍。所以大型中央空調的風扇，在不需要暖房和冷房的時間，可以減低風扇的功率，降低能源的使用。
- 允許更精確的控制通風空氣的流量，並將加熱和冷卻的氣流分開。
- 允許更多的個人化調整加熱和冷卻的通風。
- 讓建築物中的空氣壓力更加平衡。例如，一般的小型屋頂有通風口可以吸入通風空氣，卻不會排出任何空氣，因此對建築物來說是一種加壓的行為，而這產生問題，例如牆壁中的冷凝現象。
- 設置較小的管道系統，從而降低天花板至地板的高度。

自然通風也是另一種選擇。自然通風使用建築物的開口，如可開啟的窗戶、細流通風設備、牆壁和窗戶下方的小開口以及促進煙囪效應的高塔或風機、浮力驅動的氣流等。風力發電機、屋頂安裝的渦輪通風機可用來引導建築物中的空氣流動，而建築物中的通風通常在較低部位讓空氣進入。自然通風可由使用者控制，如可開啟的窗戶或可以自動控制的智慧窗，如果是固定窗則無法控制。

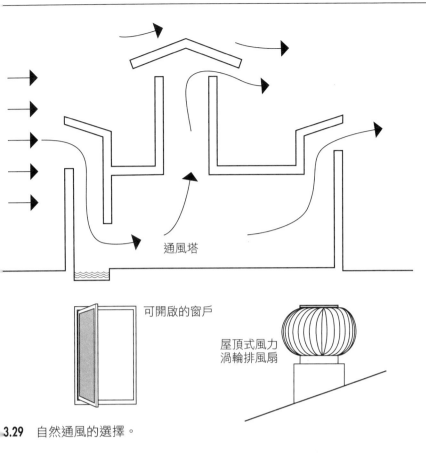

通風塔

可開啟的窗戶

屋頂式風力
渦輪排風扇

3.29 自然通風的選擇。

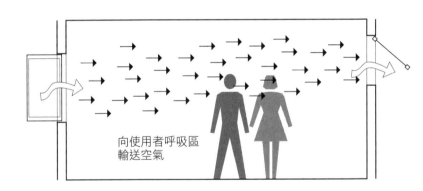

向使用者呼吸區
輸送空氣

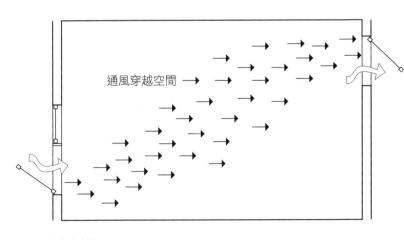

通風穿越空間 →

3.30 有效的自然通風。

BREEAM 系統裡面提供廣泛參考的自然通風方法，包括兩個層次的自然通風控制：高流量去除臨時的異味，低流量則提供連續通風空氣。有穿透的通風是一個重要的策略，在可行的情況下，在空間的相對兩側設置開口。對於浮力驅動的通風，必須注意通風空氣流過建築物的路徑。新鮮空氣必須傳達到使用者呼吸區域，以達到更好的效果。

應該說明的是，自然通風穿透建築物的路徑與建築內部的區隔剛好互相衝突。因此，應考慮這兩種方法的權衡及其相對收益。和室內的穿透通風與分區的衝突來比較的話，使用建築全面的浮力驅動自然通風的衝突較小。

驅動自然通風的主要力量包括浮力和風力，這兩者都不容易很好地控制，因此自然通風有著高度的不可預測性。其中優點包括節省風扇功率，在開窗的情況下，由使用者控制。缺點則包括通風不足、導致通風不順、室內空氣品質差或過度通風、太多能源用於加熱或冷卻通風的新鮮空氣等。雖然自然通風有時用於溫度控制，但其主要目的是透過戶外空氣稀釋污染物來改善室內空氣品質。

通風改善如何影響建築物的成本呢？由於減少通風需求也把建築的尺寸減少了，同時也降低了施工成本。避免污染來源通常成本是中性的，用低洩漏率的填塞緊密控制建築物外殼的通風洩漏增加了成本。使用低毒性塗料、表面材料和地毯來減少逸散來源通常會增加成本。全熱交換通風系統也是建築成本的一個較大的項目，應透過整體的生命週期營運成本（Life-Cycle Operating Costs）進行思考。通常在使用時間高的建築物中相對是非常划算的，但對每天只需要幾個小時的通風需求的建築來說可能不太有吸引力。將通風系統與加熱和冷卻系統分離通常會增加成本，因為需要將管道系統分別獨立。通風的控制設備，例如二氧化碳控制則通常也會使施工成本稍微增加。

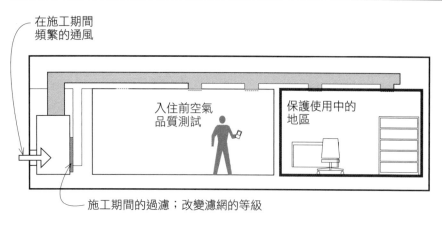

為了能夠長期維持室內空氣品質,我們經常需要採取措施,以防止建築物和建築設備在施工過程中受到污染。這些步驟包括施工過程中的通風、對空氣清淨機和管道系統進行除塵、保護正在進行裝修的家具或建築物中已完工的區域,並確保異味和排氣已經被新鮮的空氣充分地稀釋,例如透過空氣品質測試方法進行。

13.31 在施工期間防止污染的手段。

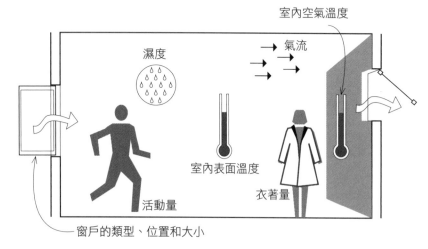

熱舒適

背景

傳統上,影響舒適度的最主要因素就是室內空氣溫度。隨著時間的經過,另外的一些因素也被歸類為熱舒適性的條件,包括濕度、氣流、服裝、活動量、周圍表面的溫度,如牆壁和地板、會發生輻射熱傳遞的窗戶和其他物理因素。最近,戶外的空氣溫度也越來越被關注了,其他還包括個人的個別差異、敏感度和對建築環境的心理反應作用也受到影響。

舒適不足的影響包括情緒不佳、生產力低下、對人體免疫系統有負面影響。高溫的空氣溫度可能會導致有室內空氣品質變差的感覺。溫度控制不良的影響包括疾病、熱衰竭、體溫過低甚至死亡。

其他不同的影響還有濕度控制不佳,這不僅影響熱舒適性,而且也影響建築物內的材料。高濕度會導致黴菌生長等問題,在建築構件如木製的延伸部位,也容易在表面上冷凝。而低濕度不僅會導致人體皮膚乾燥和龜裂,還會導致木材、紙張和薄膜等材料的乾燥和破裂。濕度的波動也會導致材料的應力和損壞,如開裂和翹曲等現象。

13.32 影響熱舒適性的因子。

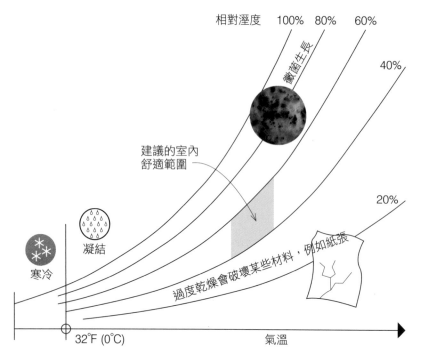

13.33 濕度對熱舒適度的影響。

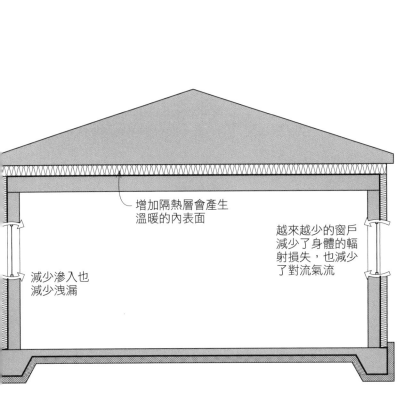

增加隔熱層會產生
溫暖的內表面

越來越少的窗戶
減少了身體的輻
射損失，也減少
了對流氣流

減少滲入也
減少洩漏

3.34 綠建築在解決熱舒適性方面的優勢。

3.35 擁有可開啟的窗戶使居民能夠更好地調整和適應當地氣候條件。

綠建築即使在採取具體解決熱舒適性步驟之前，一般具有舒適性不佳的問題也較少。牆壁和屋頂的保溫性在冬天保持了這些構件的內部表面溫度。較少的滲漏性也減少了損耗，同時也減輕了夏季戶外高濕度與冬季室外濕度較低的濕度影響，不過要注意低滲漏可能會在某些條件下對室內高濕度產生一些風險。減少的窗戶減少了身體的輻射熱損失，也減少了對流氣流。能源回收通風系統則可以保持在冬季戶外和夏季室內的濕度。

溫度的分層也可以由避免拱形天花板和降板設計來減低，另外建築物是否具有良好分隔也是關鍵因素。

儘管已經由綠建築提供了不錯的條件，但我們仍然需要完整的計劃並思考可接受的熱舒適度範圍，更深入調整。

量測舒適度

室內舒適因子主要由空氣溫度和濕度所組成。更詳細的因素包括諸如空氣風速、輻射溫度、衣服穿著量、空氣壓力和身體代謝率等來確保特定空間是否可能對特定的使用人員產生舒適感。

使用者的調查形成了一個重要的計畫方向，用來衡量建築物是否能提供良好的熱舒適性。大部分的原則、標準和準則中，規定至少有 80% 的使用者認為建築物的總體熱舒適性是舒適的。

最近的研究更表明，對於有些住戶來說，並不需要長時間待在空調空間，只要有可開啟的窗戶，他們對於熱舒適、對於溫度的容忍範圍更加寬廣。這些人似乎有能力適應當地的氣候條件而自身進行調整，例如開啟和關閉窗戶或調整衣物穿著量，但這對於採用中央空調的封閉式建築物的住戶來說，這種情況並不常見。這樣的發現導致在自然通風建築物中出現了另一種量測熱舒適度的方法。

目標／需求

實現熱舒適度最常見的目標是採用 ASHRAE 標準 55「人體舒適熱環境條件（ASHRAE Standard 55, Thermal Environmental Conditions for Human Comfort）」，不論是透過設計手段或經過量測和驗證，抑或兩者皆是。ASHRAE 55 建立了主要基於溫度和濕度所控制的舒適區域範圍，我們可以在其中尋求室內空氣的舒適條件，並透過使用空氣濕度線圖（Psychrometric Chart）建立符合 ASHRAE 55 標準的熱舒適範圍。

另外如前所述，還可以採用使用者調查來確定對熱舒適度的滿意度。

在建立專案目標之前，或在設計開始之前，可能需求不僅僅是需要符合例如 ASHRAE 55 標準而已。具體來說，以下問題的答案將為建築物的使用者提供熱舒適性：

• 哪些空間會被冷卻？
• 哪些空間將被加熱？
• 哪些空間需要溫度控制？

前兩個問題似乎是不言而喻的，但值得一提的是，有些空間實際上不需要加熱或冷卻，或者同時兩者必須兼備。

結合以上問題 —— 哪些空間需要冷卻？可以思考是否需要整棟建築物冷房的問題。機械空調包括與熱舒適性有關的兩個不同功能：降低建築物的空氣溫度並減少其濕度。對於許多地區的氣候狀況及人們來說，空調並不是必要的，甚至被視為一種奢侈品。如果各種被動式冷卻策略是可行的，則應該仔細的被探討。我們之前已經解決了其中一些問題，其中包括遮陽板以減少太陽照射、減少滲漏的熱回收通風、增加隔熱、設計較小的建築尺寸、簡化建築形狀、減少內部熱量、減少照明熱得等等。事實上，根據氣候和具體的建築需求，我們的空調需求實際上可能已經不存在。前面提到的最近關於人類適應於沒有空調空間能力的發現，也進一步證實了沒有空調也能夠達到一樣的舒適性。

然而，在許多氣候和許多建築用途中，如果我們想要保持舒適和健康的室內環境條件，完全避免空調是根本無法實現的。對許多人來說，我們已經習慣有空調一段時間，並對空調產生了很高的依賴。綠建築推動可能會大大減少空調，理論上，在許多情形它可以讓建築物採用無機械通風。然而，實際設計時可能仍需要考慮在建築物的未來還是有設置機械空調設備的需求性。

第三個問題是至關重要的：哪些空間需要溫度控制？這個問題的答案將對熱舒適性和能源使用產生重大影響。有很多方法可以實現溫度的控制，因此，關於這些熱舒適性目標在早期決定可能會影響所選擇的加熱和冷卻系統的模式，以及在量測基礎上和居住者感受的基礎上傳遞熱舒適度。

13.36 一個重要的問題是：哪些空間需要有溫度控制呢？

管道式系統通常無法為
每個空間提供單獨的溫
度控制

風機盤管系統通常為
每個空間提供單獨的
溫度控制

3.37 管道和風機盤管系統的比較。

第一個策略是在專案需求文件中定義熱舒適度目標和要求，如業主專案需求。

接下來，選擇溫度控制的策略。在中央空調使用初期的階段，需要感應並控制溫度的建築物區域數量很少，例如建築物的入口，或是建築物的北、南、東、西都用單一的溫度控制即可。但是今天這種情況並不常見。然而，基於這樣是較簡單的全建築溫度控制策略，我們仍然不常為每個空間提供單獨的溫度控制。這就是綠建築需要仔細檢討並選擇可用的地方，因為每個空間中的單獨溫度控制將提供更多的熱舒適性，並提高更高的能源效率。

大多數非自然通風、從管道系統、中央處理主機到住宅的加熱爐和管道式熱泵，都不為每個空間提供溫度控制的機會。即使使用恆溫控制的使用端設備來為空氣處理主機提供多個溫度控制的可變風量（Variable-Air-Volume, VAV），系統通常也不含有為每個空間提供溫度控制的調節。將機械通風系統的尺寸縮小，只需要足以滿足單一的房間，並且根據每個房間的需求調整應用是更可行的方案。

因為這些系統在每個空間中沒有辦法做單一的溫度控制，所以它們被迫將溫度感應器設置在由系統服務的幾個空間其中一處，或者平均設置在所服務的各種空間中，這導致熱舒適性被折衷。當某個空間有來自其他地方不同溫度的氣流流經時，空間中發生的任何事情都會影響其空調的空氣溫度，無論是打開照明還是關閉照明、機械運作與使用者人數增加或減少、或太陽能熱得有無發生，都不被系統適當地反映，也因此幾乎無法保證空間的舒適度。

相反地，諸如獨立式風機盤管系統（Fan-Coil Unit, FCU），或稱小型送風機，通常可以給每個空間一個溫度控制的可能，因為每個系統對一個空間提供服務，且每個系統都有其自己獨立的溫度控制。

在這裡，我們回到建立一個專案的熱舒適性初期，必須提出的關鍵問題：需要獨立的溫控制嗎？如果這個問題的答案是肯定的那麼我們相當強烈地建議採用非管道系統（如風管型系統）當成暖房和冷房的架構，輻射型系統則是另一種選擇。

我們將在下一章更詳細地討論加熱和冷卻間的選擇，但是熱舒適性影響加熱和冷卻統的選擇是至關重要的，這一點不容忽視。

實現熱舒適目標的其他策略包括適當調整加熱和冷卻設備及相關配電系統。設備當然要具備足夠提供所需的加熱和冷卻的能力如果系統尺寸過小，則不能提供足夠的加熱和冷卻需求，空間會讓人感到不舒服。反之當今的綠建築標準也不鼓勵過度的設計，成熱舒適性風險和能源浪費。

空間內的空氣流速和位置也會影響熱舒適性的感受，所以需要透過空間設計來改善。否則即使空間內的溫度是舒適的，穿越建築物的強烈氣流也會導致人體不適。

前面已經提過可開啟的窗戶允許居住者在每個空間的基礎上可以自由調整通風來增加熱舒適度。如果建築物要提供可開啟的窗口則重要的是提供的可開啟窗口的數量。回想一下，每個可開啟的窗口都是一個潛在的洩漏部位，所以應仔細選擇可開啟窗口的數量和位置，以滿足使用者控制通風的需要，而不應單純地假定所有窗戶都需要可開啟。

熱舒適系統的功能驗證是另一個重要的策略這包括必要的記錄、傳遞熱舒適度的量測和驗證，以及區域改善舒適度不足的改正措施

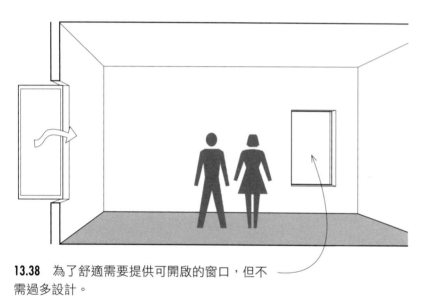

13.38 為了舒適需要提供可開啟的窗口，但不需過多設計。

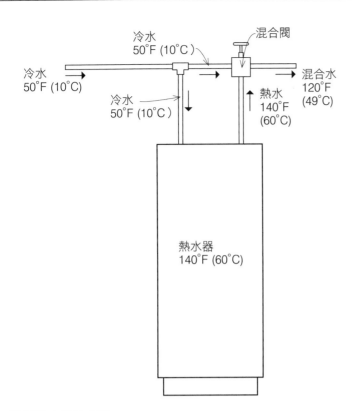

冷水
50°F (10°C)

混合閥

冷水
50°F (10°C)

冷水
50°F (10°C)

混合水
120°F
(49°C)

熱水
140°F
(60°C)

熱水器
140°F (60°C)

3.39　控制熱水器的水溫。

水質

綠建築中的規範、標準和指南的水質有時會被忽略。也許我們認為在建築物中提供良好的水質已經是必要的條件,然而,水質不夠良好可能隱藏著重大的健康危害。

綠建築中應提供乾淨的飲用水。如果處理過的自來水不是飲用水的唯一來源,若要使用井水、雨水或循環回收的水,則必須進行充分的過濾和處理才行。

另一個相關的議題,在建築物中應該設法將水做好管理,以消除軍團病(也稱退伍軍人病,Legionellosis 或 Legionnaires disease,一種傳染性細菌)的風險。這必須保持夠高的熱水溫度以殺死軍團菌,但也不需太高溫,以避免能量損失或燙傷的風險。有效的策略是煮滾水放在熱水爐,然後在使用前使用混合閥加入冷水降低其溫度使用。另外也應設法讓冷卻塔的水流動並定期清洗,以避免軍團菌(退伍軍人病)的孳生。

聲學設計

良好的聲學設計包括防止從戶外傳入建築物的不必要噪音、聲音從建築物的大空間傳到建築物中安靜的空間、進出空間時造成的雜音也讓人不舒服。

戶外噪音源可能包括重型機械、交通工具,甚至下雨落在隔音差的屋頂上。

與熱舒適度相比,綠建築通常比傳統建築物更加隔音,原因有二:
1. 氣密性佳、較低的滲漏性也意味著經過孔和裂縫的噪音傳播會更少,因為這也是噪音傳遞的主要途徑。
2. 更多的牆壁和屋頂隔熱也帶來更多的隔音效果。

綠建築還常常可以防止建築物內的大面積噪音空間的聲音傳播,例如有吵雜音樂的空間或機械設備室;對於其他地區的噪音傳播,尤其要防止噪音傳播到聲音敏感的空間,如會議室、私人會談室和音樂表演空間等,可以由之前針對節能的熱區劃和分區來達成。

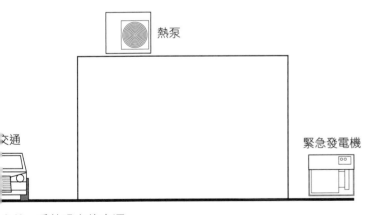

熱泵

交通

緊急發電機

3.40　戶外噪音的來源。

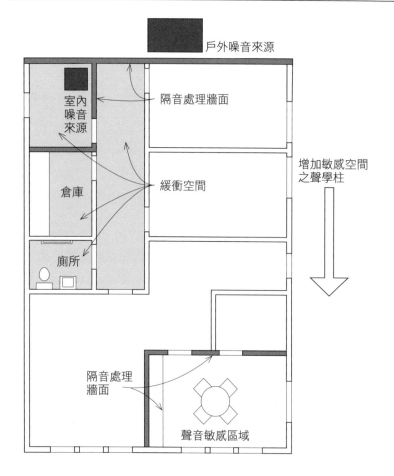

13.41 將聲學敏感空間與噪音隔離的做法。

圖中標示：
戶外噪音來源
室內噪音來源
隔音處理牆面
緩衝空間
倉庫
廁所
增加敏感空間之聲學柱
隔音處理牆面
聲音敏感區域

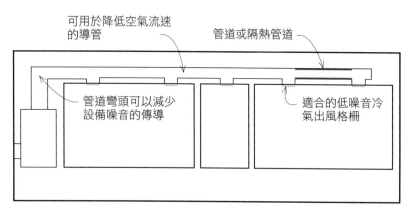

13.42 如何透過管道系統和格柵及出風口降低氣流中的噪音。

圖中標示：
可用於降低空氣流速的導管
管道或隔熱管道
管道彎頭可以減少設備噪音的傳導
適合的低噪音冷氣出風格柵

但我們不應該一開始就假設綠建築將會阻隔所有的聲音問題。減少潛在的噪音源、找出聲音敏感空間和聲音傳輸可能的路徑是一個很好的做法,並在設計早期階段就解決它們。

從外部開始,從建築物的方向和形狀可以將主要的戶外聲音來源的影響最小化。而在建築內部,可以將聲音來源隔離。對於聲音敏感的空間,如果到達內部的噪音仍然太高,也可以單獨隔離這些空間。

應特別注意建築物內的主要噪音來源,如空調設備和電梯。這些區域應優先在建築物內實體隔離,透過配置和在它們的裝設位置之間設置緩衝。然後,應再放置適用於牆壁、天花板和地板且適當的聲音傳播等級(Sound Transmission Class, STC)並具有聲音密封性的隔音門進行聲音隔離。

空調管道和格柵及出風口的氣流也是噪音的主要來源之一,設置足夠寬的管道可以適當的降低空氣流速、設置轉角和其他實體隔離器、隔音管道並正確地調整格柵和出風口的尺寸。如果水管尺寸過小,水的流速過高,水管中的水流也可能是令人反感的噪音源。以材質來說,鑄鐵管道的傳輸噪音低於塑料管道。最後考量一下其他常見的噪音源:影印機和印表機、餐廳和休息室以及廚房。避免忽略了異常或間歇性噪音源,例如可能需要常常進行短期、定期測試的緊急警報等。

我們為不同的空間類型建立不同的聲級目標,並遵循最佳做法來實現特定性的目標。專案功能驗證的文件中應完整記錄要求。其中應包括測試要求,以確保品質控制。如有需要,更可以聘請專業的聲學工程師或聲學顧問作為專案團隊組的一員,以在此過程中提供專業指導。

14
加熱和冷卻

加熱和冷卻系統在建築設計、施工和營運中經常會面臨許多挑戰。它們可能極其複雜或成本高昂，也容易引起舒適性、噪音、能源集中、維護頻繁、實體尺寸龐大等問題，對建築設計有重大影響。簡單說，最好的加熱和冷卻系統是讓人完全忽略的 —— 看不到、聽不到，也不會引起不適。

加熱和冷卻應該是最後一層的保護。然而，加熱和冷卻系統大多設於建築物的熱封層中。傳統上，加熱和冷卻設備都被放置在容易造成大部分加熱和冷卻損失的地方，靠近或接觸外部區域 —— 室外、屋頂、地下室、爬行空間、閣樓、牆壁空心處、地板空心處、靠近窗戶或外牆。而一個新興的共識原則是，建築物的空調最好從內部核心開始往外暖房或冷房，而不是從外部向內進行。

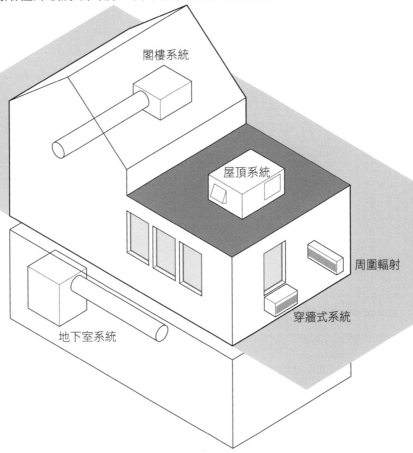

閣樓系統

屋頂系統

周圍輻射

穿牆式系統

地下室系統

14.01 從建築物的外緣往內進行加熱和冷卻，這樣會損失很多能量。

天然氣　　燃油　　丙烷　　電力　　生質能

燃料類型

鍋爐　　熱爐　　熱泵

加熱系統

蒸氣或熱水　　加壓空氣　　冷媒

中介管道

14.02　加熱和冷卻系統的分類。

系統類型

可以透過了解可用的系統來最有效地選擇加熱□
冷卻系統。

加熱和冷卻的系統有多種分類方式。第一種可□
透過使用的燃料類型來分別：石化燃料型燃燒□
統，如天然氣、石油、煤或丙烷的系統；電熱□
統，如熱泵或電阻加熱器；生物質系統，例如□
燒木柴、木片或木屑的生質系統。第二種分別□
熱系統的方法是用於產生熱量的系統，包括單□
加熱空氣的熱爐、加熱水或蒸汽的鍋爐，或是□
以同時加熱空氣或水的熱泵。第三種則是用加□
系統管道的類型作為區分方法：傳輸蒸汽、熱水
加壓空氣或冷媒都不同。另一種加熱系統也可□
是單獨的、沒有輸送的管道，例如電子式牆腳□
爐、櫃式暖氣機、房間暖氣機，或在工廠中常□
的紅外線加熱器。

並沒有所謂最好的系統。這些分類只是證明了□
統選擇時是複雜的。但是，這樣可以幫助我們□
始了解系統選擇，並在選擇系統的初期找出關□
的問題：包括是用什麼燃料？選擇何種加熱和□
卻系統？應該選擇何種管道輸送？

歷史提供了我們看待暖氣系統一個不同的角度□
1900 年之前，使用木材在壁爐裡燒是很普遍的□
蒸汽和熱水系統則在 20 世紀上半葉才大部分的□
用，在此期間，使用重力驅動的管道也有一些□
用的情形。加壓空氣的管道式系統在 20 世紀下□
葉則大受歡迎。近年我們更已經出現了以冷媒□
主的冷媒空調系統和地源熱泵系統。應該說明□
是，舊的系統仍然是很受歡迎的，熱水系統雖□
看起來很老式，甚至更過時的蒸汽加熱系統在□
些新建築物的設計中也還可以看到。

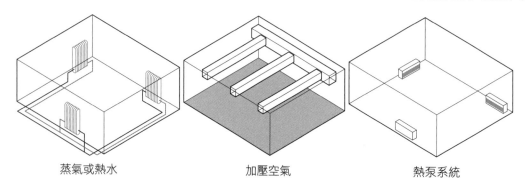

蒸氣或熱水　　加壓空氣　　熱泵系統

14.03　供暖系統的歷史發展。

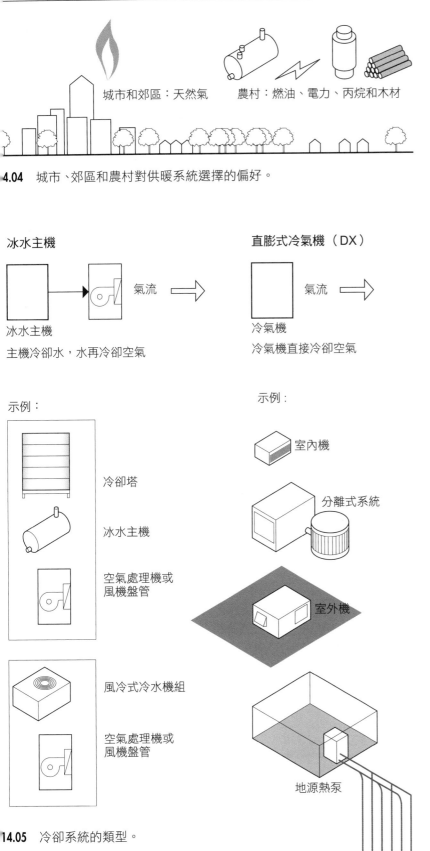

城市和郊區：天然氣　　　農村：燃油、電力、丙烷和木材

4.04　城市、郊區和農村對供暖系統選擇的偏好。

冰水主機

冰水主機 → 氣流 →

冰水主機
主機冷卻水，水再冷卻空氣

直膨式冷氣機（DX）

冷氣機 → 氣流 →

冷氣機
冷氣機直接冷卻空氣

示例：

冷卻塔

冰水主機

空氣處理機或
風機盤管

風冷式冷水機組

空氣處理機或
風機盤管

示例：

室內機

分離式系統

室外機

地源熱泵

14.05　冷卻系統的類型。

地理因素在加熱系統選擇中有著密切的關係，特別是燃料的選擇上。都市和市郊可以優先選擇天然氣，因為基礎建設包含煤氣管道佈設，而農村地區的丙烷、燃油、木材、煤油和電力型則占主導地位。在美國南部，自 20 世紀 80 年代以來，熱泵由於在溫和的戶外空氣溫度下效率很高、以及與溫暖氣候中所需的空調系統相結合而變得普及。在國外，許多尚未採用中央型的暖房和冷房的供給系統、或是石化燃料系統及管道系統發展歷史較短的國家，也會採用獨立控制的空調主機。

冷卻系統大致分為兩類：冰水主機系統——先製造冰水，再以冰水冷卻空氣，以及直接膨脹（也稱直膨式冷氣機，Direct Expansion, DX）系統，其中熱交換器中的冷媒可以直接冷卻空氣。然而，冷卻系統也可以以其他幾種方式分類。如果整個系統是放在一個箱子當中的形式，我們稱之為「箱型系統」；另外其他類別包括吸頂式系統，這種在便利商店或零售店家都很常見；或是現在比較少使用的室內箱型冷氣機，常用於飯店和汽車旅館的小型空間；還有可以說是最便宜的冷卻設備形式的窗型冷氣。如果系統由兩個部分組成——包括室內機與戶外機，這就是分離式冷氣機，可以細分為風管式和非風管型或無風管式的冷氣機系統。風管型的系統在郊區可說是無處不在，也是今天最常見的空調形式。無風管系統是美國以外最常見的系統。對於大型的建築物來說，冷凍機可以透過壓縮機的類型（離心式、渦卷式、螺桿式、往復式）或散熱類型（水冷或氣冷）進行分類。

建築物類型和大小也會影響選擇的系統類型。大型建築傾向於擁有鍋爐和冰水主機的模組，用水作為熱交換媒介。小型建築則傾向於選擇可以直接加熱和直接膨脹冷卻的直膨式冷氣機，而不使用水作為中間傳輸介質。

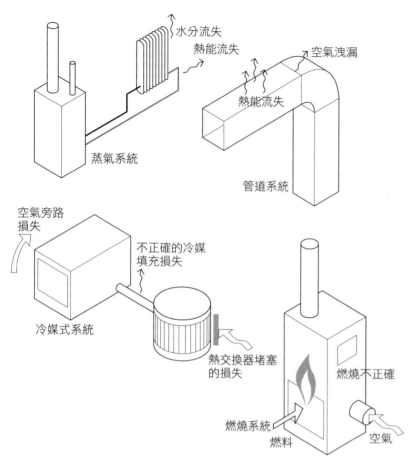

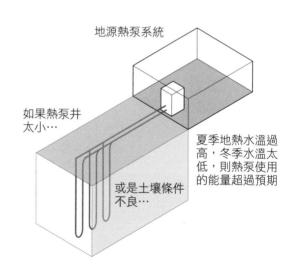

系統缺點

不同的系統類型有不同的缺點或弱點。

蒸汽系統常消耗過多的水和能量，通常超過40%。加壓的空氣系統則會遇到管道的空氣洩漏和熱損失通常在 25-40% 的範圍左右。冷媒式的系統原來僅用於冷卻功能，但現在越來越多也用於熱泵的加熱，因為不正確的冷媒補充，也經常導致大概在 10% 和 20% 之間的損耗。以上都還受到主機進行熱交換時室外機附近植物生長阻擋的影響，或髒污影響空氣濾網效率和空氣洩漏的影響，這些都會迅速增加主機的用電量。除此之外，石化燃料型燃燒系統也可能有不正確的燃燒情況。

任何系統都可能會被錯誤裝設。例如，如果管道系統設計不正確或者安裝錯誤，且水溫過高，則裝滿水的鍋爐運轉時將會效率低落。如果氣流不足或地熱井太小或太淺，地熱的發電運作也會效率很低。

另一些系統則將問題帶入到與加熱或冷卻系統本身無關的建築物空間中。例如，許多石化燃料系統需要在建築物中適當開口，這些開口用來吸入用於燃燒的空氣，並且在燃燒之後排出廢氣，通常是煙囪。而煙囪通常會排出超過燃燒所製造的空氣，而導致更多冷空氣進入建築物中消耗加熱能源。另一個例子是穿透牆壁空調管線將外部空氣帶入建築物中，或是連接的五金透過熱橋現象增加熱損耗。

14.06 各種加熱和冷卻系統的缺點。

14.07 應用加熱和冷卻系統的問題。

戶外到內部的原則

在戶外環境下，加熱和冷卻的重點是將加熱和冷卻系統完全地放在熱封層中。將系統放置在熱封層外部或地下室等無空調空間，會將建築物的能量損失提高到 10% 以上。

在熱封層中放置加熱和冷卻把綠建築的選擇簡單化：

- 避免在無空調的空間（如地下室、爬行空間和閣樓）中放置暖房和冷房的設備及其配電系統。
- 避免在屋頂或戶外放置加熱和冷卻系統主機。這裡我們指的是空氣處理機或箱型主機，這些加熱和冷卻設備影響室內空氣與戶外空氣之間的流動。而不是指散熱設備，如冷卻塔、氣冷式冷水機組或冷凝機組，因為這些不涉及室內空氣與外部的換氣，且根據規定應位於戶外。
- 避免在已經完整熱密封的空調建築中引入需要開口的燃燒系統。換句話說，避免氣密加熱系統以外的開口加熱型系統。
- 避免經由牆壁或窗戶安裝的設備，這可能會引起建築物空氣洩漏。
- 避免只在內部皮層內部提供熱量，如窗戶下方、在外牆上或在無空調的空間或上方的地板上。

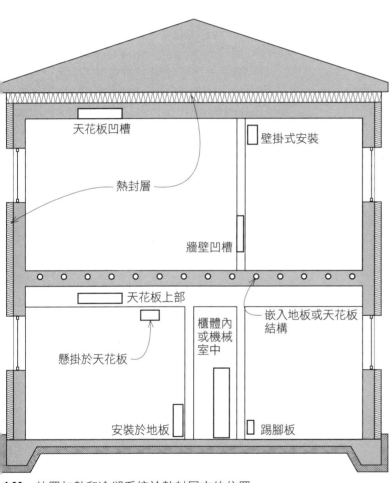

天花板凹槽
壁掛式安裝
熱封層
牆壁凹槽
天花板上部
櫃體內或機械室中
嵌入地板或天花板結構
懸掛於天花板
安裝於地板
踢腳板

4.08　放置加熱和冷卻系統於熱封層中的位置。

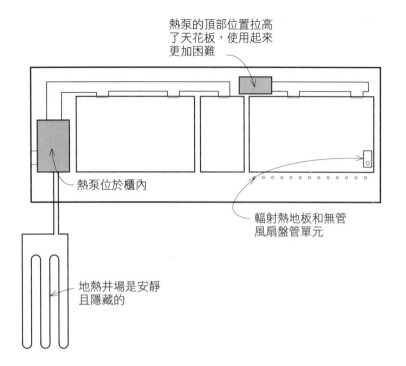

熱泵的頂部位置拉高
了天花板，使用起來
更加困難

熱泵位於櫃內

輻射熱地板和無管
風扇盤管單元

地熱井場是安靜
且隱藏的

14.09 地源熱泵系統。

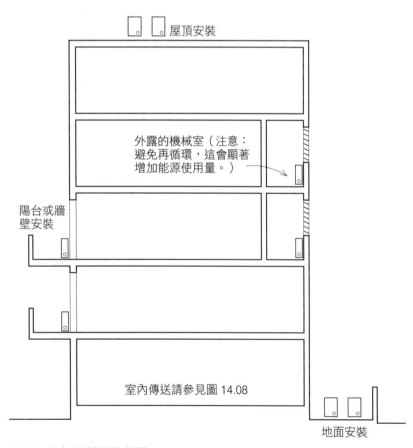

屋頂安裝

外露的機械室（注意：
避免再循環，這會顯著
增加能源使用量。）

陽台或牆
壁安裝

室內傳送請參見圖 14.08

地面安裝

14.10 空氣源熱泵的位置。

儘管我們將這樣的決定範圍減少了，但簡化
之後仍然有許多選擇可以嘗試。

將地源熱泵的熱泵置於熱封層中，可能是最
有效的加熱和冷卻選項。最好避免將熱泵放
在熱封層的外面，例如放在屋頂、地下室、
爬行空間、戶外地面或閣樓上。如果使用機
械空氣通風系統，管道系統應完全氣密。並
注意熱泵所在的位置，以避免壓縮機的噪音
和振動傳播到使用空間中，同時也易於維
修。櫥櫃是放置管道式熱泵的好位置，不但
能隔離噪音，在使用上也相當便利。也可以
設於天花板上方，但這使得主機如果損壞難
以維修，也因為厚度增加了尺寸，所以也增
加了建築物的高度。地熱系統對於視覺觀感
以及噪音的減低來說有不錯的幫助。因為戶
外的熱交換器被埋設於地底，所以不會有冷
卻塔、冷凝器、屋頂構件或其他不好看的設
備在地面或屋頂上，也減少這些設備占據的
面積以及產生的噪音。

空氣源熱泵則是另一種選擇。這些系統在世
界各地被廣泛使用，美國市場也正在逐步接
受當中。這些系統中變風量熱泵提高了效
率，同時也提高了其在戶外低溫下的容量，
更適合應用在北方氣候。熱回收型的熱泵可
以對內部核心空間或其他冷卻空間的建築物
進行有效的同時加熱和冷卻。冷媒管道的損
失低於水或蒸汽管道的損失，所以能夠以相
佳的較低功率輸送能量（泵和風扇的功率）。
這些系統的設計往往比中央空調系統更容
易，例如鍋爐和冷凍機系統。

因為這些小主機通常以較小的容量製造，因
此大型建築物需要多個設備。這些小尺寸主
機也提供了安裝靈活性。這樣小型的空調系
統可以被模組化安裝而不需起重機搬運，否
則整體中央空調系統的組件太大，根本不能
裝進一般的電梯中運送。

目前無風管的加熱和冷卻系統的最大限制在
室內機和室外機之間最大長度約為 500 英尺
（152 公尺）。同樣地，目前在室內機和戶外
機之間的最大垂直高度大約為 300 英尺（91
公尺）。所以設置時還需要找到戶外機的適
當位置。

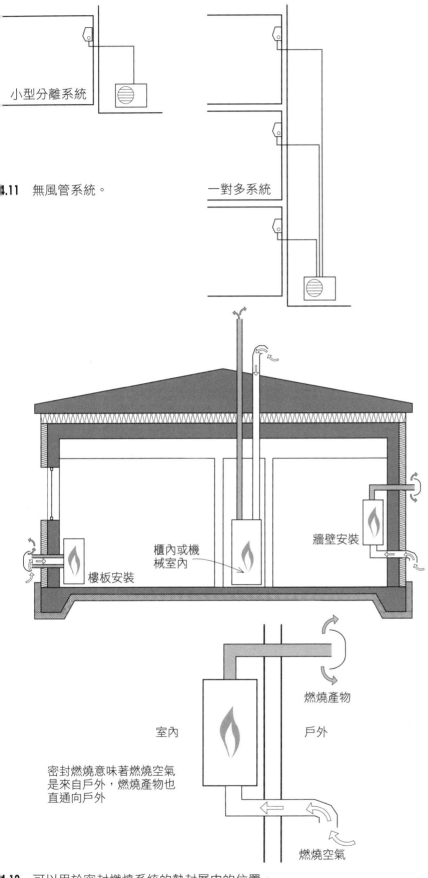

小型分離系統

一對多系統

4.11　無風管系統。

樓板安裝

櫃內或機械室內

牆壁安裝

室內　　　戶外

燃燒產物

燃燒空氣

密封燃燒意味著燃燒空氣是來自戶外，燃燒產物也直通向戶外

4.12　可以用於密封燃燒系統的熱封層中的位置。

無風管系統有兩種類型，一種是一台戶外機對一台室內機配合使用的小型分離式，另一種是一台戶外機連接多台室內機的多對一型式。

選擇石化燃料系統是另一種選擇。這些包括密封型燃燒的鍋爐、或安裝在熱封層中的壁櫥或機械室，以及天然氣型的暖氣機。

對於鍋爐系統，最好的選擇是不將加熱器安裝在外牆上，因為裝在那裡會將熱損失直接透過牆壁傳遞到建築物的外部。輻射地板空調是另一種選擇，儘管不適合需要快速改變室內空氣溫度變化的建築物，或者在時間內需要顯著溫度下降的建築物。不過即使以隔熱來說，輻射地板也會在建築物地板上造成一些問題，例如樓板的熱量損失。

密封燃燒型、燃氣型、通風暖氣機是其他的選擇。請注意不要將有外部循環或只有內部循環的暖氣機混淆了，這些密封型暖氣機的外觀和工作方式都與外部通風加熱機相同，只不過它們是將燃燒產物排到生活居住空間內。所以開放型的暖氣在綠建築中是不好使用的，因為其會在建築物內部影響濕度和燃燒副產物。就像電熱暖氣系統一樣，這些系統都只能在暖房而不能提供冷房使用。

對於幾乎所有可選擇的系統來說，包括鍋爐、窯爐或熱泵 —— 應盡可能找出採用變速風扇和幫浦馬達的可能，這些通常可用於大多數的設備，從大型的到小型系統都有。在大型系統中，這些由變頻器、變頻驅動器（Variable-Speed Drives, VSD）或可調速驅動器（Adjustable Speed Drives, ASD）的控制裝置調整。在小型系統中，它們簡稱為變速電動機。可應規定輸出不同的暖房和冷房系統功率，如加熱爐、鍋爐和熱泵。其他更實惠的替代方案則可以考慮比平常容量系統更有效率的複合式系統。

電氣式暖爐，例如踢腳板加熱器或箱體式暖氣機，可放置於每個房間內。這在綠建築中是不太常見的，因為電阻產生的熱一直以來都被認為是昂貴且低效率的加熱形式。根據電力來源的差異，電熱型產生的碳排放也可能較高，所以不會是綠建築的首選。然而如果可以採用再生能源作為建築物的電力使用，例如風能或太陽能的能源，或者如果建築物被設計為具有非常低或接近零的熱需求，則電熱暖爐也提供了低熱損失的優點，且對建築外殼無影響，安裝成本低、也方便控制。

屋頂型的暖房和冷房系統，在單層建築物如零售商店中非常常見，這適合綠建築嗎？目前發現屋頂型空調系統的能量損失是很明顯的。因為屋頂型的空調非常難以將整體冷暖空氣密合。由於這些空間中的空氣相對於室外是處於正壓或負壓，因此空氣容易透過孔縫和孔縫滲漏進入這些系統中。且室外空氣和室內空氣都會流經這些系統內部，但設備內只有一片薄薄的金屬板將室內空氣與室外空氣分開。這樣的分隔也容易產生許多潛在的空氣洩漏現象，例如管道中電力、控制線路的穿透、頂部接合的縫隙，側板以及在底部的金屬分隔接合部位，以及許多螺絲構件的穿透。此外，這些隔板如果靠近戶外，有很多的鈑金接縫處、檢修孔容易產生洩漏，讓空氣從部位內流出。這些單元所使用的隔熱層通常只有 1 至 2 英寸（25.4 和 50.8 毫米）厚而已，比建築物牆壁內或屋頂構造內的更薄。另外還有一些額外的損失會發生在管道連接的部位，屋頂上穿透暴露於外的管道系統以及與下部建築物的管道系統連接處。隨著時間的推進逐漸老舊，這些系統的狀況及效率都會越來越惡化，因為這些部位在建築物屋頂上看不見，也不太容易維護，同時暴露在風、雨和陽光曝曬下特別容易損壞。簡言之，放置於屋頂型的機械空調系統為綠建築帶來許多能源上的風險。

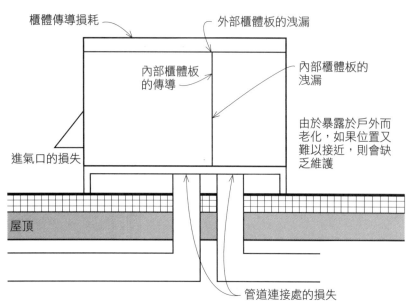

櫃體傳導損耗

外部櫃體板的洩漏

內部櫃體板的傳導

內部櫃體板的洩漏

由於暴露於戶外而老化，如果位置又難以接近，則會缺乏維護

進氣口的損失

屋頂

管道連接處的損失

14.13 屋頂型系統的缺點。

對大型中央暖氣與冷氣系統或空氣處理系統來說，放置在機械室的中央空調可能比裝設在屋頂、閣樓或地下室的系統效率更高，但它們仍然存在多種能源問題。這些問題包括未充分隔熱或沒有充分隔熱的管道和線路，例如管道產生的空氣洩漏和管道直接的熱損失，而且即便管道隔熱良好，也沒有洩漏現象，所需的風扇功率也很高，但如果要為空間提供大量的空氣，風扇需要將空氣從機械室吹送到空調空間的距離是很遠的。中央空氣處理機也需要較大的管道系統。因此，天花板上方的空間需要保持很高的間隔，影響總體建築高度和成本增加 10% 至 20% 或更多。從管道系統的天花板空間引入機械室和空調空間之間可能產生的另一種損失，就是透過天花板上部空間而流失的能量。

這些對於加熱和冷卻的中央空調機械室和大型管道系統形成挑戰，將管線和輸送配置於加熱和冷卻的空間內似乎是更好選擇，這樣幾乎可以沒有設備和管線的損失，而且可以不依賴隔熱材和氣密材質。另外也有許多系統提供了不同的選項，例如無管道、分離式的熱泵在世界各地許多類型的建築物中是常見的，包括巨大的高層建築中。地源熱泵可以產生與前述差不多的效率，儘管熱泵系統大多數是管道構成，所以尚須考量因管道損失以及需要用於地熱水泵系統的電力。某些種類的燃料燃燒的室內暖氣機也可以提供室內暖房，不過沒有冷卻功能。水冷式風機盤管型是另一種也可以採用的選擇，有著低風扇功率、無管道損失和良好的區域控制，雖然有泵送運輸的損耗，不過還是值得採用。

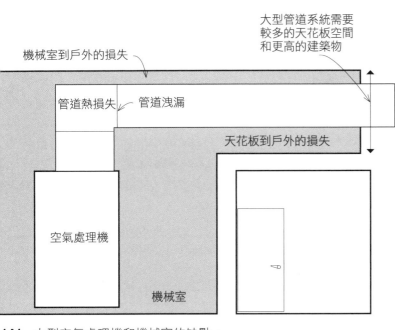

大型管道系統需要較多的天花板空間和更高的建築物

機械室到戶外的損失

管道熱損失　　管道洩漏

天花板到戶外的損失

空氣處理機

機械室

4.14　大型空氣處理機和機械室的缺點。

如前所述，在空調分區的背景下，中央空調的空氣處理機是與風扇功率不成比例的大型消耗者。由於現在可以使用由許多小型的風扇盤管組成的變風速馬達，大型的空氣處理機（稱為可變風量或 Variable Air Volume, VAV 系統）中的變風速馬達擁有的能源優勢已逐漸減少，與較大的系統相比，小型的管道式系統的風扇電機功率可以明顯減少。另外，正如前面通風選擇考量中所討論，使用大型空氣處理機來整合通風的需求本身就是有問題的，通風在大型空氣處理機中的整合導致有些空間產生不必要的使用，沒有將通風及加熱和冷卻分離會浪費更多能源，也經常導致過度通風。由於這些原因，大型中央空氣處理機可能不像分散式系統那樣有效，例如無管式熱泵、地源熱泵或水冷的小型風機盤管。

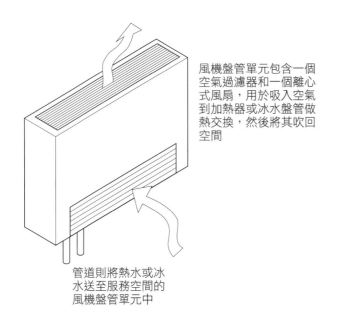

風機盤管單元包含一個空氣過濾器和一個離心式風扇，用於吸入空氣到加熱器或冰水盤管做熱交換，然後將其吹回空間

管道則將熱水或冰水送至服務空間的風機盤管單元中

4.15　水冷式風機盤管單元。

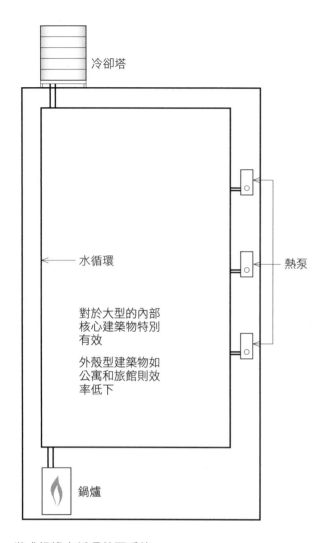

冷卻塔

水循環

對於大型的內部
核心建築物特別
有效

外殼型建築物如
公寓和旅館則效
率低下

熱泵

鍋爐

14.16 塔式鍋爐水循環熱泵系統。

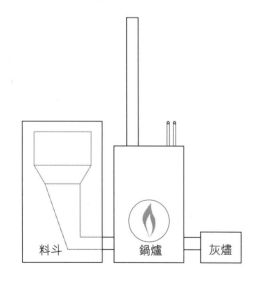

料斗　　鍋爐　　灰爐

14.17 生質燃料系統。

塔式鍋爐水循環熱泵系統是另一種選擇。這些鍋爐同時作為熱源和冷卻塔，成為戶外的散熱源，與空調空間進行加熱或冷卻的熱泵結合使用。鍋爐、冷卻塔和熱泵都可以在水循環中加入或減少熱量。

然而，塔式鍋爐水循環熱泵系統的效率比較低，除非裝置在重要的建築物內部核心中，因此不能只以外殼包覆為主。換句話說，塔式鍋爐的水循環熱泵最適合置於建築物的中央核心較不需空調的建築物，在冬季寒冷的氣候條件下朝建築物的周圍往內加熱或冷卻，這尤其對大多數建築都是封閉式的構造（如家庭、公寓、大多數旅館、單層零售商店和小型辦公大樓）來說，塔式鍋爐水循環熱泵系統與其他具有明顯的能源使用和碳排放的系統，如石化燃料加熱系統、地熱熱泵和空氣源熱泵也是一種主要可用的選項之一。由於封閉式建築物中的鍋爐水循環熱泵不能從戶外、地面或多餘的熱空間獲得熱量，所以也無意中導致部分石化燃料暖房或部分電熱暖房的建築物造成較高的使用電熱的成本和能源狀況。

對一般綠建築的專案來說，常見的共通問題是先利用地源熱泵設計建築物，然後在專案預算過高時更換為塔式鍋爐水循環熱泵。這是以外殼為主的建築物最常見的錯誤，這將造成可用的效率很低且產生很高的碳排放。

另一個加熱方案是生質燃料系統。生物質基包括木頭顆粒、木屑和原木等燃料。使用生物質作為加熱燃料的優點是，如果考慮生長生物時的碳吸收能力，對碳排放的影響很小。然而，傳統的舊式柴爐是開放系統，需要空氣進行燃燒和排氣，這也意味著可能產生不必要地滲透。較新的柴爐可直接與戶外空氣連接，所以可視為密封式燃燒系統。近年來更引進了生質的熱水鍋爐，通常不會將它們直接安裝在建築物的加熱核心內，因為它們需要位於可裝載生質燃料的位置，此外燃燒後的灰也需要被去除和處理的。最後，生質系統只提供加熱的熱量，而沒有辦法產生冷卻的效果。不過生質系統的低碳排放量仍值得在一些建築物中考慮使用。

4.18　在房間內裝置風機盤管單元。

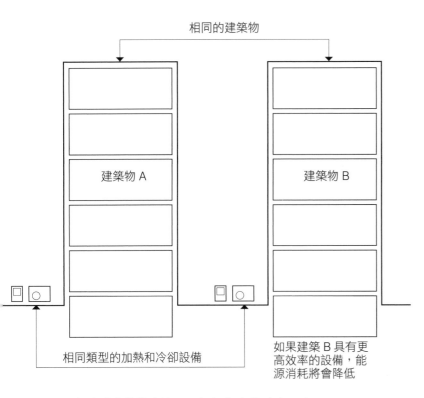

4.19　更高效率的系統將節省能源，但初期安裝成本更高。

4.20　一種用於估算能源成本的簡單公式。

高效設備的節省可能表示為：

$$1 - (E_{low}/E_{high})$$

E_{low} 效率較低，而 E^{high} 效率更高。例如，與 80% 高效鍋爐相比，95% 的高效鍋爐將節省 1 - (0.8 / 0.95) = 16%

綠色設計時也面臨一個重要的加熱和冷卻的決定，就是是否要在室內安裝設備？選擇包括壁掛式、安裝在地板或天花板的小型風扇盤管主機。室內安裝設備的好處是：減少配電損失、減少配電風扇功率、提供區域溫度控制、消除天花板上方空間或管道系統下方空間的需求，同時降低裝設成本。不過室內安裝設備的唯一缺點可能是噪音問題和不美觀。

儘管如此，在室內放置設備有悠久的歷史。例如，地板安裝的鑄鐵加熱器是早期加熱系統中的固定裝置，現在仍然被廣泛使用。另一個例子是，學校經常使用的窗戶加熱和冷卻系統。在美國以外的地區，無管式風扇盤管在許多國家是普遍存在的。如果室內機主機對於特定建築物來說是不可接受的，則天花板做內凹的風扇盤管也是另一種選擇，同理，壁櫥或其他隱藏位置中需裝設風扇盤管也是如此。要避免的是一種穿透牆壁的系統形式，例如透壁式空調、窗型的空調主機或類似的熱泵系統。它們在牆壁上產生很大的滲漏，也顯示出導致空氣滲漏和傳導的熱損失。

系統效率

不同的加熱和冷卻系統有著不同的效率。一般來說，更高效率的系統可以節省能源，但初期裝設的成本比較高。通常，隨著時間的推進，節省能源成本越來越划算，所以高效率系統的初期較高成本是合理的，但這應該透過電腦的能源建模來確認。

最低設備效率是能源規範中所規定的，其中許多通過聯邦授權的效率標準在美國各地進行了微調。高性能建築標準（如 ASHRAE 189 和國際綠建築規範）中建議或要求更高的設備效率，並受到諸如能源之星或者當地州以及公用事業能源計劃等的鼓勵。高效率設備的安裝成本和營運成本在折衷的設計過程中可以經由電腦建模進行檢查與確認，所以能源成本的估計也是可以快速簡單的。

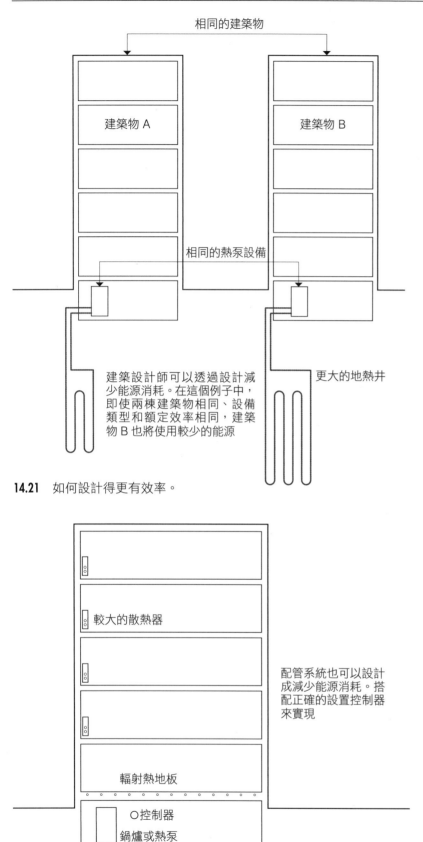

相同的建築物

建築物 A

建築物 B

相同的熱泵設備

建築設計師可以透過設計減少能源消耗。在這個例子中，即使兩棟建築物相同、設備類型和額定效率相同，建築物 B 也將使用較少的能源

更大的地熱井

14.21 如何設計得更有效率。

較大的散熱器

配管系統也可以設計成減少能源消耗。搭配正確的設置控制器來實現

輻射熱地板

○控制器
鍋爐或熱泵

14.22 設計管道系統以提高效率。

值得注意的是，特定設備的額定效率並不會直接轉化成在特定氣候中的特定建築物在額定效率下的功率。此外，建築設計專業人員需要以各種方式對設備的實際運行效率進行差異的控制。例如，如果土地有明顯的地熱資源或存在導電條件的土壤，則地源熱泵會更有效運行，也允許地面上更多的熱傳遞。相反地，如果土壤熱條件差或熱源較小，則系統的作業效率就較低。類似的，如果冷卻塔過大，冷卻系統將有更高的效率。

在建築物內循環水的加熱設備中，例如供熱水的鍋爐系統或熱泵，如果管道系統的尺寸夠大可以使水溫較適當，則整體系統將以更高的效率運行。某些類型的配置系統，如地板輻射熱系統，如果設計得當，本質上提供水進行熱交換所需的大表面，效率高的關鍵是回水回到鍋爐或熱泵的水溫是比較低的，這代表效率良好。

如果要充分獲得這些控制溫度策略，則需要相應地設置系統控制，這會產生明顯的潛在效率效益。例如 130°F（54°C）運行的冷凝鍋爐，如果使用較大的散熱器將其回水溫度降至 90°F（32°C），則水溫原本 87% 效率將提高至 95% 以上。其他如輻射地板、熱泵，效率增加會更加明顯。在 104°F（40°C）下加熱工作的熱泵回水溫度和性能係數（Coefficient Of Performance, COP）為 3.1，在 90°F（32°C）回水溫度下，其效率提高到了 3.8 COP，代表提高了 23% 的效率。

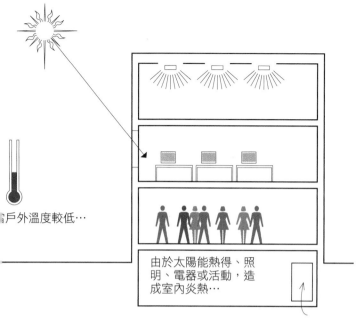

另外還有更多提升加熱和冷卻設備效率的方法。其中許多都是節能法規要求的,特別是較耗電的大型設備,其他雖然不需要規範,但可以同樣適用,包括:

- 自然冷卻(Free Cooling)。也被稱作空調節能器(Economizers)。這些系統使用涼爽的戶外空氣或外部空氣冷卻的水,以便在戶外涼爽的時候對建築物進行空調,通常用在秋季時對建築物的內部降溫。
- 根據戶外情況重設冷水、熱水和送風溫度。透過改變加熱和冷卻系統的溫度來提高系統效率,例如當戶外溫度比較溫暖時可以降低鍋爐系統中的水溫,天氣寒冷時再提高系統中的水溫來提高效率。

近年來幾乎可以確定,過大的加熱和冷卻系統會導致能量損失。這些損失的原因主要是設備運轉週期過長。能源規範和綠建築的標準越來越要求設備不要過量設計,或是指定變頻容量的設備,讓其在滿載和部分負載時都較省電。

另外,如前所述,綠建築空調無效的影響也應該牢記在心。因為超量設計是不佳的,並不意味著尺寸過小就是好的。一個體積或功率不足的空調系統將導致建築物的舒適性降低,一個在冬季太冷或夏季太炎熱的建築物都是非常糟糕的。加熱和冷卻系統最好不要過小,也不要過大,必須根據需求配置適當大小。

選擇燃料

任何綠建築專案中一個重要決定是如何選擇加熱燃料。這種燃料選擇通常具有其他效果,常常成為建築中其他的需求而使用,例如:加熱家用熱水、在廚房中烹飪使用以及在洗衣房烘乾使用。

加熱燃料包括太陽能熱能、熱泵電力、電阻熱、天然氣、燃料油、丙烷、煤油、生物質和煤等等。對具有區域供熱系統的城市或校園區域來說,購買蒸汽或熱水也是一種其他選擇,儘管這些其實還是被上述燃料之一加熱產生的。許多工業系統在工業過程中也產生了許多免費廢熱,熱電聯產(Cogeneration,Combined Heat and Power,縮寫:CHP 或稱汽電共生)是另一種熱源,透過上述燃料的燃燒,可以利用主機同時產生電力和有用的熱量。

由於太陽能熱得、照明、電器或活動,造成室內炎熱…

戶外溫度較低…

節能器可以引進外部空氣來自然冷卻

4.23　自然冷卻。

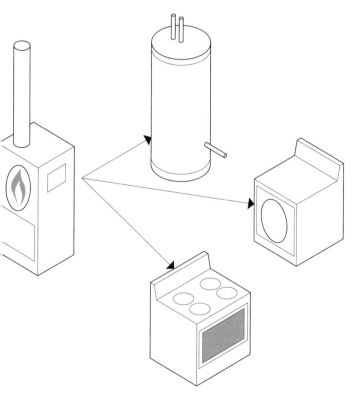

.24　加熱燃料的選擇通常會影響到諸如熱水、烘衣機和爐子等設備的燃料類型。

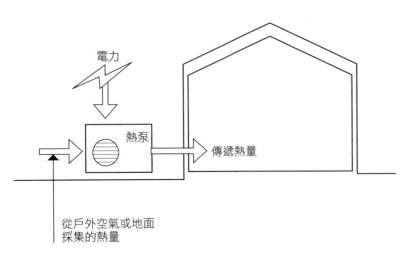

電力

熱泵

傳遞熱量

從戶外空氣或地面
採集的熱量

14.25 熱泵系統。

14.26 天然氣能夠比較乾淨地燃燒，但是卻是有限的資源。

14.27 生質材料是可燃性燃料且可快速再生的資源，所以被認為是碳中和的。

由於碳排放量高，某些燃料不太適合考慮用於綠建築專案中。這些包括燃料油、煤油、丙烷和煤。這使得太陽能熱能、電力、天然氣和生物燃料成為綠建築燃料加熱最有可能的候選類別。

在第 15 章「再生能源」將針對太陽能熱能做討論，本章的重點是討論非直接形式的熱量。

除了幾乎是零能耗的建築物或熱負荷非常低的空間外，應排除使用電力產生電阻熱形式的方式，因為電阻熱是建築物暖房中相當高成本的方法，電力是屬於高能量的能源，且將電力這樣的二次能源又轉換成單純熱量的使用，是一種低效率的使用方式。

當電力與熱泵一起使用時，透過從戶外空氣、地下土地或地下水中獲取的熱量來增加系統效率。熱泵現在可能是綠建築增熱中最廣泛使用的方法。如前所述，除非專門用於具有較大核心區域，或內部增暖的建築物可以適用塔式鍋爐熱泵系統，其他類型都比較不適用於綠建築中。

另一些綠建築使用天然氣。天然氣燃燒是相當乾淨的，在過去幾十年中都選擇這種高效率的方式。缺點是天然氣是有限的資源，且天然氣開採到了近期發展已被發現對環境產生重大不利影響，包括空氣、水和土壤污染等問題，由於鑽井所需的鑽頭和發電機也造成噪音、光污染與景觀不佳等問題，為了清理鑽井現場的污染水，每天需要數百輛卡車也對環境造成一定的影響。

生質燃料包括木材、木顆粒、木屑和各種其他快速可再生的可燃材料。生質能的優勢包括碳排放的影響較小 —— 生質燃料在生長時可以吸收大氣中的二氧化碳。儘管固體顆粒和其他燃燒排放是一個問題，不過燃燒設備現今已越來越乾淨。生質燃料的缺點包括如果燃燒不完整，會造成空氣污染，雖然自動警示已很常見，但過程需要充填燃料。傳統的壁爐和許多傳統的柴爐由於燃燒不全所以效率低，且燃燒造成建築滲漏吸入外部空氣，也不符合綠建築的原則。

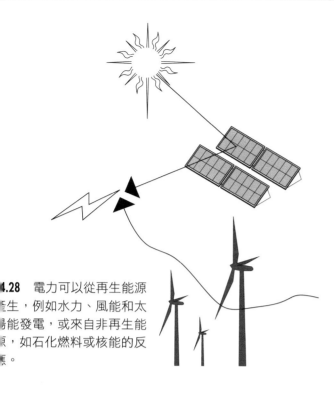

圖4.28 電力可以從再生能源產生,例如水力、風能和太陽能發電,或來自非再生能源,如石化燃料或核能的反應。

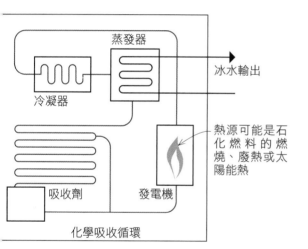

圖4.29 吸收式空調。

蒸發器

冷凝器

冰水輸出

熱源可能是石化燃料的燃燒、廢熱或太陽能熱

吸收劑

發電機

化學吸收循環

燃料選擇通常涉及到與實體建築物、燃料的可用性以及它對建築物的適用性。對於特定的燃料,我們應該將範圍擴大到用全部社會整體的角度來看待。事實上,越來越多的電力是來自再生能源,如風能、太陽能和水力發電系統。換句話說,我們使用的一部分電力已經是透過再生能源發展,而這部分電力也正在增長。另一方面,石化燃料永遠不可再生,且石化燃料的枯竭使得開採變得更加困難,同時也增加了對環境的負面影響。

選擇用於空間暖房與冷房等空調的燃料之後,可以接著選擇建築物中佔比較小的燃料負荷。接下來第二重要的選擇是用於家庭熱水加熱的燃料。對於使用電力進行暖房的建築物可能會同時選擇電器型設備 —— 爐具、乾衣機等,這是空間加熱燃料選擇和設備選擇的另一個考慮因素。

進階和創新系統

各種先進或創新的系統可用於提供特殊的加熱和冷卻。吸收式空調系統使用化學吸收循環提供冷卻的效果,需要吸收熱量而不是使用平常的電動壓縮機。不過其他如風扇和泵送過程仍然需要電力。當有免費可用的廢熱源(例如來自工業過程的熱量或來自生產電力的附屬品)或來自太陽能的熱能,這些系統就變得有意義。與平常的冷卻功能相比,除非熱源是自由逸散的廢熱,否則若採用石化燃料產生的熱源、購買的蒸汽或熱水燃燒而吸收熱能通常不具特別的競爭力或節能效果。

有些區域型的加熱和冷卻系統是由中央空調塔提供的,通常使用蒸汽或熱水進行加熱、用冷卻水進行冷卻。由於洩漏的可能,所以盡量避免在綠建築中使用蒸氣的加熱模式,蒸氣因為溫度很高,導致有些洩漏是氣狀不容易被發現,而造成許多熱損失。區域型的空調與發電設備(汽電共生或熱電聯產)相結合時,區域的加熱和冷卻效率便相對的提高許多。不過對於區域加熱和冷卻空調塔來說,缺點是運輸時所產生的損失。

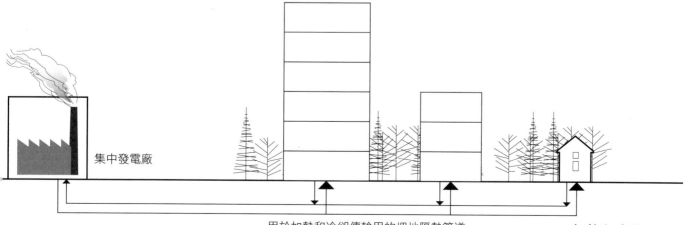

集中發電廠

用於加熱和冷卻傳輸用的埋地隔熱管道

圖4.30 區域型的加熱和冷卻。

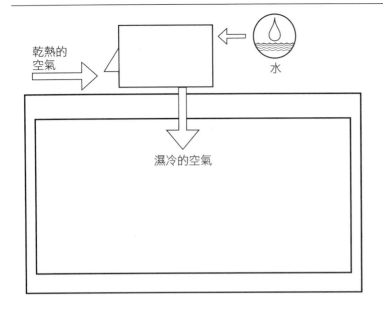

14.31 蒸發冷卻。

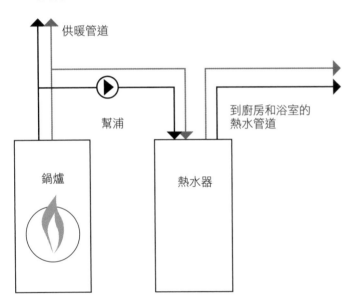

14.32 整合式系統。

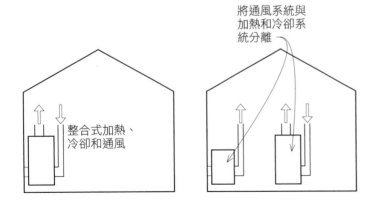

14.33 在綠建築設計中,必須謹慎地將通風和家用熱水加熱等功能與空間加熱和冷卻分開。

蒸發冷卻是透過蒸發水來提供的。這種系統在乾燥的氣候條件下運作,比平常冷卻使用的能量更少,但會消耗水分。

還有各種熱能儲存技術。儲冰系統通常用於將電力負荷從白天尖峰轉移到晚上離峰時段。這項技術的重點不僅在於節約能源或減少碳排放,而是可以減少夏季高峰期的電力需求,從而降低尖峰的需求。根據基地情況不同,儲冰系統可能會在某些情況下降低能源使用和碳排放量,但在另一些情況下,由於還牽涉到設備製冰的效率損失,所以可能增加能源消耗和碳排放。因此在分析中應考慮儲存空間或容器的整體效率來將儲冰系統的效益最大化。

其他新興技術包括冷卻樑板空調系統、獨立式外氣空調系統(Dedicated Outdoor Air System, DOAS)和乾燥劑除濕冷卻系統。冷卻樑板空調系統的冷卻與獨立式外氣空調系統結合使用已經越來越普遍,透過將空調的兩個主要功能分離,降低空氣溫度和去除水分(濕度),以高效率分開兩個主要功能可以減少用於冷卻的能量。

系統整合

加熱和冷卻系統通常會整合其他功能,如通風系統或家用的熱水系統。這種整合式設計可以降低施工成本,但是過去這樣的引入產生了複雜的意外結果,從而導致不必要的能量消耗。

目前已經發現,在大型鍋爐系統中整合家用熱水通常效率不高,因為許多鍋爐在夏天的效率極低,只提供家用熱水所需較少量的熱量。即使將家用熱水與鍋爐高效整合,仍然存在一些問題,雖然空間內的加熱鍋爐可以節省能源,但是系統都有管道連結,泵送時的鍋爐損失仍然存在。

將通風與中央空調系統相結合也是一個問題。通風對加熱和冷卻系統增加了不同類型與程度的額外負荷,特別是在夏天,會明顯增加顯著的除濕負荷。另外,當與中央空調整合時,與只由風扇供電的單純通風系統相比,通風系統的風扇功率將增加四至五倍。因此從獨立式外氣空調系統(DOAS)的發展也顯示,通風可以對供暖和冷卻的系統有能源效益。

加熱/冷卻的成本負擔

由於地熱系統需要有地熱基地，且地熱系統的裝設成本很高，但節能的設計通常在生命週期整體評估下估算成本，初期會略為增加成本而之後成本回收。無管式熱泵的可變冷媒流量系統的初期成本比地熱系統低，但是仍然比一般的加熱和冷卻系統成本要高。最便宜的加熱和冷卻系統通常是最不節能的：例如箱型屋頂式空調、透牆式空調或未氣密的燃燒型加熱系統。

儘管如此，透過綠色設計還是可以節省建築成本。

加熱和冷卻主要成本可以節省是來自於熱負荷的降低，這是由於更簡單和更有效將結構包覆的結果。加熱和冷卻系統成本的降低與熱包覆層產生的熱損失減少大致成正比。所以，如果在外殼設計完成後配置空調設備和規劃管道的大小，則在初期可以節約這些成本。

綠建築設計的其他因素使得空間降低了需要加熱或冷卻的需求，也進一步降低了施工與材料的成本。水平（靠近建築物周圍）和垂直（在空間上部與下部內由於分層減少，從天花板到地板空間）的內部溫度分佈狀態也逐漸改善，可以讓加熱和冷卻空調從部分空間中減少甚至不用設置，例如，一些公寓的臥室只有在客廳有使用的情況下連動加熱。

在熱封層內設置加熱和冷卻設備，可以透過減少管道線路和系統的長度來降低施工成本。例如，在一般的水循環空調系統設計中，主要管道通常會繞過地下室的周邊，以輻射狀的圍繞在每個樓層的周邊運作。由於更好的外殼設計或更好的溫度分佈，管線不需要再以輻射狀圍繞建築物的周邊運行，而是可以直接置於內牆上。因此，送水和回水的主管道可以直接位於建築物核心當中，而且每個空間中的管道僅需要從建築物核心傳遞，較短距離的路徑是直接設於內部牆壁上而不是外部牆壁。

如果不需要的話，可以讓加熱和冷卻從公用空間中移出

用更簡單和有效的外殼件可以減少熱和冷卻設的負載

佈式的加熱冷卻系統可少或消除管系統，從而低建築物的板到樓板高

減少地板面積和面積比可以納入更小的加熱和冷卻系統

4.34 如何節省加熱和冷卻系統的成本。

對小型空調、高效率空調、管道式加熱和冷
卻系統最大潛在的降低建築成本是來自減少
或消除管道系統配置。大多數建築物中樓層
高度（樓板至樓板高度）由在天花板的管道
系統所需的高度所控制，透過減少或消除管
道系統，可以大大降低該高度尺寸。許多建
築物的主要管道空間尺寸大約在 1 到 2 英尺
（305mm 和 610mm）之間，甚至有的高達 3
到 4 英尺（915mm 到 1,220mm）。

15
再生能源

再生能源是由可以重複再生的能源（如太陽或風）所
提供的能源。再生能源與會耗盡的燃料（如石油、天
然氣和煤炭）產生的能源形成對比，石油、天然氣和
煤炭是數百萬年以來逐漸形成的，但目前社會正在以
比燃料形成速度快的速度消耗能源。再生能源也與傳
統燃料產生能量的污染形成對比，這些能源將產生具
有持久影響的污染，如核能。

15.01 不同的能源來源。

太陽能

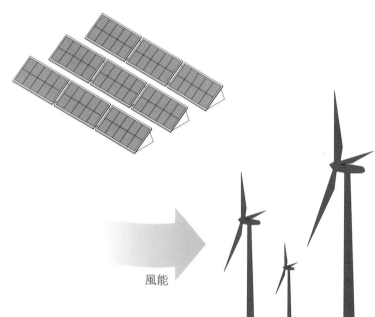

風能

設計了一座低耗能的建築後，現在可以考
再生能源的使用，以提供建築物的部分或
部的能源需求。在這一點上，為了讓再生
源可以發揮最有效的效益必須仔細衡量，
般而言，安裝再生能源成本比許多建築修
改建的費用更高，而且對建築效率的改善
往是以何者更具成本效益來決定。另外，
生能源設備本身也包含了製造和傳輸過程
所消耗的能量，與其產生的能量部分抵消
因此也代表了部分能量折減。

在初期外部設計時，建築物就應該考慮再
能源設備的設置空間，因為在屋頂或基地
計都需要預先留設好空間，例如，屋頂事
被設計成固定角度使太陽輻射能最大化，
去除可能遮蔽太陽能板的障礙物，以最大
於可用的太陽能板的面積。

這裡主要考慮的再生能源系統主要是太陽
和風能。使用生質能進行加熱有時候被認
是再生能源，但在前面的第 14 章「加熱和
卻」中已經分別討論過了。地源熱泵有時
稱為再生能源技術，但其實這是一個不正
的說法。來自溫泉的地熱能是再生能源的
種，而地源熱泵其實就像其他類型的熱泵
是要依賴電力供給，只是節約了能源的使用
因此不能被認為是再生能源之一。

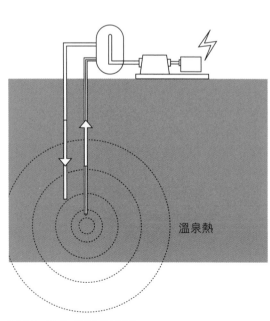

溫泉熱

生質能

15.02 再生能源的來源。

從太陽來的輻射

太陽能光電板

DC

變流器將直流電轉換成交流電

AC

分電盤斷路器

AC

公用電網　AC

電表

6.03　太陽能光電系統。

太陽能

太陽能可用於透過太陽能光電（PV）系統發電，或使用太陽能熱能系統產生熱量。我們之前曾經討論過關於社區和基地（地面裝設型系統）和建築周邊（屋頂安裝型系統）部分的太陽能光電板的基地選擇。

太陽能光電系統

太陽能光電板通常被稱為模組或模塊。光電系統沒有可以移動的構件，以直流（DC）電源的形式在模組中產生電力，再透過變流器的控制裝置將該直流電力轉換成建築物中所需的交流（AC）電力。如果產生比建築物所需要更多的電力，太陽能光電系統產生的能量可以逆向地回饋到電網中。光電系統可以連接到電網的併網型系統（On-Grid 或 Grid-Tied System），或使用蓄電池作為獨立系統，或是兩者兼容，同時讓系統連接到電網，但是在斷電時又可切換電池。儘管有些偏遠地區或獨立裝置會採用蓄電池型，不過目前大多數現行的系統是市電併聯型的。太陽能光電系統的優點包括成熟可靠的技術和可產生的電量是可預測的，且由於價格逐漸下降、政府的激勵措施、對於公共的利益和新的融資方式，太陽能光電發電的使用已經顯著增長。其他耐久性及可靠度的風險包括模組損壞和變流器耗損問題，但這些風險一般來說其實不高。

太陽能熱能系統

太陽能熱能系統可用於加熱液體或加熱空氣，因此太陽能集熱板通常也被稱為收集器。

在太陽能熱能系統中使用的液體於較暖氣候中可以是水，在寒冷氣候中則加入防冰凍的混合物。液體的主動系統可以是無加壓的，以無馬達的運轉，或者是有加壓的，需要馬達。被動系統也稱為熱虹吸系統，在這種情況下，儲存桶位於系統的高點，通常位於屋頂的集熱板之上，以便水透過重力循環。這種液體的熱虹吸系統在沒有冰凍風險的溫暖氣候中更加常見。

太陽能熱水儲桶

太陽能集熱板

水流入

水流出

備用熱水器

6.04　被動式太陽熱水系統。

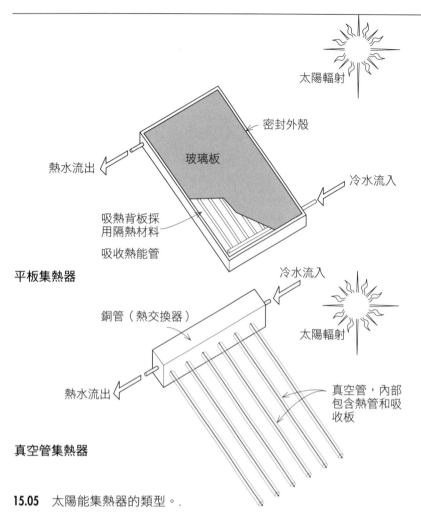

密封外殼

玻璃板

太陽輻射

熱水流出

冷水流入

吸熱背板採
用隔熱材料

吸收熱能管

平板集熱器

冷水流入

銅管（熱交換器）

太陽輻射

熱水流出

真空管，內部
包含熱管和吸
收板

真空管集熱器

15.05 太陽能集熱器的類型。.

一般液體集熱板類型包括平板集熱器和真□
管集熱器。平板集熱器的成本較低，效率□
常也較低。真空管集熱器的成本較高，但□
率也更高，並且更容易裝設在屋頂上，因□
集熱器通常是透過模塊化的方式組裝。

空氣熱能系統可以加熱被吸入的室外空氣□
用來通風或加熱室內空氣。通風應用在浮□
式太陽能集熱器中是相當常見的，空氣被□
入收集器的通風孔中，再經由系統將空氣□
熱，接著使用風扇來循環空氣，或是被動□
無風扇運作，這樣的做法不但有效且低本□
低。

無論是主動還是被動，太陽能熱能系統通□
有三個部分：

• 收集陽光能量
• 儲存、收集太陽日照時期熱量，並在沒有□
  陽日照時使用
• 控制元件，在可用時收集並儲存太陽能，□
  防止能量的流失

這三個部分對於太陽能熱能系統的有效性□
關重要。如果沒有這三項構件，集熱器在□
上會像白天吸收太陽能一樣容易地損失能量□
如果不能正確收集、儲存和控制，太陽能熱□
能系統反而會失去比吸收更多的熱量。

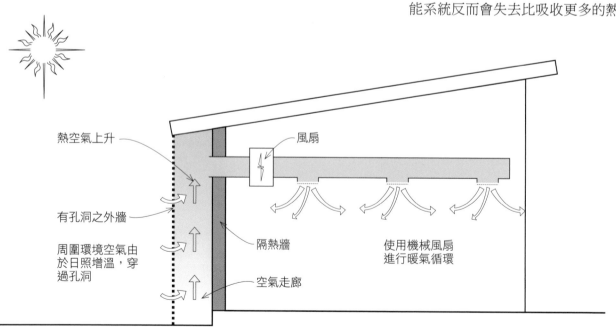

熱空氣上升

風扇

有孔洞之外牆

周圍環境空氣由
於日照增溫，穿
過孔洞

隔熱牆

空氣走廊

使用機械風扇
進行暖氣循環

15.06 浮力式太陽能集熱系統。

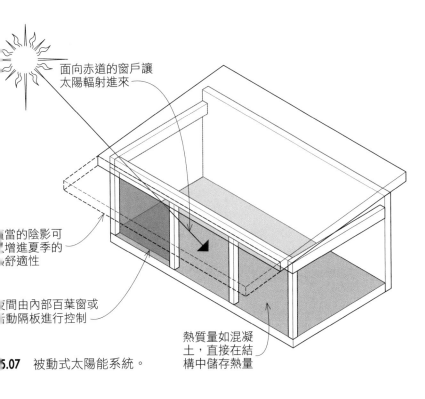

面向赤道的窗戶讓
太陽輻射進來

適當的陰影可
增進夏季的
舒適性

夜間由內部百葉窗或
活動隔板進行控制

熱質量如混凝
土，直接在結
構中儲存熱量

5.07 被動式太陽能系統。

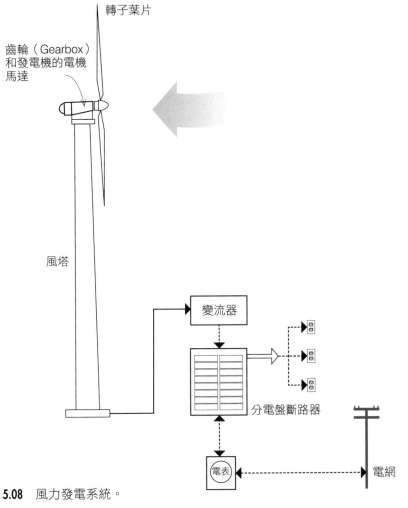

轉子葉片

齒輪（Gearbox）
和發電機的電機
馬達

風塔

變流器

分電盤斷路器

電表

電網

5.08 風力發電系統。

被動式太陽能

被動式太陽能是指在不使用機械或電力系統（如泵或風扇）的情況下收集太陽能的熱量。

被動式太陽能的技術在許多方面讓我們對於建築效率和太陽能方面奠定了基礎知識。透過在被動式太陽能系統開發時遇到的各種辛苦經驗，我們已經了解到應用被動式加熱建築物需要包含太陽能系統的三個部分：包括收集、儲存和控制。收集通常由南向窗戶負責；儲存則通常由熱質量來進行；夜間要進行活動窗的隔熱裝置的控制。我們現在已經知道，沒有儲存和控制又直接靠近赤道區域的建築窗戶白天會讓建築物過熱，且造成夜間的熱損失，這都增加了不必要的石化燃料能源使用。

被動式太陽能仍然是那些致力於使用少量能源系統的設計師或工程師的選項之一，或是居住者願意接受室內溫度波動等缺點，甚至使用者願意積極的主動去調整其能源負荷的控制，例如在窗戶上操作隔熱窗簾或遮陽。

風能

現代的風力發電機多用於發電。風力發電機與太陽能光電系統相比的優勢在於白天和黑夜都有發電的潛力。而缺點包括成本高昂，對於風的依賴和噪音污染。像太陽能光電系統一樣，風力發電機也可以是蓄電池的獨立型、電網型或兩者兼有。風力渦輪機具有各種尺寸，小型的可以為單一家庭提供足夠的電力，大型則足以用作在風電場中具有多個渦輪機的發電廠。風力發電機最好位於地面高處，通常位於專用風塔的頂部，以及風向穩定的地方。建築型的風力發電機也是可以用的，但效率和容量都很低。

與太陽能光電系統一樣，風力發電系統通常產生直流（DC）電力，並使用變流器將該功率轉換為交流電（AC）。

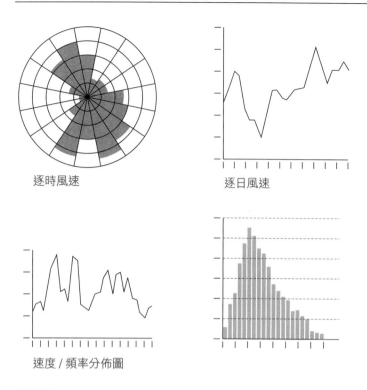

逐時風速

逐日風速

速度/頻率分佈圖

風配圖

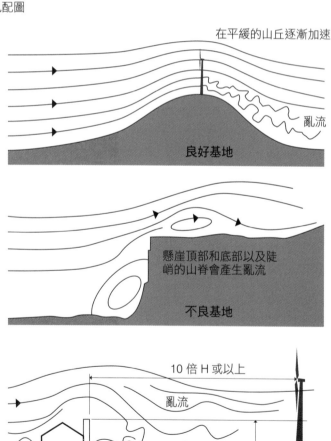

在平緩的山丘逐漸加速

亂流

良好基地

懸崖頂部和底部以及陡峭的山脊會產生亂流

不良基地

10 倍 H 或以上

亂流

障礙物

障礙物
高度（H）

15.10　風流過山丘和障礙物。

風力系統設計首先要評估基地氣候與風況是否足夠[。]繪製現場的風配圖可以利用線上工具，包括國家[]再生能源實驗室（National Renewable Energy Lab[）]或私人公司提供的繪製軟體。更詳細的風力資料[則]需要使用現場基地的量測資料。

使用風力渦輪機時要考慮的第一個基本因素是風速[。]如果風速加倍，則產生的能量是增加八倍。同理[，]風速變小也對產生的風能有顯著的變化。在地面[以]上 160 英尺（48 公尺）的高度，平均風速超過 16 [英]里（26 公里/小時）的地區，風力發電是最為可行的[。]另一個經驗法則是，地面的風速需要每小時 7 到 [9]英里（11 和 14 公里/小時）以上。

風力發電塔應遠離建築物，以避免噪音和振動問題[，]但也不能太遠，以避免從風塔到建築物距離的佈線[]成本過高。同時也需要考慮建築本身對風力模式的[]影響。選擇建築附近的一座山是一個不錯的位置[，]風塔則應該建造在當地區域法規允許的最高值。地[勢]越高風越強造成的力量越大，所以風力渦輪機最好[]不要安裝在建築物上。靠近建築物的風往往是亂流[的]風，裝設在地面附近的風力發電機組更往往無效[。]一個經驗法則是，風力渦輪機轉子葉片的底部需要[]在 300 英尺（91 公尺）以內的任何障礙物上方至少[]30 英尺（9 公尺）高。

有些人會擔心風力發電的風力葉片造成鳥或蝙蝠的死[]亡數量攀升，但這些估計的死亡數量其實遠遠低於電[]線、通訊塔和建築物本身對動物造成的死亡。

再生能源的系統風險

再生能源系統共有兩種風險。

第一種風險是，如果再生能源系統發生故障，而使[]用者可能不知道它故障，因為通常再生能源都會設[]置自動不斷電備用系統，光電系統或風力系統通常[]會用平常的電網作為自動備用的來源，太陽能熱能[]系統通常也有一個化石燃燒系統作為備用的系統[。]這個系統也可能讓使用者在不知道太陽能系統停止[]運作時啟動。因此，監控或留意觀察是至關重要的[。]

另一個風險是，如果太陽能系統安裝在不堅固牢靠[]的屋頂表面時，如果要更換屋頂，就需要將其拆除[，]這也將增加維護或更換屋頂的成本。

15.09　繪製風力發電系統的風況。

16
材料

建築材料對環境的影響是由於相關的能源使用和污染
排放造成的，還有消耗有限的物質以及材料在垃圾填
埋場的堆積。造成這些影響的活動包括原材料的開採
和取得、成品的加工和製造、材料的運輸、危險材料
的使用以及建築廢棄物的產生等等。透過綠色的建築
設計和材料選擇，我們可以大大減少這些影響。

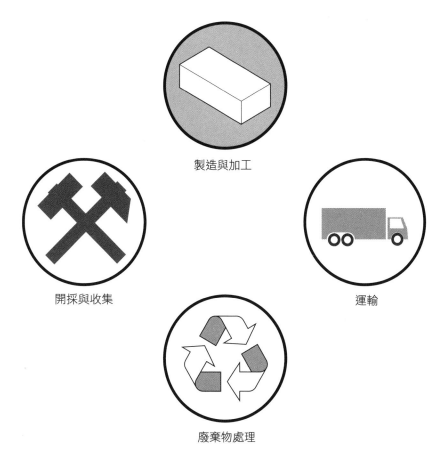

製造與加工

開採與收集

運輸

廢棄物處理

16.01　建築材料加工會有的環境影響。

在建築設計過程中，我們可以預期並發現未來建築作業對材料造成浪費的影響，例如透過設計建築物的回收區、規劃危險材料的存放，以及制定建築材料的最終拆除和再利用計畫。

使用能量來開採和加工材料被稱為實體的能量。這是一個重要且逐漸量化的方式，可以看出建築物對環境影響，由於建築物的設計和建造過程使用較少的能量，以建築全生命週期的觀點，建築物營運階段可以消耗的能量就增加了。

最後，設計階段時規劃和考慮周到的施工程序，可以最大限度地減少施工過程建築廢棄物的影響。

使用較少的材料

使用綠色材料的選擇第一步就是將所用材料最小化。

在基地選擇的階段，材料就有很大的潛在能省可能，不只是建築本身的設計，而是其選址和基礎設施的關係。將建築物選擇在經濟發達已開發的地區，人們可以使用已經完成現有的基礎設施，道路和自來水系統等基礎設施在被共享的情況下可以很容易的直接使用，也避免了建造新的基礎設施所消耗的材料。

在綠建築設計當中最有力的兩個討論面向分別是建築物的能源效率，以及因為減少了建築的面積同時減少了材料表面積的使用需求。建築面積較小的建築物將使用更少的材料，也代表更少的隱含能量。具有較低天花板的建築物也將比具有較高天花板的建築物使用更少的材料和隱含能量。和較複雜的結構相比，更簡單的幾何結構也將使用更少的材料和隱含能量。同理，一個具有同樣功能的較大建築物與多個獨立且用途相同的建築物相比，也將使用更少的材料和隱含能量。

16.02 共享一些基礎設施，如道路和水電，可以減少新建築的影響。

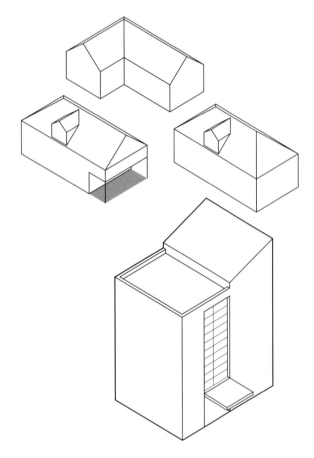

16.03 減少樓板和建築表面積也能顯著地減少材料使用。

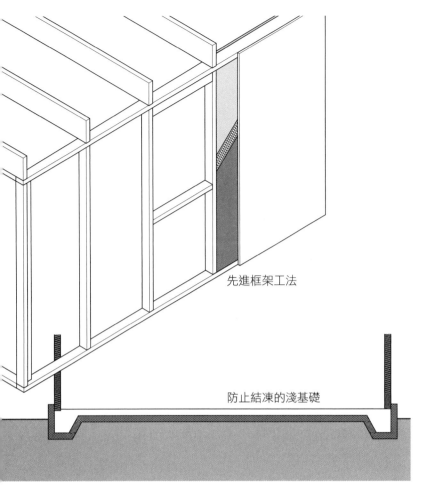

先進框架工法

防止結凍的淺基礎

6.04 利用先進的施工技術來節省材料的例子。

減少材料使用的另一種方法是透過有效的設計減低用量。在這之前，我們已經討論過先進框架技術，特別是在減少熱橋的方面。而這樣做時，通常也使用較少的材料。包括使用 24 英寸（610mm）的螺柱間距而不是選用 16 英寸（405mm）的間距；使用單隔板和單頂板；門窗角落使用單螺柱和更簡化的邊角設計，如角落雙柱。之前的討論側重於外牆本身及由於熱橋導致的能量損失，為了減少材料使用的目的，還可以檢討內牆的設計，改用 24 英寸（610mm）間距的木螺柱和鋼螺柱，而不使用標準的 16 英寸（405mm）間距。高效率使用材料的另一個例子是使用防凍保護的淺基礎，而不是一般的基礎牆。美國及斯堪納維亞等國家超過一百萬個家庭目前已經成功應用了防霜保護的淺基礎。

將屋頂建築中的閣樓取消是減少材料使用的另一種方法，也就是將兩個結構——閣樓和屋頂結合在一起。

我們也可以進行詳細的結構設計，而非採用經驗法則或傳統的做法，更能確定減少材料的可能。例如，對於特定的地板而言，4 英寸（100mm）厚的混凝土板可能就足夠，而不必用到傳統 5 英寸或 6 英寸（125mm 或 150mm）厚的樓板。

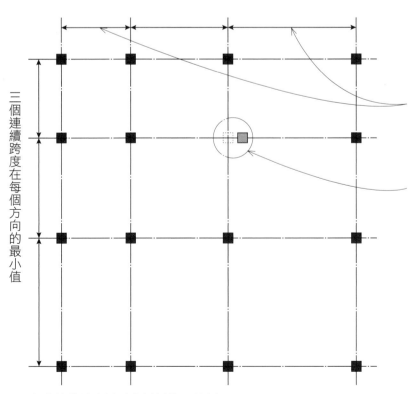

三個連續跨度在每個方向的最小值

跨度長度不同或小於最大跨度的三分之一。等距的跨距可以提高材料使用率

列在任一個方向上偏移 10% 以內

6.05 最大化結構效率以減少材料使用的例子。

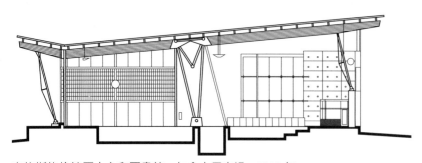

安格斯格倫社區中心和圖書館，加拿大馬克姆，2006 年
Shore Tilbe Irwin 聯合建築師事務所
Halcrow Yolles 結構工程師

16.06 直接將結構體外露作為設計的手法。

減少材料使用的另一種方法是避免完成一些不需要的地方。這有時被稱為「結構外露（Structure As Finish）」，這種做法讓結構元件同時具有結構性和完工的雙重目的。如果需要光線照明的地區採用的結構照明反射率相當低，則需要仔細評估增加照明的程度。材料減量的另一種方法是將組件（如管道系統或管道）暴露的明管設計，這可以減少石膏板相關的裝修材，用來保護、增加氣氛以及表面處理。

使用較少材料的最終一個方法就是減少浪費 —— 換句話說，避免產生浪費行為。這並不是指將廢棄物從垃圾填埋場移除，也不是重新使用廢棄物，而是單單指減少浪費。這意味著在規劃設計階段，設計結構構件的長度可以考慮市售結構材料的長度，無論是木材還是鋼材，或是類似於諸如護套和石膏板部位等區域。也可以規劃切割木材和板材的配料清單，這樣可以更精確訂購正確數量的材料，而不是準備太多備料而丟棄額外的材料，可以用正確的數量而不是過量的預拌混凝土。除此之外，預製的組件，如結構隔熱板（SIPs），可以先透過電腦模擬，事先估算好設計的材料清單來減少浪費。

設計專業人員可以透過與材料數量有關的施工文件中找到更多資訊，並在設計時發揮最大的材料效益。例如，注意圖面上材料的體積數量，如混凝土、瀝青鋪面和隔熱材料可以幫助承包商防止由於過度訂購造成的浪費。類似的，在屋頂、裝修材、硬景觀和景觀區的圖面上提供估算的面積可以方便訂購正確的數量。將整體建築框架的全面細節併細列舉材料清單，可以進一步降低了多訂料浪費的可能。

16.07 利用規劃設計來減少材料浪費。

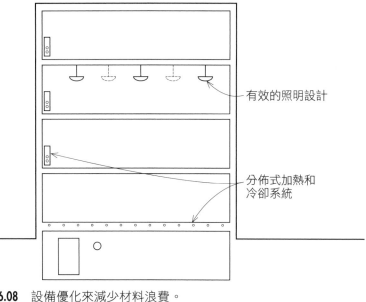

16.08 設備優化來減少材料浪費。

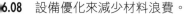

16.09 在施工中重新使用整新設備。

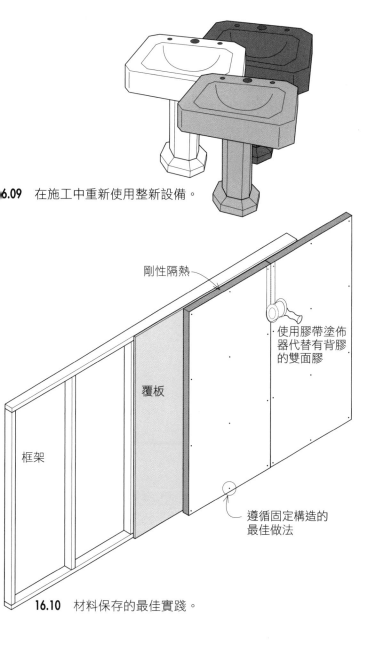

剛性隔熱

使用膠帶塗佈器代替有背膠的雙面膠

覆板

框架

遵循固定構造的最佳做法

16.10 材料保存的最佳實踐。

在設計時使用較少的材料不僅適用於建築部位，也適用於機械和電氣的構件，如照明、加熱和冷卻設備。如前所述，高效率的照明設計通常代表裝設更少的燈具，因為設計已針對所需的照明水平進行了改良，而不是透過經驗法則進行過度的照明。其他綠色照明設計技術也減少了材料的使用。例如，具有較低的天花板和高反射表面的建築物只需要更少的人工照明，這也意味著不僅能夠使用更低的照明能量，裝設更少的燈具，本身同樣也減低了材料和能量的使用。精心設計的建築及它的加熱和冷卻空調系統也產生類似的效益。加熱和冷卻空調系統不僅可以透過有效的建築設計，還可以縮小其系統尺寸發揮很大的效益。加熱和諸如鍋爐、熱泵和加熱爐之類的設備可以縮小，而其他如管道、管道系統的供熱盤管等體積可以更小。最佳尺寸的加熱和冷卻設備及管道系統只需要較少的材料和更少的能量。

材料保護也可以使用不完美的材料。在選擇木頭時，例如，選擇一些木材外觀不是很漂亮而準備被丟棄的材料。很多丟棄的木材其實在結構上是安全的，如果事先計劃好，不規則的石塊和磚塊也可以有效地應用在綠建築專案中。同樣的，如果材料品質的控制著重於功能的完整性而不是外觀的完美，則可以接受許多其他堪用的材料而不是將它們丟棄。從另一種新的綠色審美觀來看，瑕疵反而可以當成一個特色而不是缺陷。

可以透過精心規劃的設計和施工，使材料保存更加完善。在這方面，由於設計專業人員傾向於按照綠色設計的經驗法則來加速設計流程，而沒有逐個空間量身打造。綠建築專案不代表就是緩慢的，但應讓每個主要建築構件的詳細設計有足夠的時間，以盡量減少材料的使用。

遵守最佳做法可以大大減少材料數量。例如，當將剛性隔熱材料固定到外壁時，傳統的做法是每4×8 英尺（1,220mm×2,440mm）的隔熱層使用25 至 30 個緊固構件。然而，已經發現只要 10 至 12 個緊固構件就足以緊固這種板材而不會變形、不會產生彎曲或分離的問題。類似的，使用自動的膠帶塗佈機對外部剛性隔熱做加工可以比手工一張張撕除膠帶背面的背紙方式更快速有效地進行，從而可以顯著減少膠帶浪費。

16.11 拆解舊建築物提供新建築材料使用。

材料再利用

為了盡量減少開採和處理新材料所需的隱含能量，並儘量減少原料源頭的消耗，我們力求在可能的情況下重新再使用材料。

材料整新

這產生了一個新的產業 —— 重新拆解舊的建築物，這也可以為新建築提供整新材料的來源。

被重新利用的材料包括建築中的木材、門窗、牆壁、廚房五金、石膏板、膠合板、隔熱材、壁板、模具、五金、空心磚、磚、牆面、屋頂瓦片以及未使用的黏著劑、填縫料和灌漿使用的容器等。

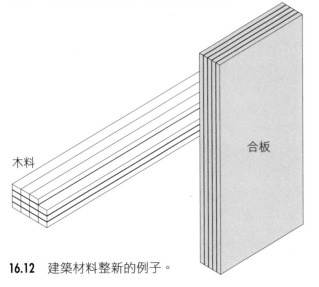

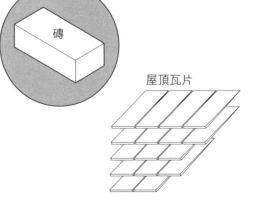

16.12 建築材料整新的例子。

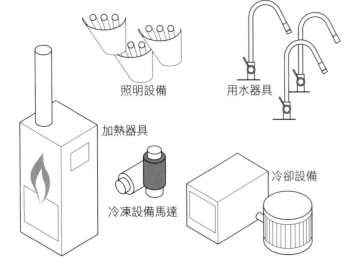

16.13 決定是否能重新利用這些耗能耗水的設備和裝置的因素，包括生命週期能源和用水的效率。

但這也出現一系列在利用能源消耗設備上的問題，例如照明燈具、加熱和冷卻設備、電動馬達以及諸如衛生間和水龍頭等耗水設備。其中關鍵的環境問題是這些設備的隱含能量，是否比在設備預期使用壽命期間裝設新的高效率設備所節省的潛力要低或是高。關於這種再利用的財務可行性，還有是否並存的問題，可能無法給整體能量一個明確的（是或否）答案。還可能存在法律問題，例如銷售不符合聯邦政府規定之最低效率要求的低效率設備是不合法的。另外，裝設低效率設備也可能違反一些建築規定。

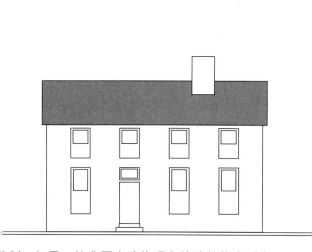

6.14 如果一棟非歷史建物現有的建築物窗戶與牆壁的比例為 30%，面積比為 2.1，我們應該再使用還是重建呢？

類似的問題涉及外殼其他元素，例如舊的窗戶。在有窗戶的情況下，應將需不需要保存的部份納入於評估中。如果沒有保存需要，可以在生命週期的基礎上評估再利用的優點。如果需要保存，則可以進行各種改進措施，以在保持窗戶的美觀性的同時也提高能源效率，例如耐候氣密條、填縫和防風雨窗。

現地再利用

再利用材料的另一種方法是重新使用現有的建築物，這進一步可以消除材料的運輸來減少隱含的能源使用。

結構元件如地板、牆壁和屋頂通常可以重複使用。非結構元件，如內牆、地板和天花板面，通常也可以重複使用。

關於是否再利用現有建築物或重建的能源影響，出現了一個有趣的問題。如果我們假設建築物中的材料隱含能量相等於建築物將要消耗能源的四分之一，那麼新建築物的能源效率必須比現有的建築物高出 25% 以上，來取代現有建築物才能具有較低的生命週期使用能源。許多老建築本質上，不僅在隔熱和氣密性上，而且在各種建築特徵中，如尺寸、形狀和窗牆比的效率是很低的。所以必須謹慎評估，將生命週期能量消耗的比較作為重新使用現有結構與否的一項評估重點。

6.15 老屋再造、改建和修復既有建築物。

另一組問題則討論到建築物中重複使用現有耗能和耗水設備。儘管有一些區別，但有點類似於有關整新設備的問題。在現地再利用的情況下，遇到的法律障礙較少——因為不合規定的設備原地使用並不會違反聯邦法規，而且祖父條款（Grandfather Clause，不溯及既往原則）通常不會讓這些問題因不合規定而阻礙。

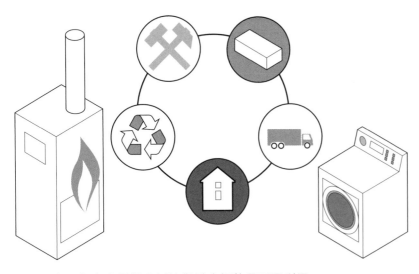

16.16 應用全生命週期分析的觀點來評估是否再利用現有的耗能和耗水設備和裝置。

然而，設備中的隱含能量問題比重新使用更加明顯，例如考慮辦公大樓照明時，不僅固定裝置本身的效率很低，所使用的耗材也經常以極差的效率運作或沒有考慮到未來的重新使用性。既有的建築物中可能會在非反射式固定照明中採用具有低效率的電子式鎮流器的 T12 螢光燈，這進一步加劇了能源的使用，這樣的燈具將會產生過度耗電的狀況，可能會消耗大於每平方英尺 2 瓦特以上的功率。用高效率的耗材來替換現有的燈具將因為使用更高效率的配備而節能，可以因為重新設計而變成只需要 0.8w/SF 或更低的照明功率即可達成，兩相比較即節省了兩個等級的功率。在這個例子中，於空間重新安排使用一些燈具，可以選擇使用新的燈泡燈管和鎮流器，效果是很不錯的。簡而言之，在生命週期分析中決定是否保留現有基地內的耗能和耗水設備可能是值得的選項之一。

具有回收成分的材料

鼓勵使用具有回收成分的材料。消費前回收材料是指在製造過程中因為製程的廢料而從中回收而成的材料。消費後回收材料則是經由最後用戶端使用後產生的廢棄物中回收而得的。

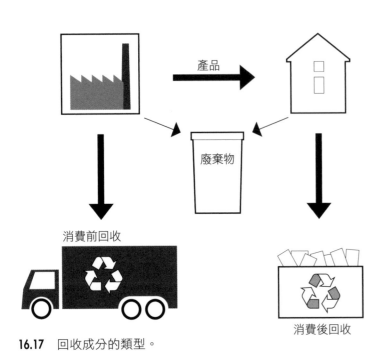

16.17 回收成分的類型。

混凝土是最常用的建築材料。混凝土當中可以包含再生粒料，先清除表面鋼筋等及其他外加材料後再壓碎混凝土。也可以添加因為燃燒煤炭產生的副產物飛灰或熔煉金屬礦石產生的副產物爐石至混凝土中。

而鋼鐵在製造過程中的原料都會大量使用回收鋼材，據說近年來使用率已高達 90% 以上。

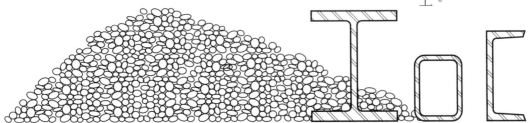

16.18 以前使用過的材料，如混凝土和鋼鐵，可以進行分類和處理以便重新使用。混凝土可以先粉碎、洗滌再分級以形成新的混凝土的再生粒料。鋼鐵則可以集中，先用大磁鐵將鋼鐵與其他可回收材料分離，再壓縮成塊體並運往加工廠，結合金屬與少量鋼鐵重新使用，可以用於建築產品，如結構用鋼。

19 室內石膏板含有高達 90% 的回成分。當裝修需要防黴玻璃纖維板，這可以在高濕度不適合用含有紙纖維材料的部位保有良好性質。

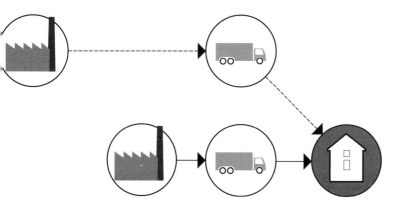

20 隱含能量是用於開採、製造、加工和運輸料到建築工地的總體能源量。

21 綠建築專案建議採用本地或區域性採購的料。

木製相關產品，如各種工程中木作，也可以包含回收材料。

石膏板可以回收利用的材料，包括回收農作材料、飛灰、礦渣和其他填充物。

即使材料具有部分或大量的回收比例，也要考慮其中化學成分和隱含能量是否值得。例如，刨花板主要由回收材料製成，但其化學成分（包括甲醛，是已知的致癌物）非常明顯。雖然鋼材回收利用率超過 90%，但鍛造所消耗的能量也是很可觀的。

選擇未使用的材料

將材料使用減至最低並將材料重複使用及回收可以讓材料使用最大化，我們更將注意力轉移到選擇以前未曾使用的材料。可選擇的材料包括快速可再生材料、天然材料、低毒無害材料以及具有相當低的隱含能量的本地採購材料。

隱含能量

隱含能量是指從原物料開採、製造、加工和運輸至施工現場所需的能量。這隱含的能量通常與建築物在其一生中使用的能量相比是很低的。然而，由於建築物設計施工的能耗較少，所以代表建築能源使用的隱含能量比例將會增長。而對於零耗能建築來說，消耗能源的唯一形式更是材料本身的隱含能量。

在隱含能量的前提下，綠建築專案強調了本地或區域性採購材料的價值，以盡量減少運輸過程中所隱含的能源。在一些綠建築認證的規範、標準和指南中認可在基地特定半徑範圍內開採或處理的材料取得分數。LEED 甚至允許根據材料的運輸類型進行可選的調整，可以選擇與道路運輸相比之外，鐵路和水路運輸的相對效率。

為了將隱含能量的影響具體化，我們可以將這樣的影響轉換成一次性的碳排放表示。

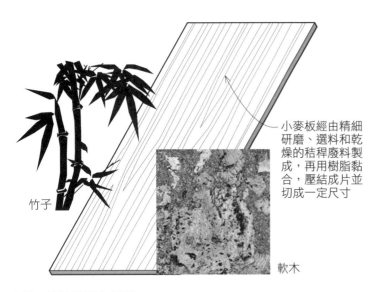

小麥板經由精細研磨、選料和乾燥的秸稈廢料製成，再用樹脂黏合，壓結成片並切成一定尺寸

竹子

軟木

16.22 快速可再生材料。

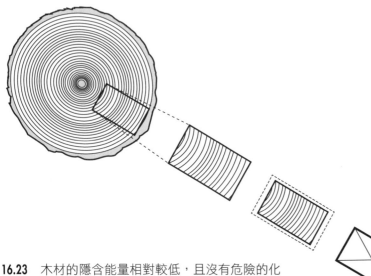

16.23 木材的隱含能量相對較低，且沒有危險的化學物質，如果可以抵禦天氣的需求，則不僅耐用且可以重複使用。

16.24 森林管理委員會商標。

快速可再生材料

快速可再生資源是指可以自然生長並可在時間內形成的材料，LEED 將材料定義為年之內可以長成的材料。這樣的材料實際用包括竹地板、軟木地板、玉米纖維製成地毯、棉布隔熱材料、天然油毛氈、天然膠地板、大豆隔熱材料、牆壁和隔熱稻稈草紙板製成的櫥櫃、羊毛地毯和小麥製成製品和櫥櫃等。透過使用快速可再生的材料我們可以減少消耗需要長期生長的材料，如來自古老森林的木材，或者來自於有限資源，例如由石化燃料製成的塑膠。不過確的選擇快速可再生材料應用的領域是很要的，例如，竹地板在頻繁使用區域或過濕氣的空間中可能就不那麼耐用。

其他天然材料

木材是一種古老而廣泛使用的天然材料。材用於結構和非結構梁柱、地板、基礎板門窗、室內家具、牆壁和天花板裝飾、圍等等。木材也用於施工期間的臨時架設工程如施工架和護欄。

雖然木材是天然材料，但它是由環境破壞方式開採和加工的。其中包括砍伐古老的林，喪失森林覆蓋率，砍伐瀕臨絕種的樹以及使用有害的化學品加工。為了確保施中使用的木材以對環境較低影響的方式進砍伐和加工，可以選擇具有森林管理委員（Forest Stewardship Council, FSC）認證的築木材。

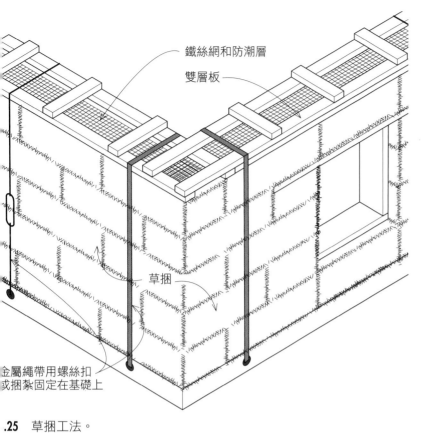

鐵絲網和防潮層

雙層板

草捆

金屬繩帶用螺絲扣或捆紮固定在基礎上

.25 草捆工法。

同時是天然結構材料還具有隔熱性能的做法是草捆（Straw Bale）建築。草捆建築施工包括所有最重要的綠色材料屬性。它由快速可再生的材料（在許多情況下是廢棄物材料）製成、是無毒的、具有很低的隱含能量，並通常是當地材料原地使用。草捆的結構進一步結合了結構和隔熱兩個功能。不過草捆包建築的缺點包括需要防止腐爛且建造其較厚牆壁所需空間較大，通常為 18 英寸（455mm）或以上。

現今更看到一些再度熱門的古老天然建築材料——夯實的泥土。幾乎在全世界每個地區都發現了夯土建築。牆壁是透過在泥土之間壓實形成的。夯土牆堅固、天然、由當地材料製成、不燃、無毒、最多只添加水泥穩定劑。它們的熱質量相當高但熱阻低，因此除了土牆之外通常還需要隔熱措施。夯土牆能抵禦空氣滲漏，同時還能提供良好的隔音效果。如同其他天然材質的牆壁一樣，如稻稈牆，夯土牆壁也需要防止潮濕。夯土牆的可行性取決於是否有適當的土壤。夯土的隱含能量很低，但勞動力成本高，且因為技術不常見，所以要建造可能需要專業培訓。

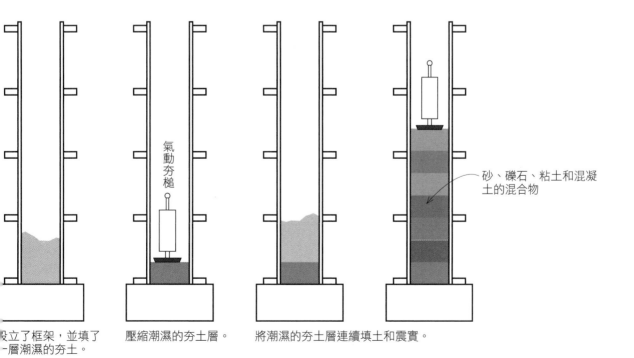

氣動夯槌

砂、礫石、粘土和混凝土的混合物

設立了框架，並填了一層潮濕的夯土。

壓縮潮濕的夯土層。

將潮濕的夯土層連續填土和震實。

.26 夯土工法

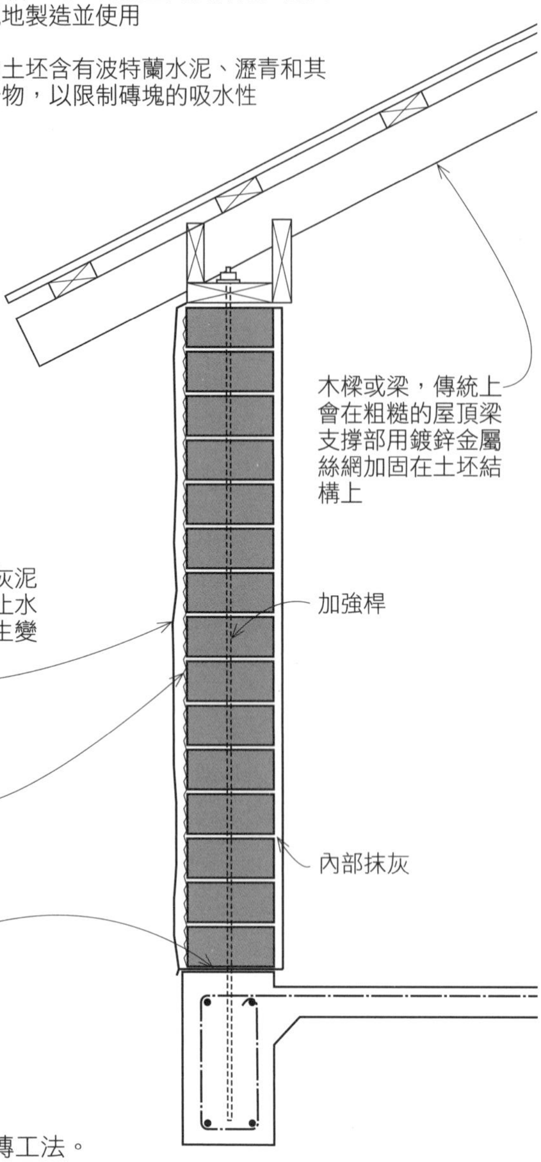
Adobe 是曬乾的粘土磚，傳統上用於降雨少的國家，通常直接現地製造並使用
穩定或處理過的土坯含有波特蘭水泥、瀝青和其他化合物的混合物，以限制磚塊的吸水性
木樑或梁，傳統上會在粗糙的屋頂梁支撐部用鍍鋅金屬絲網加固在土坯結構上
外牆用波特蘭水泥灰泥塗抹在外面，以防止水流過牆壁表面時產生變質和強度損失
加強桿
鍍鋅金屬絲網加固
內部抹灰
防潮保護，防止毛細水吸收至內部

16.27 Adobe 土磚工法。

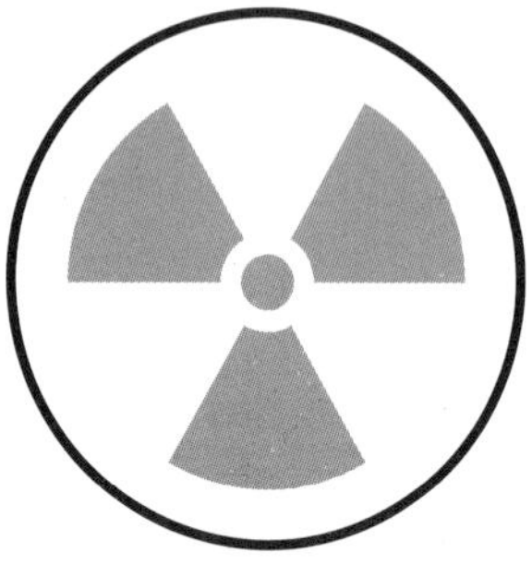

16.28 我們不僅要避免有害物質的使用，更需要從再利用的現有建築物中積極找出並清除有害物質。

土磚（Adobe）是另一種天然的建築材料，由具 15% 至 25% 粘土含量的土壤製成，再用砂或稻 回火，並含有礫石或其他粒料。與夯實的土牆 同，土磚結構不是整體形式建造的，而是預製成 磚，堆疊在一起，然後一起堆砌。因此，土磚用 建築不僅限於牆壁，還可用於拱形屋頂。土磚結 的特點和夯土有點類似，具有堅固、自然、當地 不燃、無毒、高熱質量、低熱阻（需要單獨 熱），耐空氣滲漏且提供卓越的隔音性能。不過 樣的土磚結構可能易受地震活動的影響。

捏土建築（Cob Construction）和土磚類似，也 沙子、粘土、水和有機物黏結製成。但是與磚塊 同，捏土建築的牆壁通常是手工製作的，用來形 藝術形狀和裝飾的窗戶和門口。

石頭是一種堅固、美麗、自然和無機的建築材料 主要用於籬笆牆，也很常用於地基和比較高級的 壁。但石頭不具有良好的隔熱性，而且因其重量 高也導致很高的運輸相關的隱含能量。取決於每 地區的原料差異，石材的可用性也有可能很有限

非危險及低毒性材料

綠建築設計專業人員要尋求避免使用有害物質。 如，生活建築挑戰（Living Building Challenge） 所提到應該禁止使用的危險材料紅名單（R List）包括：

- 石棉（Asbestos）
- 鎘（Cadmium）
- 氯化聚乙烯（Chlorinated Polyethylene）和氯磺 聚乙烯（Chlorosulfonated Polyethlene）
- 氟氯碳化物（Chlorofluorocarbons, CFC）
- 氯丁橡膠（Chloroprene、Neoprene）
- 甲醛添加物（Formaldehyde）
- 海龍鹵化滅火劑（Halogenated Flame Retardants
- 氫氟氯碳化物（Hydrochlorofluorocarbons, HCFCs）
- 鉛（Lead）
- 汞（Mercury）
- 石油化肥（Petrochemical Fertilizers）和農藥（Pesticides）
- 鄰苯二甲酸酯（Phthalates）
- 聚氯乙烯（Polyvinyl Chloride, PVC）
- 含有礦物雜酚油（Creosote）、砷（Arsenic）或 氯苯酚（Pentachlorophenol）的木材處理劑

為了避免危險的材料外，綠建築設計專業人員還會進一步尋求符合規定的低毒性材料。低毒性通常是指揮發性有機化合物（Organic Chemical, VOC）含量低的材料。這些包括低 VOC 黏著劑、混凝土固化物和密封膠、地毯、油漆、溶劑、填縫劑，塑熔接材料和著色劑。這些也被稱為低逸散材料。要符合低揮發性有機化合物的要求，材料必須符合 VOC 相關的嚴格標準，例如加利福尼亞州南海岸空氣品質管理區（Californias South Coast Air Quality Management District, SCAQMD）中對於黏著劑、密封劑、密封劑底漆、透明木材塗料、地板塗料、著色劑、底漆、填縫劑和蟲膠的規定，和綠色標籤（Green Seal Standards）中的油漆、塗料以及防銹塗料的規定，以及地毯協會的綠色標籤計劃（Green Label Program）。

16.29 綠色標籤的商標，是一種為產品、服務和公司制定從生命週期的觀點永續發展標準的非營利組織。

16.30 透過使用機械的固定件代替黏著劑，機械管道用螺栓而不是焊接、軟焊或硬焊來避免毒性材料的使用。

比使用低毒性材料更好的做法是根本不使用含有化學物質的材料。例如，可以使用機械性卡榫來代替黏著劑，可以保持未表面加工的木材質感來代替木材表面加工處理的手段，也可以使用機械五金緊固的螺栓來代替焊接、軟焊或硬焊。

常見會添加化學品的一類材料是以防腐劑處理過的木材，主要於戶外使用。作為替代方案的話，室外結構和圍欄可以由防腐性的木材代替化學防腐處理的木材。美國農業部（The United States Department of Agriculture）列出了四種國內特有具有抗腐性的木材品種：洋槐（Black Locust）、紅桑（Red Mulberry）、奧塞奇橙（Osage-Orange）和短葉紫杉（Pacific Yew）。非本地的抗腐性熱帶硬木物種包括當歸（Angelique）、亞柔貝木（Azobe）、橡皮樹（Balata）、梣葉斑紋漆木（Goncalo Alves）、樟樹（Greenheart）、南美洲蟻木（Iapacho）、桉樹／赤桉木（Jarrah）、癒瘡木（Lignumvitae）、紫心木（Purpleheart）和柚木（Old-growth Teak）。不如上述這麼具有耐腐性，但仍然分類為優良高度抗腐性的包括長年生長的落羽松／落羽杉（Old-growth Bald Cypress）、梓木（Catalpa）、雪松（Cedar）（包含東部或西部的紅雪松）、黑櫻桃樹（Black Cherry）、板栗（Chestnut）、檜木（Junipers）、皂莢（Honey Locust）、白橡木（White Oak）、長年生長的紅木（Old-growth Redwood）、檫樹（Sassafras）和黑胡桃木（Black Walnut）等。最後，以下本國植物具有中度抗腐性：落羽松（Bald Cypress）、花旗松／北美黃杉（Douglas Fir）、美洲東部／西部落葉松科植物（Eastern Larch/Western Larch）、長年生長的北美白松（Eastern White Pine）、長葉松（Longleaf Pine）、長年生長的沼澤松／濕地松（Slash Pine）和紅木（Redwood）等等。在許多情況下，這些物種不一定能作為農作物商業化種植，所以可能難以取得。因此選擇經森林管理委員會（FSC）認證的木材是最安全的，以確保木材是以永續性的方式開採及加工。

洋槐　　紅桑　　奧塞奇橙　　短葉紫杉

16.31 具有防腐的木材。

冷媒

以下這些冷媒有些對環境特別有害,不鼓勵且禁止使用於綠建築中。這些冷媒具有高臭氧消耗潛力(Ozone Depletion Potential, ODP)、高全球變暖潛力(Global Warming Potential, GWP)或兩者都高。包括 R-11 和 R-12 在內的氯氟碳化物(Chlorofluorocarbon, CFC)冷媒在九〇年代即被禁止,而在既有建築尋求改建修建的建築物中,如果具有這些舊型設備也需要積極更換,這些化學物質中的氯會與臭氧反應而破壞臭氧層。另外兩種常見的氫氟氯碳化物(Hydrochlorofluorocarbon, HCFC)冷媒,R-22 和 R-123 比氟氯碳化物具有較低的臭氧破壞潛力,但目前階段也正在逐步淘汰,因為它們仍然會破壞臭氧層。而氫氟碳化合物(HFC)中的 R-410a、R-407c 和 R-134a 因為是零臭氧消耗潛力,相對於上述兩種是目前比較好的選擇,但由於一樣具有全球變暖潛力值,所以這三個最終都將被淘汰。

與綠建築最相關的是加熱和冷卻系統使用熱泵的趨勢。這些包括地源熱泵、空氣源熱泵和鍋爐塔水循環熱泵,而所有熱泵都使用冷媒。短期內,綠建築應將其冷媒選擇限制在零臭氧消耗潛力的程度,然後更進一步來討論冷媒的全球變暖潛力值。我們注意到,這些化學品的影響並不是持續的,只是在洩漏時才會發生。冷媒的洩漏雖然對全球變暖有著相對影響,不過需要注意到另一個問題是與能源使用的持續性影響。與冷媒的洩漏相比,能源損失對全球變暖的影響仍然較大。例如冷媒 R-410a 的洩漏對全球變暖的影響是小於由含有 R-410a 的熱泵所產生的能源耗損的影響 3% 而已。

16.32 冷媒及其對環境的潛在影響。

冷媒	臭氧消耗潛力(ODP)	全球變暖潛力(GWP)	類型	備註
R-11 三氯氟甲烷(Trichlorofluoromethane)	1	4,000	CFC	20 世紀 90 年代逐步淘汰。
R-12 三氯氟甲烷(Trichlorofluoromethane)	1	2,400	CFC	20 世紀 90 年代逐步淘汰。
R-22 氯氟甲烷(Chlorofluoromethane)	0.05	1,700	HCFC	廣泛使用多年,但由於 ODP 和 GWP 值高逐步淘汰。 自 2010 年以來,新生產設備不再使用 R-22,生產用來維修現有設備的 R-22 將於 2020 底逐步淘汰。
R-123 二氯氟乙烷(Dichlorofluoroethane)	0.02	0.02	HCFC	HCFC 廣泛用於替代 R-11。包含 R-123 的設備將於 2020 年結束,R-123 的生產將到 20_ 年結束。
R-134a 四氟乙烷(Tetrafluoroethane)	0	1,300	HFC	廣泛應用於冰水機、冰箱和汽車空調中。 由於全球變暖潛力,已經開始考慮逐步淘汰。
R-152a 1,1 二氟乙烷(Difluoroethane)	0	124	HFC	正在考慮用來代替 R-134a。
R-290 丙烷(Propane)	0	3	HC	正在考慮用來代替 R-134a。
R-407c(23%R-32, 25%R-125, 52% R-134a)	0	1,600	HFC	廣泛應用於美國 R-22 的替代品。 由於全球變暖潛力,已經開始考慮逐步淘汰。
R-410a	0	1,890	HFC	廣泛應用於美國 R-22 的替代品。由於全球變暖潛力,已經開始考慮逐步淘汰。
R-717 氨 - NH3	0	0	–	有毒。用於一些吸收式冷卻設備。
R-744 二氧化碳 - CO2	0	1	–	
R-1234yf	0	4	HFO	可以視為 R-134a 的替代品。

為了限制冷媒對全球變暖的影響，對於使用熱泵的建築物，最佳做法包括：

- 在對空調系統添加補充冷媒之前，需要先進行強大的洩漏測試，例如，採用氮氣和真空的正壓試驗一段時間以確保沒有洩漏，並以書面報告呈現結果。
- 需要在機械室進行洩漏檢測。
- 提供整體有效的建築設計。節能的建築物通常將使用較小的加熱和冷卻設備，這也意味著更少的冷媒補充機會。在外殼和照明設計完成之後，對於設備的尺寸大小估算，可根據業主專案（Owners Project Requirements）需求中對於使用率的要求、使用時間和其他準確的業主要求，來安排適當的加熱和冷卻設備。
- 避免加熱或冷卻的空間在不需要的時候運行。這再次降低了所需的系統設備容量，也因此減少了所需的冷媒量。

廢棄物減量的設計

在新建建築物的設計中，可以經由規劃減少完工後使用者的資源浪費，例如透過設計手段在建築物完工之後減少材料與資源的使用。

例如可以為固體廢棄物管理的設置提供房間或空間，包括可回收物的收集和儲存區域、再利用產品和設備的收集和整理區域，以及廚餘堆肥區域等等。這些規定使居民更容易透過回收、再利用和堆肥來將廢棄物減量。

此外，可以記錄建築中所使用的材料，以便可以最小化局部更換。例如，記錄油漆的產品詳細資訊，例如製造商（品牌）、油漆顏色和數量以及採購來源，在業主手冊或完工報告書中都有詳細記錄，那麼需要整修時，整個空間將不需要整體重漆，只需少量訂購需要補強部位即可。這紀錄適用於大多數消耗品，如油漆和木材表面處理、窗戶和門的裝飾、線板、百葉窗、五金和小家具等等。

能拆解的設計有助於建築物最終階段使用時可以重新利用建築材料。拆解性設計原理包括採用模組化結構、簡化連接、選擇可以更容易拆解的固定元件、盡可能減少固定元件的數量、選擇耐用和可重複使用的材料並減少建築複雜性。拆解性設計的建築文件或設計圖可以幫助之後拆解時參考。

施工廢棄物管理

建築廢棄物管理的重點就是減少浪費，以避免製造垃圾掩埋需求。

透過高效率的材料使用減少浪費

建築廢棄物的管理最早是透過注意設計和採購過程中的材料效率開始的，透過更詳細地確定材料數量，便於達成有效的採購，從而減少浪費。

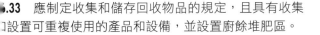

.33 應制定收集和儲存回收物品的規定，且具有收集□設置可重複使用的產品和設備，並設置廚餘堆肥區。

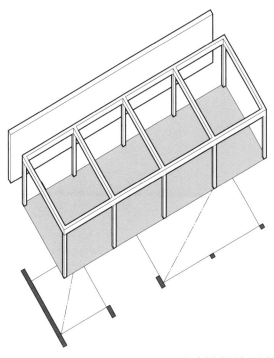

16.34 規劃和設計，以便拆除和重用。

使用前保護建築材料

在實際使用前，還要優先保護好建築材料。我們的目標不僅是為了防止材料的損壞而降低功能，同時也防止由於水分而產生黴菌而導致室內空氣品質的問題，也避免由於不合格的材料而造成物料浪費。以外觀不合格的情況下，需要仔細注意材料運輸過程，以防止在過程中損壞而造成材料被退貨。設計端的品質控制要求也許可以更加寬容，以不損害建築物的完整性前提下，接受具有非常輕微或表面損壞的材料，從而減少材料浪費。

從垃圾填埋場轉移廢棄物

綠建築廢棄物管理中的主要重點是將廢棄物從垃圾填埋場再利用。為了實現這一目標其中一個策略是在設計過程中納入廢棄物管理規劃，指定要轉移回收或再利用的材料。再利用的目標可以透過重量或體積來計算材料的數量，並規定可回收廢棄物的收集、分離和儲存規則，以便追蹤和量化廢棄物回收目標的情形。隨著時間的推進，我們希望透過更多的努力，例如用減少包裝的方式來實現減少施工現場的浪費。

其他材料問題

透明度

為了完全評估材料中的含量 —— 化學品、含能量、天然材料和回收材料比例、國內地區來源以及其他所需或需符合的特性 —— 材料成分標籤也成為綠建築材料中重要的組成部分。

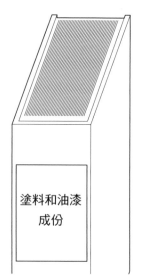

16.35 材料的透明度標籤可以評估材料的各項指標。

耐久性

耐久的材料也屬於一種綠色的措施，因為耐久性延長了材料更換的週期以及相關的材料耗損和更換所隱含的能量。另外也可以選擇不需要定期維護的產品，例如不需要定期打蠟的木地板。

仿生學

生物仿生設計是人類透過研究自然生態的動物植物系統如何運作的新興研究。在建築方面，天然的材料中可能已經展現了我們在結構中尋求的兼顧能源和材料高效率做法。自然形狀如圓柱體和正方形、平衡比例和有效面積比，都可用於高效的建築設計實務上。大自然給建築環境設計過程提供了許多好的原型，如淨水、加熱、冷卻和通風的方法。在仿生設計時應該具有一個原則，儘管自然界中許多材料、形狀和流程在設計上是有效和節能可以被應用的，但有些則不然。

16.36 德國製造商 Ziehl-Abegg 最近推出了一款以貓頭鷹翅膀鋸齒狀邊緣為設計的風扇葉片，結果明顯的增強了其空氣動力特性，且降低了噪音和能量消耗。

17

時程、流程和負擔能力

時程和流程

外部設計與平常的建築專案的規劃流程類似。施工都是從基地開始
規劃，接著建築外殼，最後到室內設計完成。

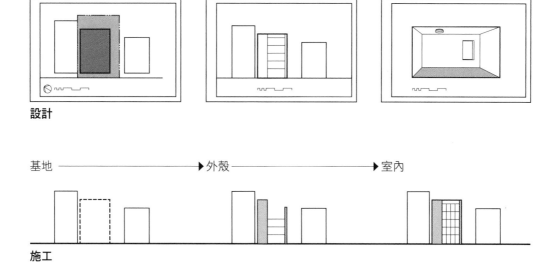

設計

基地 ——————————▶ 外殼 ——————————▶ 室內

施工

17.01 設計與施工都是從外部往內，以基地到外殼到室內這樣的順序進行。

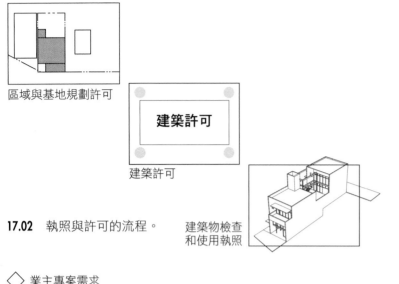

區域與基地規劃許可

建築許可

建築許可

17.02 執照與許可的流程。

建築物檢查和使用執照

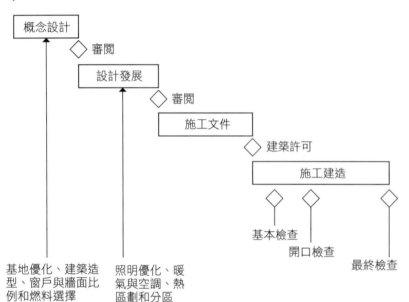

業主專案需求

概念設計

審閱

設計發展

審閱

施工文件

建築許可

施工建造

基本檢查

開口檢查

最終檢查

基地優化、建築造型、窗戶與牆面比例和燃料選擇

照明優化、暖氣與空調、熱區劃和分區

17.03 綠色設計應在相關審閱與許可之前開始。

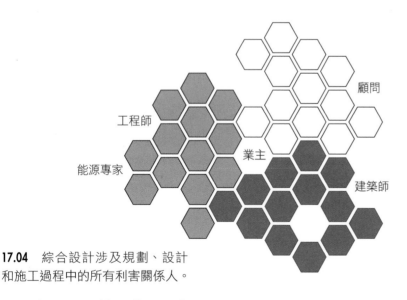

顧問

工程師

業主

能源專家

建築師

17.04 綜合設計涉及規劃、設計和施工過程中的所有利害關係人。

各種建築許可與批准也遵循由外而內的順序。基地規劃許可取得通常在取得建築許可證之前，基礎和結構的許可應該在電氣和機械穿孔或施工之前，但實際上建築檢查員在建築室內完工時常發現流程不正確。

這並不是說綠色設計應該與施工同時進行，甚至與審查許可同時進行，而是綠色設計在評估審查之前應該有效地規劃。否則，光是建築物立面可能就會得到不同分區階段和許可，在這一點上，諸如建築物形狀或窗戶設計等方面就不能針對低耗能設計進行整體優化，所以，至少能源系統的優化需要在分區圖面審閱開始前進行。

通過同意與批准，不僅單指政府地方局處的核可，也包括建築業主或開發商的批准。如果業主在檢討能源系統或影響之前就選擇了設計效率低下的建築設計，這樣會使建築師和業主陷入困境，一方面顧及初期條件中效率低下的能源設計，或者必須經過努力變更設計。

綜合設計的參與者希望從設計專案開始就參與整個設計團隊，包括能源專業人士和業主。這是一個正向的發展，如果沒有一體化設計，那能源分析的階段就是在設計完成之後才開始檢討能源模型，而不是透過初期的整體能源目標而影響設計目標。

在這個階段，只有對設計進行漸進式的改進才能將能源消耗逐漸減少，而且這個減低程度有時會很小，甚至在電費水費帳單中沒有辦法明確的衡量。因此，業主或承租戶只能在建築物的生命週期內減少不確定的水電費效益，卻可能必須支付高於原來的建築建造成本，而在能源設計的早期階段檢討則可以防止這樣的缺失。

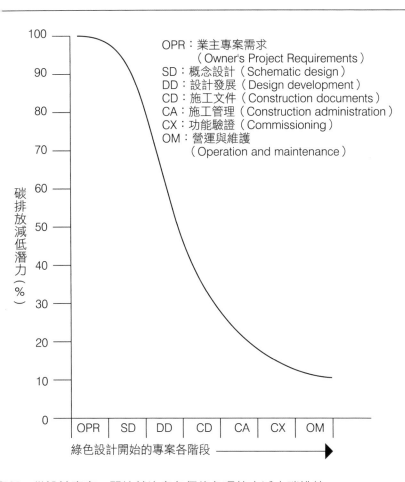

OPR：業主專案需求
　　（Owner's Project Requirements）
SD：概念設計（Schematic design）
DD：設計發展（Design development）
CD：施工文件（Construction documents）
CA：施工管理（Construction administration）
CX：功能驗證（Commissioning）
OM：營運與維護
　　（Operation and maintenance）

縱軸：碳排放減低潛力（%）

橫軸：OPR | SD | DD | CD | CA | CX | OM

綠色設計開始的專案各階段 ⟶

7.05 從設計專案一開始就注意各個綠色環節來減少碳排放。

另一個用來查看設計和施工的角度是減少碳排放的潛力。如果從專案一開始就採用綠色設計，相對於傳統建築，碳排放量可能可以降低高達 100%。影響碳排放的重點在設計的早期階段介入則可以有效減低。例如，如果在初期設計草圖中沒有考慮到綠色方面，並且建築形狀、窗牆比都設計完成了，這時對要設置再生能源的屋頂或來說面積就有限，會大大減少影響減碳排放的潛力。此外，如果不透過設計開發過程來審查綠色環節，也會影響建築佈局、無空調空間、照明和冷暖空調系統的潛在碳排放的影響。如果綠色設計僅在施工階段才開始進行，只能透過加強和小部分的改進（如窗戶的 U 值或 HVAC 效率）才能減少碳排放量。最後，如果沒有在前期的設計階段採用綠色設計，那麼減碳排放的機會只剩下在後期建築物營運和維護的階段努力。

在施工期間，承包商有時會比預計時程超前進行施工作業，並儘量減低成本。這種加速可能會犧牲對細節的關注，尤其是在熱邊界和保持能源系統功能性的連續性領域。

當在建築外殼上開孔時，包括未密閉的管線穿透、沒有密封的天花板、未密封的電線穿透、地板到地板管道中間空間未密封、沒有密封的窗框、未密封的門框等等。大多數這些未密封的孔洞會被表面處理來遮蔽，但實際上還是有縫隙，這是施工期間需要注意品質控制的地方。因為時程前移，裝設機電系統之後，如照明、加熱和冷卻系統，也都會增加能源使用。施工期間是需要品質控制的重要時刻，建築檢查員和設計專業人員需要找尋這些能源的缺陷，並能夠在地基、牆壁、窗戶、屋頂和地板完工或包覆遮蔽之前就針對建築物整體能源系統進行全面性檢查。

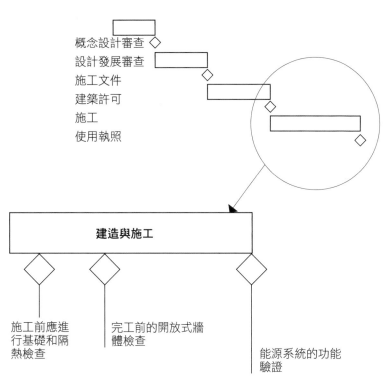

概念設計審查
設計發展審查
施工文件
建築許可
施工
使用執照

建造與施工

施工前應進行基礎和隔熱檢查

完工前的開放式牆體檢查

能源系統的功能驗證

7.06 綠建築需要進行檢查的關鍵時刻。

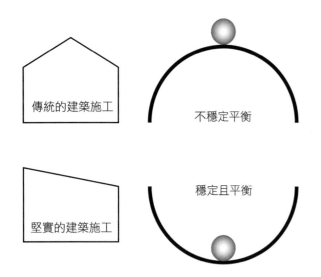

傳統的建築施工

堅實的建築施工

不穩定平衡

穩定且平衡

17.07 比較傳統和堅實建築的一種比喻。

第一組：可以降低施工成本的改進措施。

策略包括：

- 減少樓板面積
- 減少建築表面積
- 使用先進框架
- 減少不需要空間中的加熱和冷卻設備
- 負載減低可以減少加熱和冷卻設備的尺寸以及過大的配電尺寸
- 由於優化的設計，反光率更高的牆壁和天花板，以及避免嵌入式照明和過高的天花板設計，同時減少了照明的負載，因此減少了燈具數量
- 由於減少了人工照明，相對產生的熱降低也減少了空調系統和配電尺寸
- 減少固定裝置的冷水管和閥門，如設置無水小便斗
- 減少建築垃圾及廢棄物
- 使用外觀不完美的材料
- 將多個用途或空間結合在一個建築物中，而不是分散在幾個較小的建築物中
- 直接使用未完成的表面、或是素面結構體作為室內裝修面
- 露出管道和管線，做成開放式明管
- 將閣樓和斜屋頂取消
- 減少戶外門的數量
- 減小窗口大小和數量

一種能夠互補的方法將建築物設計的更加堅固，例如，本身就具有較少接頭和穿孔的建築，以及將加熱和冷卻系統完全放置於熱封層中。這樣的建築物比較不會有施工缺陷，也可以將潛在的漏水部位、熱橋點和管線損失減至最低。從建築物外部開始，簡化建築造型，並最大限度地減少轉角和退縮的部位，然後最小化門、窗口、通風滲透和燃燒煙囪而穿透的孔洞，並使用一體式或強力保護的材料層，如 SIP 板、隔熱混凝土等，在其他牆壁和屋頂結構設置最少的穿透點，以減少接頭和熱橋的發生。建築物中潛在的缺陷部位，以及低能耗建築物的性能缺點其實很難在施工檢查過程中完全發現。我們可以用一個大理石和兩種狀況的平衡來比喻，如果將一塊大理石放在凸的圓半球形頂端，這時大理石處於危險的平衡狀態，除非剛好保持在最穩定的位置，否則如果有任何閃失，則大理石將會掉落。另一方面，如果將大理石放在凹的圓半球形底部，則大理石處於非常穩定的平衡狀態，即使有晃動或干擾，它也將自動恢復平衡。所以設計完整的建築物其實就具有自動將部分缺失改正的能力。

可負擔性

綠色設計的改進可能會降低施工成本，也可能不影響成本，或者可能會增加施工成本。成本的變化會根據地理位置、當地的經濟狀況和時間而變化。但是，根據其整體施工成本的影響，我們將進行幾種分組說明。

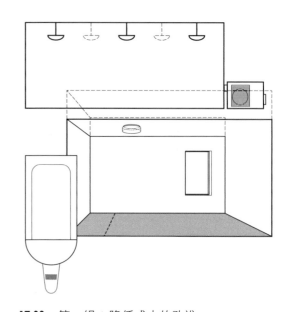

17.08 第一組：降低成本的改進。

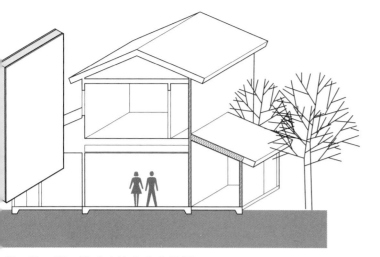

09 第二組：對成本沒有太大影響。

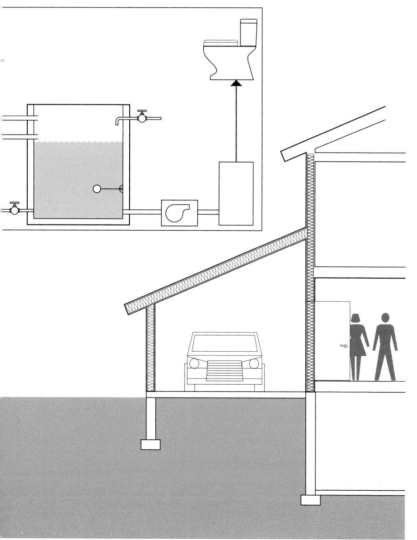

10 第三組：提高施工成本的改進措施。

第二組：大致與成本持平的改進方法。
策略包括：

- 使用例如 SIP 這種預鑄牆板，雖然增加
  了材料成本，但是降低了人工成本
- 使用樹木和其他植物遮蔽
- 取消地下室和地下爬行空間，用相連或
  內部儲存區來取代
- 將無空調的空間移動到建築物周邊

第三組：會提高施工成本的改進措施。
策略包括：

- 增加隔熱
- 增加空氣氣密性
- 高效率的加熱和冷卻設備系統
- 熱分隔以抵抗熱橋現象
- 高效率的家用熱水系統
- 使用遮陽篷和懸垂遮蔽
- 熱回收通風或能源回收通風系統
- 雨水收集系統
- 提高能源效率的物品，如隔熱窗簾
- 高效能的燈具
- 節能照明控制
- 高效率的電器
- 可以加強熱邊界的材料，例如在無空調
  空間與空調空間之間的隔熱門
- 透過隔熱和空氣密封設置，為無空調的
  空間（如車庫）增加第二個熱邊界
- 水平使用熱分區
- 分隔建築垂直空間
- 再生能源系統
- 低逸散材料
- 適當的聲學處理
- 綠屋頂
- 執行品質控制來確保滿足建築的目標
- 以文件紀錄滿足綠建築規範、標準和指
  南的要求

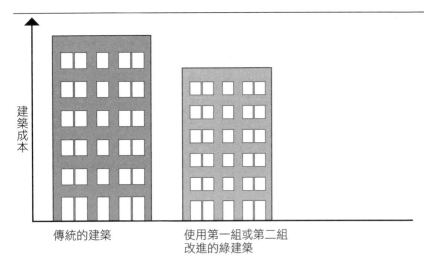

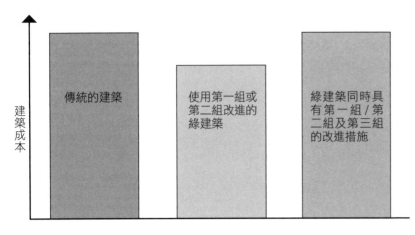

在評估綠色改善的施工成本時，我們必須實地對待自己和我們的客戶。許多綠建築改善將增加建築專案的成本。相反地，透過綠色設計則可以實現一些潛在的成本節約[能]。

以下兩個原則可能有助於表達評估綠建築成本負擔：

- 如果建築物設計只使用第一組（降低建築[成]本）和第二組（成本持平）中的項目來改進[，]則該建築物的建造成本與相同未改善前比[較]是較低的，也將使用較少的能源和較少的[材]料。
- 第一組改善所節省的成本可以用來抵消第[二]組（增加建築成本）中某些項目改善所增[加]的附加成本。我們可以拿一座相當於傳統[設]計的建築與綠建築來做比較，因現在使用[的]能源大大減少，施工的材料也減少。

另外，如果一棟綠建築的初期成本比傳統[建]築的成本更高，那麼可以根據未來的營運[狀]況來估算節約成本，而根據能夠節省的能[源]成本來抵銷部分增加的建築成本。在第 18 [章]「綠建築設計與施工品質」將對此進行分析[。]

而以減少碳排放的角度來看的話，經由第[一]組（降低建築成本）和第二組（成本持平[）]改善的建築物的排放量將比傳統設計的建[築]物的排放量要低。同樣的建築物如果經由[第]三組的改善（增加建築成本）會有更低的[排]放量，而成本則與傳統建築幾乎相同。最後[，]如果增加更多第三組中的改進手法，建築[物]可以展現零碳排或接近零排放的效益，同[時]因為節能減少的能源使用造成生命週期成[本]會比傳統建築更低。

17.11 使用第一組和第二組改進建築物建造的成本較低，且就算沒有進行其他改進情況下，也使用較少的能源和較少的材料。

17.12 使用第一組改善措施所節省的成本可以用於抵消第三組措施的某些改進而增加的成本。

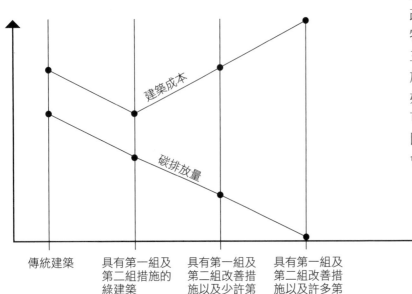

17.13 用降低碳排放的角度來評估建築物。

18
綠建築設計與施工品質

所有的建築物在設計和施工中都容易受到品質不良的影響。然而，綠建築還存在其最具重要的綠色功能相關的額外問題。品質不良的指標包括高能耗、不小心使用具有高化學成分和容易氧化的表面處理劑，或是因為漏水導致室內高濕度和發霉現象。

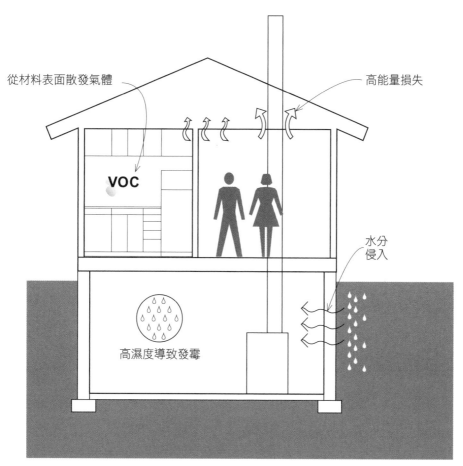

18.01 建築品質不足的指標。

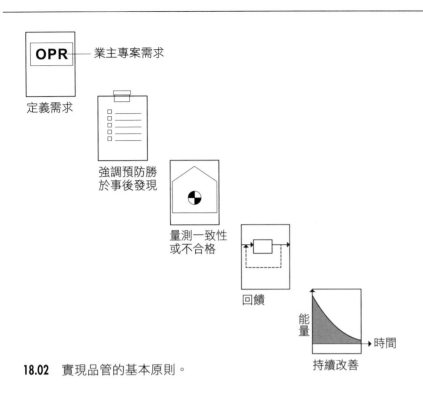

定義需求 — 業主專案需求 OPR

強調預防勝於事後發現

量測一致性或不合格

回饋

能量 → 時間

持續改善

18.02 實現品管的基本原則。

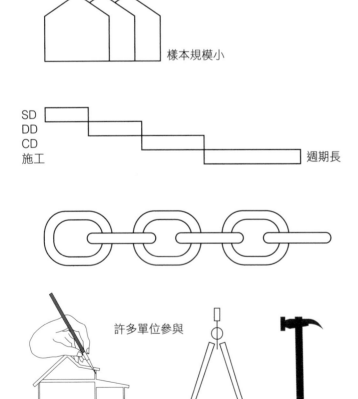

樣本規模小

SD
DD
CD
施工

週期長

許多單位參與

18.03 設計與施工品質所面臨的挑戰。

綠建築可能比傳統建築物更容易遭受某些類型的缺失。例如，對於一個設計為總體滲透率為 0.1 ACH（每小時換氣率，Changes Per Hour, ACH）的建築物來說，如果產生 0.1 ACH（每小時換氣率）的洩漏缺失，則其滲漏率就增加了 100%。這可能導致空調系統的容量不足，造成建築物中熱舒適性不佳。相同的漏氣問題對 0.5 ACH 建築物的影響就只有 20%，甚至可能完全沒有感覺到。同樣的，如果將高 VOC（有機揮發物）污染的地毯無意中裝設在綠建築物當中，則室內污染物濃度可能高於一般的通風或氣密不佳的建築物。

因此，綠建築對於品質控制要求很高。

過去幾十年來，品質相關研究有了顯著的進步。品質控制的基本原則包括：
- 定義需求
- 防止缺陷發生而不是事後檢查缺陷
- 量測對於需求的一致性或不一致性
- 回饋
- 持續改進

設計和施工品質的阻礙很多。與其他工廠（如大規模生產製造）不同，建築物通常一次只建造一棟，要完成每個建築物樣本規模很小、循環時間又很長，這些因素阻礙了持續改進所需的量測和回饋。建築物的設計和建造也涉及許多專業領域，任何一個都可能是建築薄弱的環節，影響品質問題。

克服這些障礙的方法包括透過使用強大的建築元素來設計品質，並採用各種方法來控制設計和施工過程中的品質。這些包括定義需求、檢查、功能驗證（調試）、量測和驗證以及監控等。

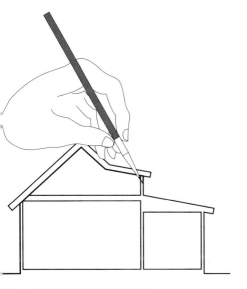

04 將品質設計融入建築物中。

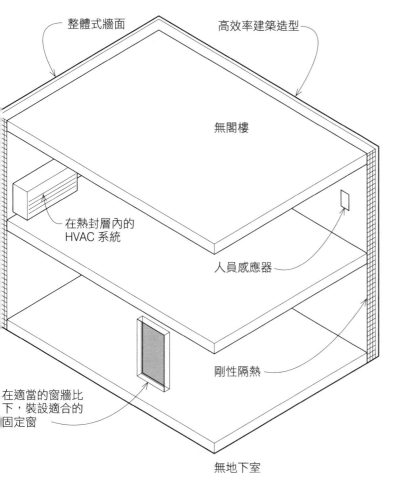

整體式牆面　　高效率建築造型

無閣樓

在熱封層內的
HVAC 系統

人員感應器

剛性隔熱

在適當的窗牆比
下，裝設適合的
固定窗

無地下室

05 設計融入品質的做法。

設計品質

為了盡量減少缺陷產生的風險，特別是在能源消耗相當低的綠建築中，最直接的方法就是將品質設計在建築物中。這在傳統的品管方法中稱為缺陷預防，並且與缺陷檢測形成對比，缺陷檢測是完成之後再次檢查並尋求弱點，而設計品質不會減輕檢查要求，但可以降低發生缺陷的風險。

綠建築設計影響品質的機會很多。例如，用 ICF（Insulated Concrete Forms，隔熱混凝土板）、SIP（Structural Insulated Panels，承重隔熱板）和類似材料構成的整體牆壁與框架式或現場澆置的牆壁相比，具有較少的穿透性、更堅固，且不太可能失敗。剛性隔熱板、密集纖維板和泡沫隔熱板與一般的隔熱棉或鬆散包裝的隔熱材相比也不太會下垂或留下中間空隙等。如果建築空間不是特別需要通風的話，也許不需要可開啟的窗戶，因為與可開窗戶相比，固定窗戶較不會發生空氣洩漏。將加熱和冷卻設備系統完全放置在熱封層中，較不需要依賴配管系統洩漏和熱損失的檢測，並且將依賴於系統或設備來抵抗這種耗損減至最低，例如隔熱和空氣氣密檢測。最近一項關於加州非住宅建築物的管道密封能源規範的研究中發現，不合格率為 100%，換句話說，研究中沒有一棟單一的建築物符合要求。除了符合規範要求，我們更可以透過不將配管系統安排在無空調的空間來保證符合這樣的要求。

一些設計品質的改進是相當微妙的。例如，閒置或手動感應器會比傳統的人員感應器更有效地減少能量使用，因為這些傳統的人員感應器通常會在短暫的使用期間會造成許多不必要的開燈現象。

較不依賴設備效率和裝置效率的建築設計，例如建築造型、耐熱性和適中的窗戶與牆壁比率，可能隨著時間的流逝仍然保持著高效率。

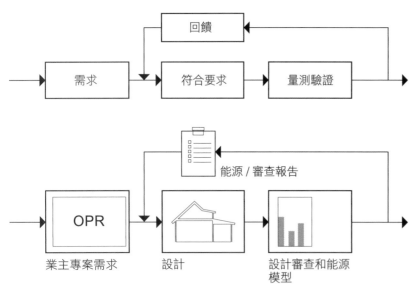

18.06 應用於設計的品質手法。

達成高品質的設計與施工

除了防止施工和建築造成的不良設計品[質]外，還可以將綠建築設計和施工的一整[套]工具用來檢測和消除缺失。這方法需要[專]案團隊全心全意的保證品質並採用品質[適]當的標準，以符合需求、量測、回饋和[持]續改進的流程。

施工文件本身就是用來定義需求的工具[之]一。然而，在施工圖說文件的細節中，[通]常不會記錄有關建築設計的目的與概念[。]近年來功能驗證相關文件的功能開始[發]揮，其中記錄著業主專案需求、性能要[求]和其他綠建築要求，例如需要執行哪一[種]綠色評估系統、目標能源的使用、氣密[或]漏程度或定義熱舒適度範圍。

設計品質

取得綠建築認證如 LEED 的好處之一，[就]是其中所要求的文件可以作為品質檢驗[與]控制的一種形式。為了記錄空調系統不[過]量設計，所以需要對空調系統的尺寸進行[檢]討；為了記錄建築物的標準，如 ASHRA[E]62 的通風標準，就需要檢討建築物的通風[。]這也是用來控制品質的好處之一，藉由[對]一個評估項目檢查的重要性更大於獲得[的]分數。

施工品質

檢閱送審的文件在長期以來一直是保證[施]工品質的最佳做法。審查的文件中記錄[著]符合專案的要求，通常也包括各種產品[的]次級替代品，而對於綠建築專案來說就[是]效率低下或有污染的產品。送審文件的[做]法在大型商業的建築專案中很常見，但[是]對某些不常見的專案，如住宅、小型商[業]和許多私人的專案是有益的。

經由各種最佳實踐來保持施工品質，在[施]工前舉行專案會議，可以找出並事先解[決]缺失。

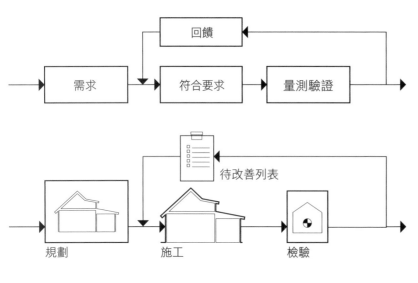

18.07 應用於施工的品質手法。

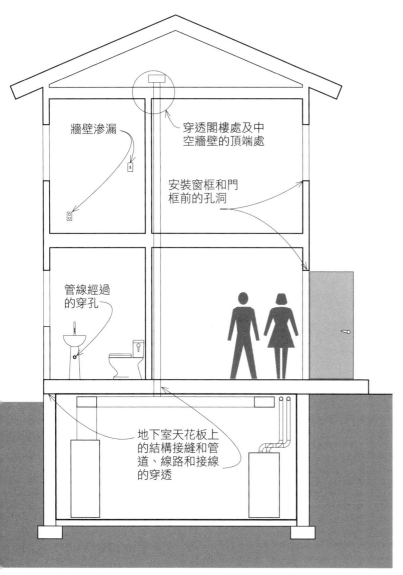

牆壁滲漏

穿透閣樓處及中空牆壁的頂端處

安裝窗框和門框前的孔洞

管線經過的穿孔

地下室天花板上的結構接縫和管道、線路和接線的穿透

8.08 定時檢查氣密細部。

聽起來很簡單，其實檢查中的一個重要做法是拒絕不良作業。透過良好的檢查可以找出不良的作業，現場檢查的最佳做法包括：

• 有足夠的時間進行檢查。
• 準備一套施工文件。
• 進行一段時間的檢查，以便在隱蔽處、封閉的位置和其他不可接近的地方檢查出部分重要的特性，如隔熱和氣密性。
• 文字和照片的紀錄，以便及時記下觀察問題。

檢查氣密的細節時機非常重要。這意味著在安裝模組之前檢查門窗，在氣密之前檢查牆壁中的孔洞，並檢查所有穿透建築物的部位。

能源模型

綠建築設計品質的基礎可以透過能源建模發現，能源模型可以幫助建築業主和設計專業人士做出良好的能源決策。

建築能源模型可以用於幾個不同的目的，包括改進評估、符合能源法規、符合更高的標準或評級、預測水電費和營運成本、稅務獎勵、州或公用事業的獎勵措施。某一些還可以形成加熱和冷卻系統設計的基礎。進階的模型用途還包括細部和優化加熱、冷卻和照明系統的控制。

有效的建築能源模擬的關鍵是在做出決策前進行建模。如果在建築形狀決定後才進行能源模擬，則模擬結果將不能影響建築物的形狀。如果在渲染或外部設計完成後才執行能源模擬，則模擬將無法影響窗口與牆壁之間的比例。如果在選擇加熱和冷卻系統之後才進行能源模擬，則模擬結果就不能影響加熱和冷卻系統的效率。

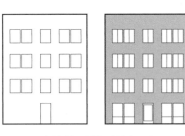

| 概念設計 | 設計發展 | 施工文件 |

簡單模型
建築造型
燃料選擇

逐時模型
細節
改善措施

完整模型
能源法規
綠色認證
稅金及獎勵要點

18.09 建築能源模型的類型。

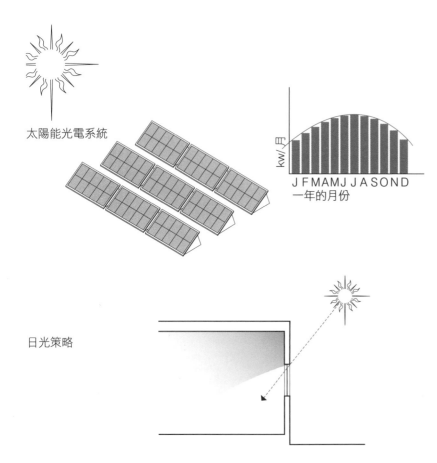

太陽能光電系統

kw/月

JFMAMJJASOND
一年的月份

日光策略

18.10 特殊能源模型太陽能光電系統。

能源建模根據不同目的可能需要創建不[同]的模型，即便它想要將所有的服務與功[能]都集中於一個模型內。能源標準法規中[要]求最終建築和包含能源系統的能源模型[，]根據定義評估和選擇改進則與法規需要的[。]相反，如果還沒有完成任何的決策且所[有]的選擇都是開放的，則設計就有更大的空[間]。

能源建模的順序可以包括：

- 簡單模型，用來檢查建築形狀、天花[板]高度、窗戶與牆壁的比例，以及初步的[。]加熱和冷卻系統設計，或是燃料的選擇[。]建立這樣的模型所需的時間通常為 2 至[4]小時。

- 逐時 / 整體建模。這也被稱為小時模型[，]因為它透過檢討其一年中每個小時的室[內]外溫度和日照角度的結果來模擬建築物[。]的能源使用情況。逐時建模用於評估各[。]種改進措施——包括熱區劃、隔熱設計[、]減少熱橋、使用無空調的空間、高效率[。]的照明設計、評估加熱和冷卻設備及配[。]電系統、家用熱水系統設計、指定控制[。]系統並設計通風系統。建立此模型所需[。]的時間通常為 40 至 80 小時，儘管對於[。]較小的建築物（如住宅房屋等）而言可[。]能較少，對於大型或異常複雜的建築物[。]而言可能更多。

- 完整建模。在這個階段，包括法規的合[。]法性、標準符合性、公用事業水電成本[。]預測和狀態文件的最終選擇的改進方案[。]和配置與相同的逐時 / 整體模型和適用的[。]獎勵措施都包含在內。建立此模型所需[。]的費力程度取決於建築類型和任何特定[。]程序的要求。它可能是直接採用逐時 / 整[。]體模型來編輯，也可能納入更多的編輯[。]來重新運行模型。

特定能源模型和電子試算表可用於更先進[。]的系統和方法，如太陽能光電系統、採光[。]和熱電聯產（CHP）。

有趣的是，大多數能源模型都具有一些附加的限制。大多數模型可以進行參數分析，換句話說，可以檢查改變一個參數影響的能力，例如添加到建築物的牆面 R 值或改善建築物的窗口 U 值。然而，模型卻通常無法直接評估或改變參數，從而簡化建築。這種改變的參數可能包括減少建築面積或過高的天花板高度，用來簡化建築形狀、從空間去除熱量、或減少窗口的大小或數量。雖然這些建築物的改進措施通常可以在能源模型中進行修改，但這些修改後的結果要在建築物中落實並不那麼容易。因此，即使在能源模型中，如何在建築物中增加建築能源改善的方法仍然比從中減去更值得我們關注。我們可以用雕塑家的比喻來說明建築能源設計的要求，其中比較好的做法是將多餘從雕塑中減去，而不是添加。

能源模型本身的品質控制對於防止可能選擇不適合或甚至錯誤的省電系統至關重要。品質控制包括建模者對模型的自我檢查、稽核審查和第三方的程序化的審查。審查應包括與建築圖說相比較，並將產出與類似建築物基準互相比較。

對於商業建築的設計，軟體程序應符合 ASHRAE 90 附錄 G 中的要求，這也是大多數規範和標準法規文件中所要求的。對於住宅大樓，RESNET 的 HERS 計劃是規範文件的重要參考。

功能驗證

功能驗證最初定義為一種施工檢查的形式，用來確保機械和照明系統按照預期所運行。不過現在更新更廣泛的定義中，功能驗證可以作為整個綠建築專案的品質控制的工具，包括專案要求的定義和文件、外殼、其他非機械／照明系統的檢查以及提供建築物回饋的量測操作可以持續的改進。

功能驗證通常由獨立的功能驗證單位執行，以保持與參與設計和施工人員的責任分界。功能驗證單位通常直接為業主工作，相對於設計團隊和承包商的獨立性，「功能驗證單位」也被稱為「功能驗證代理人」或「功能驗證專家」，每個條款可能有一些不一致之處。在本書中，我們使用的通用術語是功能驗證單位。

業主專案需求

功能驗證是從一個被稱作業主專案需求的文件開始，其中說明了業主的目標，包括建築物的主要目的、相關歷史、未來需求、專案預算、預期的營運成本、施工進度、預計建築壽命、所有空間用途、材料品質、聲學要求、專案交付方式，如設計＞投標＞施工，或是設計＞施工等，還有其他針對環境目標的培訓，包括自願性的認證，如 2030 建築挑戰（Architecture 2030）或是 LEED 評估系統、特定能源利用指數或淨零能源的能源效率、碳排放量、熱舒適度、專業照明以及業主優先考慮的綠色選擇，例如最低碳排放量或最低生命週期成本。其他的關鍵決策是同不同意在法律允許的情況下在建築物中吸煙，如果不完全禁菸，在建築物的哪些區域、建築物附近周圍如何限制，以及如何執行，例如用標示牌限制使用者。綠建築或許可以樹立一個榜樣，在建築物或基地內完全不允許吸煙，成為禁菸空間。

```
環境目標
[ ]    建築 2030
[ ]    LEED
       [ ] 合格級    [ ] 銀級
       [ ] 金級      [ ] 白金級
[ ]    能源之星（ENERGY STAR）
[ ]    HERS____Target
[ ]    Passivhaus
[ ]    其他：_____

能源目標
[ ]    能源規範
[ ]    低於標準：_____%
[ ]    淨零能源
       基本 [ ] 基地
            [ ] 來源
            [ ] 碳
            [ ] 石化燃料
```

18.11 綠建築的環境和能源目標。

18.12 空間使用數量調查的例子。

空間：105	關於空間的描述		
小時	周間使用人數	周末使用人數	備註
12–1 am	0	0	
1–2 am	0	0	
2–3 am	0	0	
3–4 am	0	0	
4–5 am	0	0	
5–6 am	0	0	
6–7 am	0	0	
7–8 am	0	0	
8–9 am	0	0	
9–10 am	14	0	一般員工會議
10–11 am	2	0	
11– 中午	2	0	
12–1 pm	10	0	午餐用餐空間
1–2 pm	2	0	
2–3 pm	2	0	
3–4 pm	2	0	
4–5 pm	2	0	
5–6 pm	0	0	
6–7 pm	0	0	
7–8 pm	0	0	
8–9 pm	0	0	
9–10 pm	0	0	
10–11 pm	0	0	
11– 午夜	0	0	

設計專業人員可以幫助業主定義專案目標。對專案成本和建築能源效率有重大影響，例如建築物預計使用的空間。業主應優先在每個基礎上確定一般工作日的每個小時的使用率（人數）和活動類型以及週末的狀況。該資訊用來控制通風系統、加熱和冷卻系統的尺寸以及能源建模。資料越詳細越好，如果使用資訊被錯估並且太過保守（過量設計），通風系統將會過大、暖氣系統也將會過大、冷卻系統將過大、配電系統也將會過大，所以整個系統的成本將超過必要的費用，同時也使用更多非必要的材料，而且建築物完工之後將使用比所需更多的能量。所以精準的使用資訊也有助於讓後續的功能驗證測試進行品質控制。

照明水平的目標也應與業主討論並記錄在文件中，建議值為 IES 建議的下限。照明控制應逐一選擇和記錄，例如可能是「手動啟動，無人關閉、3 分鐘延遲關閉」或「手動控制」，多層次切換，根據 IES 建議的「最小值控制 1/3 段、2/3 段與最大光線三級設計」。

這些細節不應該被視為超出業主討論的能力，反而越詳細越好，因為這些決定將對建築能源使用產生重大影響。

18.13 室內照明需求的例子。

空間	描述	照明等級	控制				備註
		(fc)	手動	人員感應	亮度感應	定時	
101	走廊	10		●			1 分鐘關閉延遲
102	辦公室	30	●				3 級亮度調整
103	廚房	30		●			無人一分鐘後延遲感應關閉

14　外部照明需求的例子。

空間	出入需要	安全性	娛樂	裝飾性	備註 (1)
停車場	日落 –10 pm				定時控制
走廊	●				動作控制 1 分鐘延遲
網球場			●		
入口標誌				●	亮度感應開啟 11 pm 定時關閉

1）所有的外部燈都配備有光電感應器，以防止日間誤動作。
　　開啟：0.5 英尺燭光
　　關閉：1 英尺燭光

戶外照明需求也應透過討論來確定，哪些燈用於安全需求？哪些燈用做出入需求？戶外夜間的活動需要哪些燈以及為了裝飾需要哪些燈？更進一步思考戶外照明的安全需求。可以使用移動感應器提供更高的安全性和更少的使用能量嗎？如果不使用移動感應器，在夜間全部環境都需要戶外燈，還是可以在晚上關閉一部分的燈呢？

室內的溫濕度目標設定應逐一根據夏季和冬季以及被使用和未使用的模式修正。作為此過程的一部分，業主應明確確定哪些空間需要加熱、哪些空間需要冷卻、哪些空間不需要加熱和冷卻。此外，溫度和濕度的控制能力也應分開確定，換句話說，哪些空間需要有獨立控制能力？設計專業人員應該明確說明溫度控制的差異，以便業主可以做出明智的決定，因為這些決定會對節能和舒適性產生很大的影響，例如，有沒有劃分熱分區。對於每個恆溫控制器的設定點，應確定設置定溫（使用模式）或通風（未使用模式）的日和週的時間。這些細節的文件提供了設計、設備尺寸和能源建模的清晰輪廓，也是功能驗證測試的基礎。

15　溫度控制需求的例子。

空間	描述	暖	冷	設定之上限				設定之下限			
				加熱	冷卻	M–F	S/S	加熱	冷卻	M–F	S/S
101	辦公室	●	●	70	74	7–5	–	55	90	5–7	24 小時
102	大廳	●	○	70	無	7–5	–	55	無	5–7	24 小時

圖示：　● 自動控制
　　　　◐ 手動控制
　　　　○ 無控制
　　　　M-F：週一到週五
　　　　S/S：週六與週日

18.16 目標優先排序。

防止環境破壞	■ ■ ■ ■
促進人體健康	■ □ □ □
改善人體舒適	■ □ □ □
改善經濟性	□ □ □ □
政治（例如減少對石油的依賴）	□ □ □ □
增進生活品質	□ □ □ □
社會目標（例如公平的勞動行為）	■ ■ □ □
人的精神（如喜愛自然，自力更生）	■ ■ ■ □

18.17 目標反射率的例子。

空間	描述	天花板	牆壁	家具	地板
101	辦公室	90%	80%	60%	60%
102	走廊	90%	90%	無	80%

注意：高反射率降低了對人工照明的需求，減少了能源消耗也降低了燈具的成本。

示例：　90%　　60%　　30%

明亮的白色：	90%
米白色：	70–80%
一般地毯：	5–9%
高維護的地毯：	9–13%
木材：	20–54%
淡藍色：	80%
黃色：	47–65%
一般混凝土：	20–30%
拋光混凝土：	70–90%

18.18 窗戶的需求例子

空間	描述	景觀	日光	WWR (1)	備註
101	辦公室	◑	√	15%	
102	走廊	○	na	na	
103	大廳	●	√	30%	

注意：（1）WWR = 窗口 - 牆的比例（Window-to-wall ratio）除了從能量模型中顯示可以獲得被動太陽能或日光的效益之外，較低的窗牆比例可以顯著降低能源消耗

0–10%	低
10–20%	中等
20–30%	高
>30%	非常高

圖例：○ 無景觀需求
◑ 需要適度景觀
● 需要全景觀
na 不適用

業主的專案需求文件也說明了業主在綠色施之間的優先次序，以防專案預算不足納所有功能時的權衡，例如，業主可以從算章介紹中列出的綠色目標進行選擇，然後照重要性排列。此外，業主也可能會將個改進排序，例如 LEED 評估系統中的可選分項目或其他標準、法規或準則中從高到的優先程度。

業主也應該確定天花板、牆壁、地板和家的目標照明反射率，最好從彩色的反射率表中選擇。傳統上，設計的基準大概是天板 80％，牆壁 50％ 和地板 20％ 的預設反率。減少照明設備數量，對於減少能源消和減少採光所需的窗戶面積的潛力非常大業主對這些決策的參與可顯著降低施工成和能源消耗。

由於窗戶的能源成本及其相關的熱舒適性題，業主的專案要求應包括逐一對窗戶的估。業主應該思考有關窗戶的問題：在樓間和平台、走廊、機械室、洗衣房、門廳儲藏室等公用空間中的窗戶可以消除嗎？以減少使用空間的窗口數量和尺寸嗎？換話說，立面圖中哪些部分需要窗口？景觀的最小可接受尺寸是多少？哪些窗戶應該開啟，以便給予使用者足夠的舒適控制，些應該設置成固定窗？窗口與牆壁的比例多少？哪些較小的零散窗口也許可以組合單一較大的窗口？

業主的專案要求應該要能解決建築物的形狀和大小的平衡。可以降低過高的天花板高度來減少能源使用和建築成本嗎？可以消除閣樓、地下室和地下爬行空間嗎？屋頂可以採用平屋頂，以減少與屋頂相關的能量損失嗎？哪些面積比的改良是可以接受的，如建築高度、形狀簡化和更大的周長深度呢？

未來要納入的綠色措施也應該在業主的專案需求文件中列出。例如，如果太陽能沒有在初始納入設計，未來是否可能加入太陽能的設施呢？如果是，屋頂應該設計保留可以接受太陽能集熱板或光電板的預留空間。

業主專案需求的最佳實踐包括：

- 舉辦專案會議，讓主要利害關係人參與專案需求的討論以及可以審查專案要求的重要性。並可以採用兩階段工作，經過第一次會議後完成業主專案要求的草案，並在第二次會議後發布最終版本的文件。
- 避免業主專案需求的籠統敘述。例如：「建築物以高效率營運，以最小化水電消耗」這樣的描述並沒有為設計團隊提供明確的目標。相反地，諸如「滿足能源之星得分 95 分以上的設計」或「滿足能耗利用指數為 30kBtu／SF／年」的具體敘述則提供了更明確的目標。
- 專注於業主的需求，而不是設計專業人員自己設想的需求，如室內外設計溫度條件。業主的專案需求中的每個項目應由業主理解並促使業主參與制定要求，這樣還可以降低設計專業人員或功能驗證單位逕自完成文件的風險。
- 允許業主評估權衡並做出明智的決定。例如，業主的專案需求可能會在能源建模後，因為關鍵設計方案的預測不同後才改變。這對業主專案需求的文件和日期可能會有一些修訂。
- 將需求選項從綠色到不太綠色做一個排序，可以清楚地確定了權重，例如建築成本、能源使用和健康及安全問題，所以業主可以在選擇中做出明智的選擇。例如，戶外照明控制的選擇可以先選用動作感應器（具有光電管覆蓋以防止白天誤動作），然後採用光電開／定時器關閉（具有針對夜間關閉燈的指定功能），以及最後作為光電式開／關（全夜操作）。另一個例子是，當提供照明類型的選項時，將日光燈管這類較高效率的選項與諸如嵌入式筒燈這樣的較低效率選項區分開來。

8.19　考慮建築物造型。

仔細的設計建築造型可以減少能源使用、材料使用也可以降低施工的成本。請確認所有適用的可能。

＿ 天花板高度可以減少

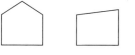

＿ 消除不必要的閣樓

＿ 消除非必要的地下室

＿ 採用平屋頂

＿ 周長空間的深度可能會增加

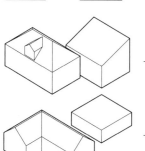

＿ 屋頂設計應考慮未來裝設太陽能集熱板的可能

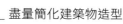

＿ 盡量簡化建築物造型

根據業主的專案需求，記錄的細節越多越好。這也是業主難得可以學習、理解和選擇重要設計方案的機會。所以設計專業人員將這些資訊與業主溝通是一件非常有價值的事情。業主專案需求文件也構成了綠色設計施工的基礎，也是設計施工品質控制的基礎。

設計基礎文件

設計專業人員將方法和技術記錄於文件中，稱為設計基礎文件（Basis of Design），也將繼續成為功能驗證的依據。設計基礎文件中通常描述了要採用的系統，並填寫了業主的專案要求或施工文件中可能無法提供的資訊，因此也包含部分設計假設條件。主要常見的有加熱和冷卻系統設計假設，如氣候條件、安全因素等，空間設計的噪音標準、空間設計照明的照度、使用空間的效益——潛在和明確的每個空間、假設滲漏狀況或目標、進水口的溫度及用於家庭熱水管的尺寸、儲水溫度、送水溫度、用水器具數量、牆體和屋頂的 R 值、窗戶的 U 值以及家電功率等內部熱得等，都需要做假設並記錄於設計基礎文件中。

設計基礎文件的目的是確認業主的專案需求已經有效地轉化為施工文件。設計基礎文件也提供另一個品質控制的程序，因為功能驗證單位可以根據施工文件來檢查業主專案需求中的所有項目，進而對建築物做檢核。

設計基礎文件的最佳做法包括：
- 與業主的專案需求一樣，避免在設計基礎文件上呈現籠統性的說明。例如，不要以瓦特／平方英尺寫出籠統假設的功率，而是應該逐一記載實際的照明功率密度，以確認用於冷卻系統的實際功效需求。
- 紀錄包括關於關鍵的系統尺寸中所有輸入和輸出的資訊，包括暖氣、冷氣、通風、光度（照明）設計、採光和太陽能光電發電等個別系統。
- 包括符合設計要求的參考規範和標準。除了指定規範和標準外，還要列出選定的合法途徑，因為最相關的法規中可能有多個選擇都是符合要求的。
- 包括有關能源模型投入和產出的報告。
- 避免重複記錄業主專案需求或施工文件中的項目。

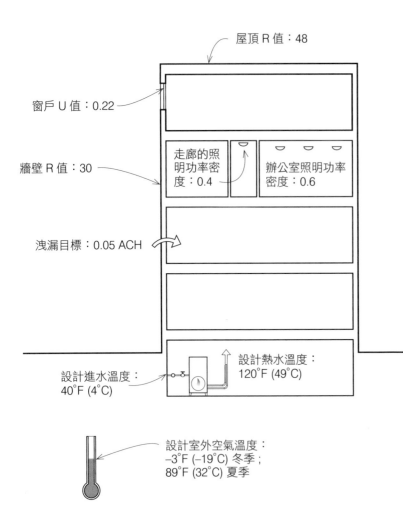

屋頂 R 值：48

窗戶 U 值：0.22

牆壁 R 值：30

走廊的照明功率密度：0.4

辦公室照明功率密度：0.6

洩漏目標：0.05 ACH

設計進水溫度：40°F (4°C)

設計熱水溫度：120°F (49°C)

設計室外空氣溫度：-3°F (-19°C) 冬季；89°F (32°C) 夏季

18.20 設計基礎文件中應該呈現的例子。

	OW	AR	EN	GC	MC	EC	PC	CX
專案需求	◉	⊔	⊔					
設計基礎文件		◉	⊔					
設計審查								◉
基本檢驗		⊔						◉
開口檢查		⊔						◉
最終外殼檢查		⊔						◉
測試與平衡					◉	⊔	⊔	⊔
功能測試					⊔	⊔	⊔	◉
業主手冊		⊔	⊔	◉	⊔	⊔	⊔	⊔
後續測試								◉
教育訓練					⊔	⊔	⊔	◉

圖例： ◉ 主要負責
⊔ 協助角色
OW 業主（Owner）
AR 建築師（Architect）
EN 工程師（Engineer）
GC 總承包商（General contractor）
MC 機械承包商（Mechanical contractor）
EC 電氣承包商（Electrical contractor）
PC 給排水承包商（Plumbing contractor）
CX 功能驗證單位（Commissioning provider）

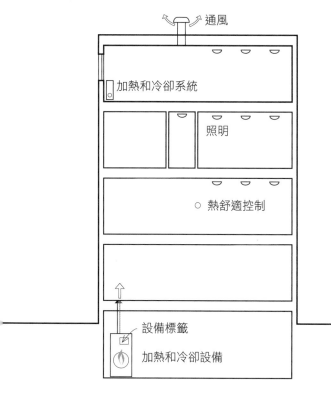

.22 功能驗證測試。

其他功能驗證問題

施工的功能驗證要求應在施工文件中清楚記錄。招標的承包商需要知道什麼是未來要做的功能驗證。要求中應列出功能驗證不同方面的責任，包括總承包商、機電承包商、空調測試調整與平衡的承包商、功能驗證單位和設計專業人員的責任。

由於功能驗證是一個相對較新的學科，所以我們必須教育所有利害關係人，尤其其中許多人可能不熟悉綠建築專案的程序、術語、角色和目標。

功能驗證測試

在施工期間和完工之後，功能驗證單位將協調和監督一系列測試，以確保建築物的能源系統安裝和運作正常。這些測試包括系統性能測試，例如檢查當空間要加熱時，空間溫度有升高，當通風風扇開啟時，它正在運作，水流和氣流是否按照設計狀態、燃燒效率是否符合製造商規格、空氣和水溫都在設計範圍內。功能驗證單位除了會做性能測試以外，還會將設備和管道貼上標籤，以確保設計文件的完整性。這些測試的結果在功能驗證報告中有詳細介紹，並提供了其中發現任何缺陷的建議。

藉由以下幾個例子說明功能驗證可以發現的問題。兩個相鄰空間中的溫度控制裝置，例如區域的溫度感應器線路被錯誤地交叉連接時，當一個空間中的使用者在其恆溫控制調高溫度設定時，這卻加熱了隔壁的空間。而相鄰空間的使用者感覺太熱，調低了他們的溫度設定，這卻使得原來區域的使用者太冷，反過來再次調高了他們的溫度設定，反反覆覆。這樣不僅造成能量浪費，且兩個空間的使用者都不舒服。所以在功能驗證中需要個別檢查每個設備來防止這樣的問題，如果不進行調試，像這樣的控制問題常常會持續多年而無法發現並解決。

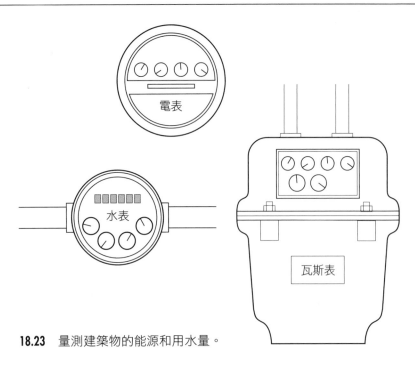

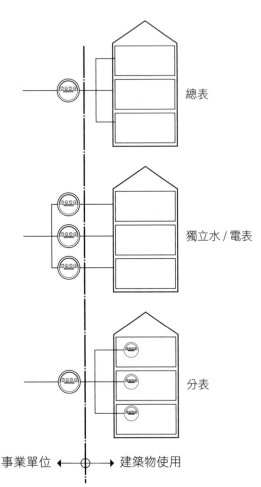

培訓和文件

功能驗證單位要確保業主接受正確和有效〔使〕用建築物能源系統的培訓。功能驗證單位〔也〕需要確保業主擁有並了解所有建築物能源〔系〕統的文件,包括操作和維護手冊、設備保修、建築圖說和控制說明等。

後續測試和監測

功能驗證可以在建築營運使用後幾個月進〔行〕後續測試,以確保所有系統仍然按照設計〔運〕行。功能驗證還可以包括監測,如連續的溫度和濕度量測、紅外熱顯像儀以確保熱封〔閉〕的連續性,評估氣密性的鼓風機風門測試,以及對使用者的反饋和熱舒適度的調查。

量測和指標

量測

可以根據建築物使用的能源來得到量測資訊,以確保綠建築的高效率運行。量測的選擇〔也〕可能對建築物的使用壽命造成重大影響。〔在〕任何關於量測的討論中,應該思考什麼是〔不〕能被衡量的,例如隱含能量,以及設計決〔策〕對這些屬於無法量化成數據的相關影響。

量測可以作為一種監控形式,因此可以形〔成〕回饋報告給業主、經營者和設計專業人員〔。〕諸如 EPA Portfolio Manager 之類的軟體可〔以〕追蹤建築物的水電瓦斯等數據,並經由被〔視〕為基準的標線與其他建築物進行比較。

可以用於量測的選擇很多,最常見的量測〔方〕式是由現地測量完成的,因此也可以稱為〔水〕電量測。其中最常見的能量流是電力和天〔然〕氣。如果用水來源不是從水井提供,則用〔水〕計量通常也由自來水公司或當地事業單位〔提〕供。用於建築物或綜合型的水電計量表被〔稱〕為總表(總水表/總電表)。而某些建築可〔以〕在多個水電總表中為每個建築物內的承租〔戶〕提供獨立服務,稱為單獨計量的獨立水/〔電〕表。而當公用事業單位只提供單一的總表,卻在該儀表上劃分出不同區域使用,稱為〔分〕表。

18.23 量測建築物的能源和用水量。

18.24 量測的分類。

電表

水表

瓦斯表

總表

獨立水/電表

分表

事業單位 ← ⊕ → 建築物使用

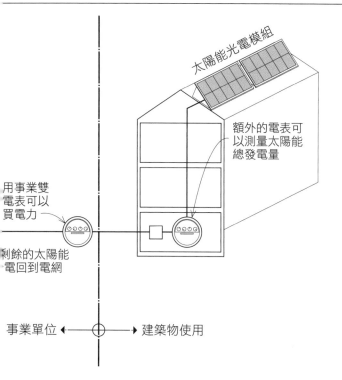

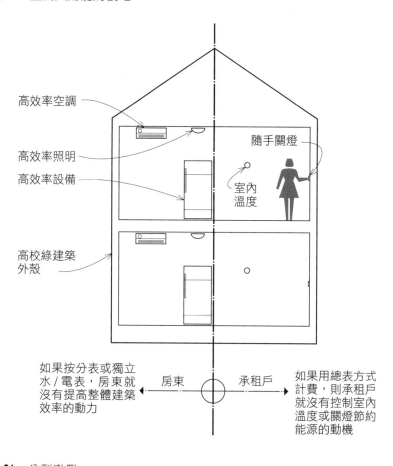

太陽能光電模組

額外的電表可以測量太陽能總發電量

用事業雙電表可以買電力

剩餘的太陽能電回到電網

事業單位 ←——⊕——→ 建築物使用

.25 量測太陽能的發電。

高效率空調

高效率照明

高效率設備

隨手關燈

室內溫度

高校綠建築外殼

如果按分表或獨立水／電表，房東就沒有提高整體建築效率的動力

房東 ⊕ 承租戶

如果用總表方式計費，則承租戶就沒有控制室內溫度或關燈節約能源的動機

.26 分裂激勵。

對於綠建築來說，更進一步的量測可以提供有用的資訊回饋，包括用於衡量建築物性能的標準，也可以提供任何問題的預警。這些具體措施包括在不應耗水的系統上使用水表，以及將用水量的量測作為漏水警告，例如封閉式鍋爐／水力循環系統。也可以直接使用諸如太陽能光電和風力系統等再生能源系統的電力來確保系統正確的運行，可以防止如果建築物從電網繼續接收電力而可能未發現系統故障的問題持續存在。

承租戶對房東提交能源使用數據是另一種選擇，這些能源流量也包括天然氣、冷熱水和蒸汽等等。

量測也可以增加節約能源的行為。一般的觀念認為，如果承租戶必須支付水電費，那就比較不會浪費能源。無論是透過獨立水電表單獨計價還是透過分水電表來計價，這都是將成本從房東轉移到承租戶。不過這也可能產生意想不到的後果，因為這也同時減少了房東維護和改善建築能源基礎設施的誘因，這也被稱為分裂激勵。

例如，在公寓大廈中，承租戶控制了燈的使用時間，但業主則控制建築物中安裝了什麼類型的燈具。如果建築物是採用單一總電表，則房東就有動力維持和升級燈具到更有效率的燈具，但承租戶就沒有動力在燈不需要開啟時關閉。如果建築物是獨立電表，則房東就沒有動力將燈具升級到更高效率的燈具，但是承租戶在不使用時更有可能將燈關閉。由於與能源使用無關的儀表過多，將這樣每一個單獨量測也可能導致更高的總體成本。所以分裂激勵這個問題其實沒有簡單的答案，也許隨著時間的推進，將會有解決這個問題的方法。在這之前，我們不應該假設獨立電表、分電表或單一總電表哪樣是最好的。

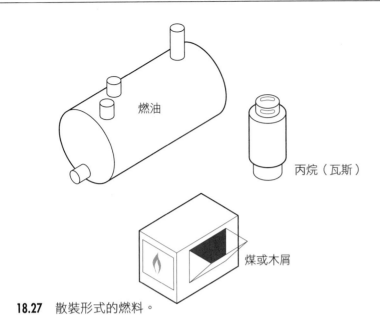

18.27 散裝形式的燃料。

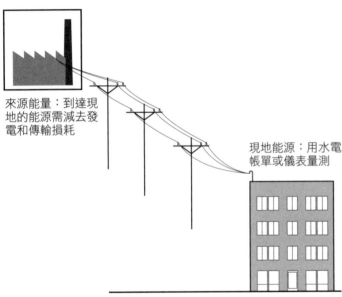

來源能量：到達現地的能源需減去發電和傳輸損耗

現地能源：用水電帳單或儀表量測

18.28 來源能量以及現地能源。

18.29 美國全國的平均校正因子，用來將現地能源轉換為來源能量。

能源類型	來源到現地的能量比
電力	3.340
天然氣	1.047
丙烷	1.010
#2 燃油	1.000

其他不同形式的量測可以透過散裝型的燃料測得——燃料油、丙烷、煤油、煤和生物燃料，例如木材、木粒和木屑等。這樣的量測與電力、水和天然氣的計量有明顯差異。最明顯的是這些燃料是在消耗之前量測的，而電、水和天然氣是在消耗時被量測，這相當於在消費後量測。且這類型的使用要透過大量燃料輸送（通常稱為批量運輸）可能不是那麼容易，也意味著要透過追蹤能源使用是很零散的，且更難以用於能源消耗紀錄。多家供應商也可能會混淆問題，也使追蹤更加困難。例如，如果儲存倉並沒有完全裝滿，那麼在下一次運送之前這一段時間裡，實際的後續消耗是很難知道的。此外，因為使用非常分散——例如冬季空間暖氣與夏季的熱水使用——這也造成批量運輸的困難。簡而言之，當用於監測和量測目的時，散裝燃料的消耗與追蹤都帶來額外的挑戰。

指標

綠建築可以應用各種指標。

現地能源，有時被稱為二次能源或輸送能源，是提供建築物所使用的能源，通常由水電等公用事業儀表於建築物中量測，或例如油或丙烷等燃料。換句話說，現場能源使用的結果就是建築物的能源帳單。

來源能量，有時被稱為一次能源或初級能源，也是建築物可以使用的能源，用於修正產生或採集燃料的能源，並將其運送到建築物中。為了計算來源能量，我們對從電網購買的電力套用較大的校正因子，用於其他種類的燃料套用較小的校正因子。來源能量被視為最能反映能源使用對於整體環境的影響。校正因素因地理位置和時間而異，這代表用於發電、採集和運輸的燃料的整體效率。

不同的法規、標準和指南中所記載可能包括現地能源、來源能量或兩者皆可。

.30 用於常見燃料的轉換因子的對照表。

	單位	基地的 kBtu 的係數	來源發電的 CO_2 排放量係數（磅）
電力	千瓦 / 小時（kWh）	3.4	3.2
天然氣	撒姆（therms）	100.0	12.2
丙烷	加侖（gallons）	92.5	13.0
#2 燃油	加侖（gallons）	135.0	21.7

例如，一個 1,625 平方英尺（150 平方公尺）的高性能建築每年使用 540 撒姆的天然氣，每年的電力為 5,390 千瓦時。其基地 EUI 的計算公式如下：

540 撒姆 / 年 × 100 kBtu / therm = 54,000 kBtu / 年
5,390 kWh / 年 × 3.4 kBtu / kWh = 18,326 kBtu / 年
（54,000 + 18,326）/ 1,625 = 44.5 kBtu / SF / 年

這建築相對於 2010 年美國商業建築平均值為 107.7 kBtu / SF / 年。這個高性能建築的能源消耗比全國平均值低了近 60%。

美國環境保護局（EPA）的線上數據庫軟體稱為 Portfolio Manager，根據每個燃料和電力的國家平均值來做修正，可以選擇建築物是使用一次能源或二次能源。石化燃料消耗量單位如天然氣 / 撒姆（Therm，縮寫為 th），或燃油、丙烷 / 加侖（Gallons），電力千瓦時均轉為 kBtu（千噸 Btu），然後加在一起，並按建築面積除以 kBtu/ SF/ 年。

在國家建築數據庫中，美國能源局（DOE）則使用建築耗電強度（Energy Utilization Index, EUI），表示為 kBtu / SF / 年，同時也保持統計現地能源和來源能量。

建築耗電強度也被稱為能源使用指數（Energy Use Index）、能源使用強度（Energy Use Intensity）、能源密集度（Energy Usage Intensity）或能源消耗強度（Energy Consumption Intensity）。

Passivhaus 的要求是在來源能量使用方面最多只能達 120 kWh / m² / 年。Passivhaus 的空調系統設計則要求每個現地能源使用量為 15 kWh / m² / 年。

這些指標在討論淨零耗能建築（Net-Zero Energy Building, NET ZEB）時可以發揮作用。具體來說，我們需要澄清我們是指零淨的現地能源建築還是淨零的來源能量建築，這些指標也可以用來當作討論建築物相對能源效率的基礎。

碳排放也提供了另一種衡量標準，即用來比較建築物在營運時（年排放量）的碳排放和建築體本身材料的能源轉化成一次性的碳排放。碳排放單位通常為噸 / 年，其他單位包括磅 / 年，國際上則較常使用公斤 / 年、公噸 / 年。最常見的是以二氧化碳（CO_2）排放當成單位，但有時它們用純碳（C）的等效排放計算。

能源成本（$ / SF / 年）比起 kBtu、kW
或碳排放，對於一般民眾來說更為熟悉
感受更為直接，因為 $1 / SF / 年是很低的
而 $5 / SF / 年是很高的。

水量也可用於水消耗估計，如 Kgal / SF
年或 gal / 人 / 年。

再生能源的發電指標，如風能和太陽能
電，通常以千瓦時 / 年（kWh/year）的
式計算。這些可以從現場用電中扣除，
來評估建築物的淨能耗、能源利用指數
碳排放。

建築物的能源利用和碳排放還可以擴大
包括往返建築物的交通運輸。

作為建築物外殼效能的指標，可以從水
帳單中找出建築物的供熱能量，並透過
查季節性使用情況進行計算。通常這個
算指標稱為加熱斜率（Heating Slope）
通常會根據特定冬天的天氣條件可以進
加熱使用的修正，以針對寒冷或溫和的
天微調。

相同地，可以透過水電費帳單分析獲得
他指標，例如空調使用狀況以及用於不
燃料的基本負荷（非加熱和非冷卻）。

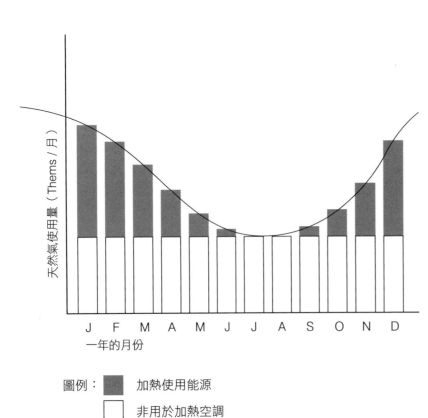

圖例： ▮ 加熱使用能源

　　　 □ 非用於加熱空調
　　　　 烹調、洗衣等等

18.31 計算加熱能源用量。

價值和權衡

設計綠建築需要做出許多決定。這些決定不可避免地可能需要在任何建築物當中形成和交織成數百次、甚至成千上萬的決策。

大多數綠建築的決策涉及到對建築進行優先改進，使建築更環保、更節約能源、減少對環境的其他影響，並以無數的方式試圖改善建築環境，造福於人類的健康。更厚的牆體對於隔熱是一項改進，更少或更小的窗口也是一項改進，自行車架是一項改進，太陽能系統也是一個改進，永續開採的木材和低VOC塗料和高反射率的牆也是改進的手段。潛在的改進機會是無所不在的。我們如何優先考慮這麼多的改進措施呢？

能源改善可以更容易確定優先次序，因為我們可以估計節省的建築成本。因此，我們有各種性能指標，可以比較不同的能源改善措施。

最傳統但仍然廣泛使用的能源改善指標是簡單的報酬率，簡單的估計就是將增加的建築成本除以每年預估因為改進產生的節省成本。例如，如果增加牆體隔熱成本估計為 2,000 美元，隔熱能源效益預計將每年節省 200 美元，投資回收期為 2000/200 也就是 10 年。越低的報酬時間當然越好。然而，報酬率無法說明改善的預期壽命。牆體隔熱可能有 50 年的預期壽命，但若利用於類似的照明系統改進措施，例如一個高效率的燈具，前面十年可能有相同的報酬率，但是燈具也許只有五年的預期壽命。所以簡單的報酬率計算無法告訴我們牆體隔熱增加是更有意義的，因為它可以持續較長的時間。因此，投資報酬率的計算可能過於簡單。

另一組指標屬於一般專有名詞「生命週期成本估算」，可以說明改善的預期壽命和燃料成本可能通貨膨脹等因素。將未來的節能量匯總後，並使用目前普遍接受的經濟原則轉化為相當的現值，並與增加的投資來進行比較。這種方法產生了下列幾個指標，包括淨生命週期成本（Net Life-cycle Cost）、儲蓄投入比（Savings-to-Investment Ratio, SIR）或投資報酬率（Return On Investment, ROI）。

碳排放越來越常被用來當作衡量的標準，這也可以解釋成不同設計方案的具體能量效應。

我們在本書討論了許多減少建築成本的方法，包括減少建築投影面積和使用更簡單的建築造型、先進的框架技術、反射式家具表面處理，採用更少的燈具和更少的窗戶進行採光、更小或更少的窗戶和日光燈具，這些改進措施使得在財務成本的意義上，它們的成本為零，投資報酬率卻是無限的。因此，這樣的改進措施值得早日評估並優先考慮。

如前所述，在考慮能源改善的情況下，建築本身效率的改善通常應放在再生能源之前優先進行評估，因為再生能源技術的成本仍然很高，而且再生能源設施本身製造過程中就會產生相關的能源和材料的使用。然而，只要能提高整體的效率，同時針對再生能源系統進行評估與提高建築效率是沒有衝突的。

當我們思考能源改善措施或評估非能源改善時，會產生一系列重要的決策。最重要的是，如果有 100 美元，要投資在能源改善上呢？或者投資在低 VOC 塗料上？可以說，如果以氣候變化為優先考量，那麼減少碳排放的改善就較優先。而其他人也可能將人類健康視為第一優先考慮。LEED 評估系統也倡導綠建築改善措施之間的平衡，並於其他規範、標準和法規中優先考慮減少能源消耗和減少碳排放。

我們選擇綠建築改進措施時，有幾個標準可能常常失焦：

- 可視性。有時候，改善綠建築的目的是為了明顯可見的或顯著特徵而選擇，但我們認為可視性應該是最低優先次序的。
- 狀態。就如同可視性一樣，某一些綠建築改進似乎是可見的，而這樣可以很明顯察覺建築物的狀態。
- 提升供應商的素質。許多設備或建築材料供應商直接以銷售業務人員接洽業主。雖然供應商也應該納入整體討論當中，不過業務人員不應該為了業績而有誇大不實的銷售話術，應該思考建築物真正的需求。

應該特別說明的是，政府的獎勵措施，[如]能源效率或再生能源的扣除、抵免稅收[，]可以視為優先排序過程的一項因素。政[府]鼓勵並支持新興的節能技術，並採取相[關]激勵措施來回饋並促進綠建築的社會效益。值得注意的是，與綠色相關標準雷同[，]政府獎勵措施通常是補助建築物增加的設置（例如增加隔熱或增加太陽能系統）[，]而不是提供經濟上的補助而已，這樣只[是]減少成本負擔而不會增加效率改進的措施。目前政府所提供的各種優惠辦法或補貼對於建築物減少污染方面有著相當重[要]的作用。

在優先考慮綠建築改善方面，我們不斷回[歸]到綠建築的定義——綠建築是對自然環[境]的影響最低，並提供有利於人類健康的室內環境條件。當我們考慮綠建築改進優[先]次序時，產生的價值觀思考會帶來更多[的]問題：綠建築是否適合所有人？綠建築[標]準是否應該是自願性的？綠色能源標準[是]否符合上述標準，還是應該提高能源基準，以反映對建築物的綠色重要性程度？如[果]人類健康是綠建築的一個子類別，為什[麼]這些標準並不是強制要求的，換句話[說]直接寫入法規中或是施工規範當中？其[中]許多問題也將成為未來幾年綠建築討論[的]重要部分。

只有一點是肯定的：我們必須將綠建築[做]為示範，或作為標竿，也可當作我們對[環]境的重視。現今對於減少氣候變遷的排[放]迫在眉睫，而綠建築常常只限於建築材[料]的一小部分。我們必須讓大家集思廣益[，]並將這些點子應用綠色設計於所有的設[計]上。最後，設計和施工品質就是實現這[個]目標的重要手段。

18.32 優先改進的排序。

	能源使用	材料使用/隱含能量	施工成本	環境品質
縮小建築物量體	○	○	○	○
簡化的造型	○	○	○	○
降低窗牆化	○	◑	○	○
高反射表面	○	○	◑	○
增加隔熱層	○	●	●	○
高效率的 HVAC 系統	○	●	●	○
太陽能系統	○	●	●	○
雨水回收系統	○	●	●	○

○ 非常有效益
◑ 部分有效
● 沒有效果

19
結語

綠建築與美感

美感在建築設計中非常重要,這項原則在綠建築設計中也是如此,甚至在某些方面美感可能更不能忽略。作為綠建築設計專業人士,我們必須堅持更高標準,以確保我們不會為了建築物的環保而犧牲美感。

19.01 美麗:欣賞的美觀且結合品質,可以給人深刻的滿足感,或提升人的精神。

19.02 建築物的美感讓建築物不只是居住的機器，
Casa del Fascio，Giuseppe Terragni，1931-1933。

19.03 形隨機能，而非機能隨形。

為什麼建築物要有美感？美感可以帶來平靜，美感可以引以為傲，美感也帶來了秩序感，美感可以促進我們與大自然的連結，美感可以促進我們自己與社會、環境的協調性，我們將美感留給了詩人，所以我們應該繼把美看成是重要的事。

從客觀的美感角度來說，呈現出美感新舊觀點時，我們也可以從另一個標準來看，建築物所展現的美。也許一棟非常節能的築是美的、冬天沒有冰壩懸掛在屋頂上的築是美的、一棟安靜的建築是美的，這些是高性能綠建築的特點，而增添的美感讓築物不那麼膚淺。

綠色設計帶來了新的組件或構造，如太陽光電板，需要在設計上與建築物融為一體，對許多人來說，這些組件本身可能是美麗的，但是這些組件組合後可能產生紊亂的結果，身為設計專業人士，我們需要確保這些組以具有美感且平衡的方式整合。

綠色設計可能會改變建築物的外觀，因為們提出了減少能源和材料使用的各種建築型簡化，這些簡化對某些人來說可能會受限制，但他們也可以將創意轉向新的綠色美觀、新形式和新形態。我們追求形隨機能而不是機能隨形的方式。與其將這些視為制，透過使用大量的設計手法，如色彩、案、紋理、平衡、比例和形狀，我們認為反而是可以發揮設計將這些條件視為一種造性的機會。

綠建築和自然

在考慮建築設計時，回顧我們之前初步討論建築物能夠保護內部不受大自然力量的侵擾，例如空氣（風、滲漏、氣密），水（雨、地表水、地下水和濕度），動物生物（昆蟲、囓齒動物、鳥類等），極端溫度和污染物（污垢、灰塵、泥土和空氣污染物）。我們必須承認這些自然力，並尊重它們的存在。基地和建築設計不僅可以提供房屋的遮蔽性，還可以改善抵抗這些要素的能力，更可以提供建築物居民選擇與自然界接觸的方式。

設計專業人士在建築物當中與其透過人工方式，如提供人們觀看戶外景觀的大型窗戶來鼓勵與大自然的接觸，不如直接透過植物、水、景觀、路徑、圍籬、戶外家具、涼亭和平台等結構，甚至可以考慮設計迷宮和安排樹木造景等特色吸引人們駐足。也許這個基地可以設計一個日晷來強調日照，或一個水池來強調水的特點。即使是位於城市的建築，也提供了無限可能的、有意義、適當的與自然的連結性。

04　創造與大自然的連結性。

我們推測，建築設計在某些方面可能已經試滿足人們在室內時需要與大自然聯繫的求。拱形的天花板空間可以給我們在戶外天空下，不受天花板限制的感覺。寬大的間同樣也可以模擬戶外的寬敞空間。窗戶玻璃門試圖提供戶外的景色和戶外的自然光然而，當過分利用這些手段時，我們建議接接觸大自然，一直使用這些手段不但是害大自然，也因為人工設計過多而過度使能源與材料造成污染。

大自然把它的浩瀚作為人們的悖論。人們要保護大自然，同時也需要與大自然保持結，對身處於都市的我們來說更是如此。築物可以同時滿足兩種需求 —— 保護和結。但從歷史上看，我們空虛、潮濕、過大重複、過度精緻且能源密集的建築物既沒給自然提供足夠的保護，也沒有充分的與然連結。我們期待未來能夠有更好更綠色建築物能提供更好的保護，減低極端溫度化及其他自然災害強度、更少的污染、更的舒適性與創造更多的自然連結性。

19.05　選擇與自然接觸的方式。

結語

氣候變化和其他環境威脅影響產生了一種新的建築型態 —— 綠建築。與建築相關的能源使用已被確定為溫室氣體排放的主要原因，同時這也是減少排放的主要契機。我們在設計和施工領域面臨著各種選擇，一種是承擔建築物對氣候變化影響的責任，不然就是試圖引導減少建築物對氣候變化的影響。

綠建築的需求正慢慢逐步提升。在未來的幾年裡，它可能會變成與消防安全或建築物的結構安全一樣重要。因此，不要再將綠建築視為範本、精品或是地位的象徵，而是將綠建築、設計、施工與相關的業主或企業視為一個整體。

美國的綠建築運動開始也意味著邊界運動（Frontier Movement）的消失，每個草原和每座山都可以被發現並居住，不再把它變成什麼而是利用它原本的特性共榮共存。這種看似開放豐富的做法本身也許會讓人感到困難和約束，但人類擁有不屈不撓且奮勇的獨特精神，也許這個結局和挑戰可以變成另一個突破的開始。綠建築就可以成為一個無疆界、無限且無所不在的實現。

LEED® 2009 綠建築評估系統

新建建築及重大修繕類型
適用至2015年6月1日

永續基地（26 分）

SS 先決條件 1 施工污染物防治（必需）
SS 得分項 1 基地選擇 1
SS 得分項 2 開發密度與周邊設施 5
SS 得分項 3 棕地開發 1
SS 得分項 4.1 替代運輸 – 大眾交通 6
SS 得分項 4.2 替代運輸 – 自行車儲存和更衣室 1
SS 得分項 4.3 替代運輸 – 低排放和高效率車輛 3
SS 得分項 4.4 替代交通 – 停車空間 2
SS 得分項 5.1 基地開發 – 保護或恢復棲息地 1
SS 得分項 5.2 基地開發 – 最大化開放空間 1
SS 得分項 6.1 雨水設計 – 水量控制 1
SS 得分項 6.2 雨水設計 – 水質控制 1
SS 得分項 7.1 熱島效應 – 非屋頂 1
SS 得分項 7.2 熱島效應 – 屋頂 1
SS 得分項 8 減少光污染 1

用水效率（10 分）

WE 先決條件 1 減少用水量 – 減少 20%（必需）
WE 得分項 1 高效率景觀用水 4
WE 得分項 2 創新廢水技術 2
WE 得分項 3 減少用水 4

能源與大氣（35 分）

EA 先決條件 1 建築能源系統的基礎驗證（必需）
EA 先決條件 2 最低能源性能（必需）
EA 先決條件 3 基本冷媒管理（必需）
EA 得分項 1 優化能源效率 19
EA 得分項 2 基地再生能源 7
EA 得分項 3 進階功能驗證 2
EA 得分項 4 進階冷媒管理 2
EA 得分項 5 量測與驗證 3
EA 得分項 6 綠色電力 2

材料與資源（14 分）

MR 先決條件 1 儲存和收集可回收材料（必需）
MR 得分項 1.1 建築再利用 – 保存現有的牆壁、地板和屋頂 3
MR 得分項 1.2 建築再利用 – 保存現有內部非結構性元素 1
MR 得分項 2 建築廢棄物管理 2
MR 得分項 3 材料再利用 2
MR 得分項 4 回收成分 2
MR 得分項 5 當地材料 2
MR 得分項 6 快速可再生材料 1
MR 得分項 7 認證木材 1

室內環境品質（15 分）

EQ 先決條件 1 室內空氣品質（IAQ）性能（必需）
EQ 先決條件 2 環境菸害（ETS）控制（必需）
EQ 得分項 1 戶外空氣監測 1
EQ 得分項 2 增加通風 1
EQ 得分項 3.1 室內空氣品質管理計劃 - 施工期間 1
EQ 得分項 3.2 室內空氣品質管理計劃 - 進駐前 1
EQ 得分項 4.1 低逸散材料 – 黏合劑和密封劑 1
EQ 得分項 4.2 低逸散材料 – 油漆和塗料 1
EQ 得分項 4.3 低逸散材料 – 地板系統 1
EQ 得分項 4.4 低逸散材料 – 複合木材 1
EQ 得分項 5 室內化學與污染物來源控制 1
EQ 得分項 6.1 系統控制 – 照明 1
EQ 得分項 6.2 系統控制 – 熱舒適 1
EQ 得分項 7.1 熱舒適性 – 設計 1
EQ 得分項 7.2 熱舒適性 – 驗證 1
EQ 得分項 8.1 日光與景觀 – 日光 1
EQ 得分項 8.2 日光與景觀 – 景觀 1

創新設計(6 分）

ID 得分項 1 設計創新 5
ID 得分項 2 LEED 認證專業人員 1

區域優先（4 分）

RP 得分項 1 區域優先 4

要獲得 LEED 認證，建築專案必須符合某些先決條件以及每個類別中的得分項目或分數。專案獲得合格、銀、金或白金認證，取決於他們達成的得分項目。

• 合格級 40– 49 分

• 銀級 50– 59 分

• 金級 60– 79 分

• 白金級 80 分以上

LEED® 4 綠建築評估系統

新建建築及重大修繕類型

2013年11月開始適用

整合式設計

IP 得分項 1 整合式設計流程 1

位置與交通（16 分）

LT 得分項 1 LEED ND 基地 16 或

LT 得分項 2 敏感土地保護 1

LT 得分項 3 高優先基地 2

LT 得分項 4 環境密度和多樣性用途 5

LT 得分項 5 大眾運輸 5

LT 得分項 6 自行車設施 1

LT 得分項 7 減少停車位 1

LT 得分項 8 綠色車輛 1

永續基地（10 分）

SS 先決條件 1 施工污染物防治（必需）

SS 得分項 1 基地評估 1

SS 得分項 2 開發 – 保護或恢復棲地 2

SS 得分項 3 開放空間 1

SS 得分項 4 雨水管理 3

SS 得分項 5 減少熱島效應 2

SS 得分項 6 減少光污染 1

用水效率（11 分）

WE 先決條件 1 戶外用水減少（必需）

WE 先決條件 2 室內用水減少（必需）

WE 先決條件 3 建築水表（必需）

WE 得分項 1 戶外用水量減少 2

WE 得分項 2 室內用水減少 6

WE 得分項 3 冷卻塔用水 2

WE 得分項 4 水表 1

能源與大氣（33 分）

EA 先決條件 1 基本功能驗證（必需）

EA 先決條件 2 最低能源效率（必需）

EA 先決條件 3 建築電表量測（必需）

EA 先決條件 4 基礎冷媒管理（必需）

EA 得分項 1 進階功能驗證 6

EA 得分項 2 優化能源效率 18

EA 得分項 3 進階電表量測 1

EA 得分項 4 需求回應 2

EA 得分項 5 再生能源 3

EA 得分項 6 進階冷媒管理 1

EA 得分項 7 綠色電力和碳中和 2

材料與資源（13 分）

MR 先決條件 1 儲存和收集可回收材料（必需）

MR 先決條件 2 建造和拆除廢棄物管理計畫（必需）

MR 得分項 1 減少建築生命週期影響 5

MR 得分項 2 建築產品資訊公開與優化 – 環境產品聲明 2

MR 得分項 3 建築產品資訊公開與優化 – 原材料採購 2

MR 得分項 4 建築產品資訊公開與優化 – 材料成分 2

MR 得分項 5 建築拆除廢棄物管理 2

室內環境品質（16 分）

EQ 先決條件 1 最低室內空氣品質表現（必需）

EQ 先決條件 2 環境菸害控制（必需）

EQ 得分項 1 加強室內空氣品質策略 2

EQ 得分項 2 低逸散材料 3

EQ 得分項 3 建築室內空品質管理計劃 1

EQ 得分項 4 室內空氣品質評估 2

EQ 得分項 5 熱舒適 1

EQ 得分項 6 室內照明 2

EQ 得分項 7 日光 3

EQ 得分項 8 景觀 1

EQ 得分項 9 聲學性能 1

創新（6 分）

ID 得分項 1 設計創新 5

ID 得分項 2 LEED 認證專業人員 1

區域優先（4 分）

RP 得分項 1 區域優先：特定得分項 1

RP 得分項 2 區域優先：特定得分項 1

RP 得分項 3 區域優先：特定得分項 1

RP 得分項 4 區域優先：特定得分項 1

要獲得 LEED 認證，建築專案必須符合某些先決條件以及每個類別中的得分項目或分數。專案獲得合格、銀、金或白金認證取決於他們達成的得分項目。

- 合格級 40– 49 分

- 銀級 50– 59 分

- 金級 60– 79 分

- 白金級 80 分以上

名詞解釋

ACH　空氣變化率　每小時空氣變化的縮寫，滲透的量度。ACH50 表示當建築物被加壓或減壓至 50 帕斯卡空氣壓力時，通常在鼓風機門試驗中的滲透率。ACHn 代表自然時間平均滲透率的估計。

advanced framing　先進框架工法　減少熱橋和材料使用的框架技術。

air barrier　空氣屏障　用於減少滲透的膜、片或其他成分；空氣屏障可以是或不是透氣的。

air-conditioning　空調　將空氣的性質（主要是溫度和濕度）改變到更有利條件的過程。

air handler　空氣處理機　包括風扇和一個或多個熱交換器的裝置，其將加熱和 / 或冷卻傳遞到管道系統以分配給建築物。

air source heat pump　空氣源熱泵　吸入或排除室外空氣熱量的熱泵；見 地源熱泵（*geothermal heat pump*）。

albedo　反射率　在約 0.3 至 2.5 微米波長下反射的太陽能與入射太陽能的比率。也稱為太陽反射。

area ratio　面積比　建築物的表面積與其建築面積的比率。

artificial light　人工照明　透過燈具產生的光線，通常會消耗電力。

Basis of Design　設計基礎文件　由設計專業人士編寫的描述建築設計假設的文件；用於品質控制，以確保業主的專案需求、施工文件和施工之間的一致性。

benchmarking　標竿　比較建築物和類似建築物之間的能源與水利用的比較過程，利用能源使用等指標。

boiler　鍋爐　加熱熱水或從水中產生蒸汽的裝置。

boiler/tower heat pump system　塔式熱泵系統　採用水循環的加熱 / 冷卻系統；熱泵透過管道連接到這個迴路，為建築物的空間提供加熱或冷卻；一個鍋爐，如果缺乏熱量，將熱量傳遞到迴路和建築物；如果存在冷卻不足的冷卻塔，其從循環和建築物排除熱量。

breathing zone　呼吸區　人們周圍呼吸空氣的空間；重要的是與新鮮的空氣接觸。

brownfield　棕地（褐地）　被污染的基地。

building performance　建築效能　建築物能夠實現高效能源和水利用目標以及舒適度、環境和耐用性的廣泛描述。

certified wood　認證木材　通過森林管理委員會（FSC）的指導，經認證已經被採伐和加工的樹木的木材符合永續林業實踐，保護樹木、野生動物棲息地、溪流和土壤。

chiller　冰水主機　一種產生冷水的機械裝置，其又用於透過空氣處理機或風扇盤管進行空調；見 直接膨脹系統（*direct expansion system*）。

climate change　氣候變遷　大氣溫度的長期變化和相關的影響，如極地的融化。氣候變化歸因於人類活動，如石化燃料的大規模燃燒，釋放碳氫化合物，以及這些燃燒產物和化學品與大氣的相互作用。

cogeneration　汽電共生　在一個可以比發電更有效率的過程中同時發電和發熱。也稱為熱電聯產。

commissioning　功能驗證　驗證消耗能源，影響能源消耗或影響室內環境品質的建築物的各個方面是否正常工作。這是一個整體的過程，作為建築設計和施工品質控制的主要工具，從最初的業主專案需求到最後完工後建築物的性能驗證。

compartmentalization　區劃　建築物區域的實體分離，以減少這些區域之間的不必要的氣流。

continuity　連續性　熱邊界的特性，可防止滲透和熱橋的位置。

cooling tower　冷卻塔　一種阻止建築物熱量到戶外空氣的裝置。冷卻塔通常用作冷卻器系統或鍋爐 / 塔式熱泵系統的一部分。它們具有與地熱系統或分體式熱泵或空調中的室外機的井場相同的功能，但不能作為熱源。

daylight　日光　白天用於照明室內的光。

demand-controlled ventilation　需求控制通風　限制通風氣流的控制方法，從而在不需要最大氣流量時減少能源消耗。最常用的是二氧化碳作為人為佔有的替代測量，但也可以使用其他數量，例如具有顯著水分源的空間中的濕度。也可以通過簡單地打開和關閉可操作的窗口來應用。

dense pack insulation　高密度隔熱　隔熱材在壓力下置入壁腔或其他建築空間，以防止空隙空間，並提供熱流和空氣運動的阻力。

design for deconstruction　拆除設計　當新建築物使用階段結束時，規劃建築材料的最終再利用。

direct expansion system　直接膨脹式系統　將調節空氣直接從蒸汽壓縮機械系統而不是透過冷卻水輸送到氣流的系統。該系統用於許多類型的一般空調，包括室內空調、分離式空調、大多數熱泵和箱型屋頂系統。

distribution losses　干擾損失　通常當這種管道系統通過無空調空間或室外時，加熱／製冷和熱水系統中管道和管道系統的能源損失非常大。該術語包括熱傳導損耗、漏氣損失以及水或蒸汽洩漏。

disturbance boundary　干擾邊界　施工期間受到干擾的場地面積。

drip irrigation　滴灌系統　透過管道或管道網將受控且緩慢輸送水直接灌溉給個別植物。也稱為滴灌。

dual flush toilet　雙段式馬桶　使用較少量的水排除小便的馬桶，以及用於沖洗大便的較高／典型的水量。

embodied energy　隱含能量　用於開採、加工和運輸材料和建築產品的能源。

energy model　能源模型　任何預測建築物能源使用的電腦模擬。

energy use index (EUI)　能源使用密度　建築物的年能源使用量除以建築面積。EUI 用於基準測試，並用於追蹤朝向較低或零能耗的程度。

fan coil　風機盤管　一個小型的空氣處理機，通常沒有管道系統。

forced air　加壓空氣　一種包括空氣處理器和管道系統的系統，用於將加熱的、冷卻的或通風的空氣傳送到建築物的空間。

fossil fuel　石化燃料　一種碳氫化合物燃料，如天然氣、石油和煤炭，從生物體的分解，數百萬年以上形成。

full cutoff luminaire　全遮罩燈具　在水平面上方不發光的燈具，將該平面以下 10 度內的光強度限制在每千燈管 100 燭光內。通常，當燈具從水平地看時，完全不可見燈。

fully shielded luminaire　載光型燈具　在水平面上方不發光的燈具。這種類型的照明設備並不像全遮罩燈具那麼嚴格，因為在水平以下 10 度以內的光線沒有限制。

furnace　爐　加熱空氣的裝置。

geothermal heat pump　地源熱泵　一個熱泵，從地面吸熱、加熱建築物或將熱量排除在地面以冷卻建築物。見 *air source heat pump*（空氣源熱泵）。

global warming potential　全球暖化潛力　衡量材料或系統對全球變暖的有害程度；最常用於冷媒和其他化學品。

gray water　灰水　來自可以收集和處理再利用的水槽、淋浴器和洗衣機的廢水，例如沖洗廁所或景觀澆水，或從其中可以回收熱量用於建築物。

green building　綠建築　一個對自然環境的影響大大減少的建築物，提供有利於人類健康的室內條件。

greenfield　綠地　以前未開發地區。該術語也可能是指以前清除的、養殖的或林地的土地。

greensplashing　潑綠　標稱綠色或甚至認證為綠色但由於其過多的表面或窗口區域，使用太多人造光線或單一顯著的綠色措施而無效的建築物的設計。

greenwashing　漂綠　一個產品或建築物表面聲稱是對環境永續的，但實際上並非如此的行為。

greyfield　灰地　一個以前開發的地區，沒有污染，但有明顯的發展殘留。

hardscape　硬舖面　舖路區域，如街道和人行道，上部土壤不暴露在大氣中。

heat island effect　熱島效應　吸收和保留進入的太陽輻射，導致局部溫度升高。

heat pump　熱泵　在一個可逆的過程中，將來自一個空間（例如地面或室外空氣）的熱

量傳送到另一空間（例如建築物內的空氣）的裝置。

heat recovery　熱回收　從一個流體（例如建築物的排氣）中提取熱量的過程，以加熱另一個流體，例如用於在冬季從室外建築通風的進氣。

HERS Index　HERS 標準　家庭能源評估系統指標：衡量家庭能源效率的標準。0 分表示淨零能量家庭；100 分是一個標準的新家；而 150 分則代表了一個家庭，預計比標準新家庭使用的電能多 50%。

hydronic system　水循環系統　用於空間加熱的熱水系統。

indoor air quality　室內空氣品質　室內空氣污染物（如顆粒、煙草煙霧、二氧化碳、危險化學品、氣味、濕度和生物污染物）的總體測量。

indoor environmental quality　室內環境品質　室內環境總體品質，包括室內空氣品質、熱舒適性、噪聲和聲學條件以及水質。

infiltration　滲漏　在戶外和建築物內部之間交換空氣。

inner envelope　內部皮層　建築物的內殼，包括閣樓，地下室天花板和無空調空間的內牆等部件；與空調室內空間接觸的部件。

insulated concrete forms (ICF)　隔熱混凝土板　鋼筋混凝土模板系統，由剛性隔熱的模塊化互鎖單元組成。

integrated design　整合性設計　建築師、工程師、業主、建築物佔有者等等廣泛的利害關係人從設計過程初期全面參與專案的協作方式。

layer of shelter　保護層　防止負載的建築組件。

LEED®　先導能源與環境設計，綠建築認證計劃。

load　負載　戶外干擾，如溫度，對建築物施加壓力。

light pollution　光污染　將不需要的人造光散至戶外。

light spillage　漏光　人造光從室內到室外不必要的傳播。

light trespass　光侵入　人造光從一個物體到另一個物體不必要的傳播。

luminaire　燈具。

motion sensor　移動感應器　透過感應動作自動控制燈的裝置。也稱為佔用感應器。

manual-on motion sensor　手動移動感應器　移動感應器只能自動關閉燈光，並要求手動打開燈。也稱為空位感應器。

motion sensor off-delay　延遲移動感應器　動作之前的時間週期不再被感測到，在一段時間沒有感應到動作之後，在此期間光線會持續一段時間再自動關閉。而這個延遲應盡可能不要太長。

net zero　淨空耗能　建築物要求零外部提供能源或不釋放碳排放的能力。淨零可以指各種不同的能源消耗或碳排放指標。

outer envelope　外部皮層　建築物的外殼，包括牆壁、窗戶、門、屋頂和地基等部件；與外部空氣或地面接觸的部件。

outside air　戶外空氣　空氣從室外進入通風。

Owner's Project Requirements　業主專案需求　提供建築物業主的目標和關於預期建築物使用細節的文件。本文件中提供的細節可以顯著影響綠建築設計。

passive solar　被動太陽能　無需使用機械或電氣系統（如泵或風扇）收集太陽能熱量。

perimeter depth　同層深度　建築物的周邊空間的深度，即垂直於外壁的房間長度。

pervious surfaces　透水舖面　在現場的地面，允許水滲入底土，包括透水混凝土、多孔瀝青和植被景觀。

postconsumer recycled materials　消費後回收材料　從最終用戶產生的廢棄物中獲得的材料，被再循環到新產品的原材料中。

preconsumer recycled materials　消費前回收材料　在製造過程中，將廢棄物轉移。

previously developed site　已開發基地　用於表示不是綠地但不是已知灰地或棕地地點的術語。

rainwater harvesting　雨水回收　收集和使用雨水的方法，通常包括收集區域、運送系統，將雨水運送到倉庫；一個儲罐，過濾和可能的消毒處理；為缺水時提供水的備用系統；溢出規定以及將水輸送到水負荷的分配系統。

rapidly renewable 快速再生材料 描述自然生長並可在短時間內收穫的材料。例如，LEED 將該期限定義為十年。

reflectance 反射率 由表面反射的光與入射到表面的光的比例。

renewable energy 再生能源 由再生能源（如太陽或風）提供的能源。

roof receptivity 屋頂接受度 用於支持太陽能系統安裝的屋頂的程度，包括無障礙物、連續區域、無陰影區域、赤道方向以及足夠的結構支撐等特徵。

sensitive site 敏感土地 一個應該受到保護的場所，通常被定義為包括主要農田、公園、洪水災害地區、瀕危或受威脅物種、沙丘、老年林、濕地，其他水體和保護區等地區。

sidelighting 側光 由建築物側面的窗戶提供的採光。

solar photovoltaic system 太陽能光電系統 使用光電效應的半導體從太陽輻射產生電能的系統。

solar thermal system 太陽熱能系統 將陽光轉換成熱量，用於加熱水或加熱空氣的系統。

stack effect 煙囪效應 冬天透過建築物浮力驅動的空氣流動。

structural insulated panel (SIP) 結構隔熱板 一種預製組件，包括夾在兩層結構板之間的剛性隔熱芯，並結合結構、隔熱和空氣屏障的功能。SIP 通常用於牆壁，但也可用作地板和屋頂。

sustainability 永續性 生生不息的特性。

thermal boundary 熱邊界 隔熱層沿著建築物繞過的表面。

thermal comfort 熱舒適 表達對熱環境滿意的條件。其特徵主要在於由於高或低的空氣溫度、濕度或氣流引起的不舒服，儘管它也可能受其他因素的影響，例如表面溫度、活動量和衣著量。

thermal bridging 熱橋 透過固體建築材料的傳導，繞過隔熱層，從建築物內部到室外的熱量損失。

thermal zoning 熱分區 一種加熱／冷卻設計方法，透過這種方法，建築物的不同區域提供單獨的溫度控制。

thermal zoning diagram 熱分區圖 在平面圖上劃定不同熱區的施工圖。

toplighting 頂光（天光） 透過天窗或屋頂從天花板提供採光。

unconditioned space 無空調空間 沒有加熱或冷卻的空間。

vapor barrier 蒸汽屏障 膜、片或其他組件，旨在防止水分透過建築物外殼遷移。可變冷媒流量熱泵具有變速壓縮機的熱泵。

variable speed drive 變速驅動馬達 透過控制供給電動機電力的頻率來改變交流（AC）電動機的轉速的電動機控制。通常用於較大的三相電動機。該術語包括變頻器（VFD）、可變頻驅動器（AFD）或可調速驅動器（ASD）。

vegetated roof 綠屋頂 部分或全部覆蓋在植被上的屋頂，安裝在防水膜上。也稱為綠色或植生屋頂。

ventilation 通風 向室內提供戶外空氣。該術語有時會更為寬鬆地用於包括從建築物排出的空氣或使用室外空氣進行冷卻。

ventilation effectiveness 通風效率 實際到達建築物使用者的通風氣流。零通風效能意味著室外空氣不會到達乘客，而 100% 的通風效能意味著所有的室外空氣都能到達居民。

volatile organic compound (VOC) 揮發性有機化合物 參與大氣光化學反應的任何碳化合物（有些例外，如二氧化碳）。揮發性有機物在正常室內條件下蒸發，作為室內空氣污染物。

waterless urinal 無水尿斗 一個不需要水的小便池，通常在排水管中使用油性液體密封，以防止氣味擴散到建築物內。

window-to-wall ratio 窗牆比 由玻璃區域和窗框占據的立面的面積比例。

wind turbine 風力渦輪 將風能轉化為機械能的裝置。當與發電機一起使用時，可以產生系統發電。

參考資料

綠建築領域的資源很多，同時也正在快速增加。 以下所列的參考資料書籍、報告、文章、標準和網站，其中是主要大多數的來源，內容有助於編寫本書，同時也推薦給該領域專業人士當作其他有用的資源。

American Society of Heating, Refrigerating and Air-Conditioning Engineers. 2010. *ANSI/ASHRAE Standard 55-2010 – Thermal Environmental Conditions for Human Occupancy*. Atlanta: ASHRAE.

American Society of Heating, Refrigerating and Air-Conditioning Engineers. 2010. *ANSI/ASHRAE Standard 62.1-2010 – Ventilation for Acceptable Indoor Air Quality*. Atlanta: ASHRAE.

American Society of Heating, Refrigerating and Air-Conditioning Engineers. 2010. *ANSI/ASHRAE Standard 62.2-2013 – Ventilation and Acceptable Indoor Air Quality in Low-Rise Residential Buildings*. Atlanta: ASHRAE.

American Society of Heating, Refrigerating and Air-Conditioning Engineers. 2013. *ANSI/ASHRAE/IES Standard 90.1-2013 – Energy Standard for Buildings Except Low-Rise Residential Buildings*. Atlanta: ASHRAE.

American Society of Heating, Refrigerating and Air-Conditioning Engineers. 2007. *ANSI/ASHRAE Standard 90.2-2007 –Energy-Efficient Design of Low-Rise Residential Buildings*. Atlanta: ASHRAE.

American Society of Heating, Refrigerating and Air-Conditioning Engineers. 2011. *ANSI/ASHRAE/USGBC/IES Standard 189.1-2011 Standard for the Design of High-Performance, Green Buildings (Except Low-Rise Residential Buildings)*. Atlanta: ASHRAE.

American Society of Landscape Architects, the Lady Bird Johnson Wildflower Center at the University of Texas at Austin, and the United States Botanic Garden. 2009. *The Sustainable Sites Initiative: Guidelines and Performance Benchmarks*. Austin: The Sustainable Sites Initiative.

Anis, Wagdy. 2010. *Air Barrier Systems in Buildings*. Washington, DC: Whole Building Design Guide, National Institute of Building Sciences (NIBS). http://www.wbdg.org/resources/airbarriers.php. Accessed 10/12/13.

Athena Sustainable Materials Institute: www. athenasmi.org/

BREEAM. 2011. *BREEAM New Construction: Non-Domestic Buildings, Technical Manual, SD5073-2.0:2011*. Garston: BRE Global Ltd.

Brown, E.J. 2008. *Cost Comparisons for Common Commercial Wall Systems*. Winston-Salem: Capital Building Consultants.

Building Green, Inc. 2013. http://www.buildinggreen.com/. Accessed October 13, 2013.

Building Science Corporation. 2013. http://www.buildingscience. com/index_html. Accessed October 13, 2013.

California Stormwater Quality Association. 2003. *California Stormwater BMP Handbook*: Concrete Waste Management. Menlo Park: CASQA.

Carpet Institute of Australia Limited. 2011. *Light Reflectance*. Melbourne: CIAL.

Center for Rainwater Harvesting. 2006. http://www. thecenterforrainwaterharvesting.org/index.htm

Center for Neighborhood Technology. 2013. http://www. travelmatters.org/calculator/individual/methodology#pmt. Accessed October 13, 2013.

Ching, Francis D.K. 2007. *Architecture: Form, Space, and Order*, 3rd Edition. Hoboken: John Wiley & Sons.

Ching, Francis D.K. and Steven Winkel. 2009. *Building Codes Illustrated: A Guide to Understanding the 2009 International Building Code*, 3rd Edition. Hoboken: John Wiley & Sons.

D'Aloisio, James A. 2010. *Steel Framing and Building Envelopes*. Chicago: Modern Steel Construction.

D&R International, Ltd. 2011. *Buildings Energy Data Book*. Washington, DC: U.S. Department of Energy.

DeKay, Mark and Brown, G.Z. 2013. *Sun, Wind, & Light: Architectural Design Strategies*, 3rd Edition. Hoboken: John Wiley and Sons.

Durkin, Thomas H. *Boiler System Efficiency*. ASHRAE Journal. Page 51. Vol. 48, July 2006.

Efficient Windows Collaborative: www.efficientwindows.org/

Fox & Fowle Architects et al. 2005. *Battery Park City – Residential Environmental Guidelines*. New York: Hugh L. Carey Battery Park City Authority.

Green Building Initiative. 2013. *Green Globes for New Construction: Technical Reference Manual*, Version 1.1. Portland: GBI Inc.

Gruzen Hampton LLP and Hayden McKay Lighting Design Inc. 2006. *Manual for Quality, Energy Efficient Lighting*. New York: NY City Department of Design and Construction.

Hagenlocher, Esther. 2009. *Colorfulness and Reflectivity in Daylit Spaces*. Quebec City: PLEA2009 - 26th Conference on Passive and Low Energy Architecture.

Hernandez, Daniel, Matthew Lister, and Celine Suarez. 2011. *Location Efficiency and Housing Type*. US EPA's Smart Growth Program, contract #GS-10F-0410R. New York: Jonathan Rose Companies.

Heschong, Lisa. *Thermal Delight in Architecture*. 1979. Cambridge: MIT Press.

Higgins, Cathy et al. 2013. *Plug Load Savings Assessment: Part of the Evidence-based Design and Operations PIER Program*. Prepared for the California Energy Commission. Vancouver: New Buildings Institute.

Hodges, Tina. 2009. *Public Transportation's Role in Responding to Climate Change*. Washington, DC: U.S. Department of Transportation.

International Dark-Sky Association. 2013. http://www.darksky.org/. Accessed October 12, 2013.

International Living Future Institute. 2012. *Living Building Challenge 2.1*. Seattle: International Living Future Institute.

IPCC, 2012: Summary for Policymakers. In: *Managing the Risks of Extreme Events and Disasters to Advance Climate Change Adaptation* [Field, C.B., V. Barros, T.F. Stocker, D. Qin, D.J. Dokken, K.L. Ebi, M.D. Mastrandrea, K.J. Mach, G.-K. Plattner, S.K. Allen, M. Tignor, and P.M. Midgley (eds.)]. A Special Report of Working Groups I and II of the Intergovernmental Panel on Climate Change. Cambridge University Press, Cambridge, UK, and New York, NY, USA, pp. 1-19.

International Code Council. 2012. *International Building Code*. Washington, DC: ICC.

International Code Council. 2012. *International Energy Conservation Code*. Washington, DC: ICC.

International Code Council. 2012. *International Green Construction Code*. Washington, DC: ICC.

International Code Council. 2012. *International Mechanical Code*. Washington, DC: ICC.

Lemieux, Daniel J., and Paul E. Totten. 2010. Building Envelope Design Guide–Wall Systems. http://www.wbdg.org/design/env_wall.php. Last updated October 8, 2013.

Keeler, Marian, and Bill Burke. 2009. *Fundamentals of Integrated Design for Sustainable Building*. Hoboken: John Wiley & Sons.

Lstiburek, Joseph. 2004. *Vapor Barriers and Wall Design*. Somerville: Building Science Corporation.

Masonry Advisory Council. 2002. *Cavity Walls: Design Guide for Taller Cavity Walls*. Park Ridge: MAC.

Munch-Andersen, Jørgen. 2007. *Improving Thermal Insulation of Concrete Sandwich Panel Buildings*. Vienna: LCUBE Conference.

NAHB Research Center. 1994. *Frost-Protected Shallow Foundations, Phase II–Final Report*. Washington, DC: U.S. Department of Housing and Urban Development.

NAHB Research Center. 2000. *Advanced Wall Framing*. Washington, DC: U.S. Department of Energy.

National Renewable Energy Lab. 2002. *Energy Design Guidelines for High Performance Schools: Temperate and Humid Climates*. Washington, DC: U.S. Department of Energy's Office of Building Technology, State and Community Programs.

National Electrical Contractors Association. 2006. *Guide to Commissioning Lighting Controls*. Bethesda: NECA.

Newman, Jim et al. 2010. *The Cost of LEED: A Report on Cost Expectations to Meet LEED 2009 for New Construction and Major Renovations* (NC v2009). Brattleboro: BuildingGreen.

Newsham, Guy, Chantal Arsenault, Jennifer Veitch, Anna Maria Tosco, Cara Duval. 2005. *Task Lighting Effects on Office Worker Satisfaction and Performance, and Energy Efficiency*. Ottawa: Institute for Research in Construction, National Research Council Canada.

O'Connor, Jennifer, Eleanor Lee, Francis Rubinstein, and Stephen Selkowitz. 1997. *Tips for Daylighting with Windows*. Berkeley: Ernest Orlando Lawrence Berkeley National Laboratory.

Pless, Shanti, and Paul Torcellini. 2010. *Net-Zero Energy Buildings: A Classification System Based on Renewable Energy Supply Options*. Golden: National Renewable Energy Laboratory.

Rainwater Harvesting Group. 2013. Dallas: Texas A&M AgriLife Extension Service. http://rainwaterharvesting.tamu.edu/. Accessed October 13, 2013.

RESNET. 2006. *Mortgage Industry National Home Energy Rating Systems Standards*. Oceanside: Residential Energy Services Network, Inc.

Sachs, Harvey M. 2005. *Opportunities for Elevator Energy Efficiency Improvements*. Washington, DC: American Council for an Energy-Efficient Economy.

Selkowitz, S., R. Johnson, R. Sullivan, and S. Choi. 1983. *The Impact of Fenestration on Energy Use and Peak Loads in Daylighted Commercial Buildings*. Glorieta: National Passive Solar Conference.

Slone, Herbert. 2011. *Wall Systems for Steel Stud / Masonry Veneer*. Toledo: Owens Corning Foam Insulation LLC.

Smith, David Lee. 2011. *Environmental Issues for Architecture*. Hoboken: John Wiley & Sons.

Straube, John. 2008. *Air Flow Control in Buildings*: Building Science Digest 014. Boston: Building Science Press.

Tyler, Hoyt, Schiavon Stefano, Piccioli Alberto, Moon Dustin, and Steinfeld Kyle. 2013. *CBE Thermal Comfort Tool*. Berkeley: Center for the Built Environment, University of California Berkeley. http://cbe.berkeley.edu/comforttool/. Accessed October 12, 2013.

Ueno, Kohta. 2013. *Building Energy Performance Metrics*. http://www.buildingscience.com/documents/digests/bsd152-building-energy-performance-metrics. Accessed October 13, 2013.

Urban, Bryan, and Kurt Roth. 2010. *Guidelines for Selecting Cool Roofs*. Prepared by the Fraunhofer Center for Sustainable Energy Systems for the U.S. Department of Energy Building Technologies Program and Oak Ridge National Laboratory under contract DE-AC05-00OR22725.

U.S. Department of Energy, the Federal Energy Management Program, Lawrence Berkeley National Laboratory (LBNL), and the California Lighting Technology Center (CLTC) at the University of California, Davis. 2010. *Exterior Lighting Guide for Federal Agencies*. Washington, DC: Federal Energy Management Program.

United States Green Building Council. 2012. *LEED 2009 for New Construction and Major Renovations Rating System*. Washington, DC: USGBC.

U.S. Environmental Protection Agency. 2011. *ENERGY STAR Performance Ratings: Methodology for Incorporating Source Energy Use*. Washington, DC: EPA.

Wang, Fan, Theadore Hunt, Ya Liu, Wei Li, Simon Bell. 2003. *Reducing Space Heating in Office Buildings Through Shelter Trees*. Proceedings of CIBSE/ASHRAE Conference, Building Sustainability, Value & Profit. www.cibse.org/pdfs/8cwang.pdf.

Whole Building Design Guide. 2013. http://www.wbdg.org/. Accessed October 13, 2013.

Wilson, Alex. 2013. *Naturally Rot-Resistant Woods*. National Gardening Association. http://www.garden.org/articles/articles.php?q=show&id=977&page=1. Accessed October 13, 2013.

Wray, Paul, Laura Sternweis, and Jane Lenahan. 1997. *Farmstead Windbreaks: Planning*. Ames: Iowa State University – University Extension.

Zuluaga, Marc, Sean Maxwell, Jason Block, and Liz Eisenberg, Steven Winter Associates. 2010. *There are Holes in Our Walls*. New York: Urban Green Council.

7group and Bill Reed. 2009. *The Integrative Design Guide to Green Buildings*. Hoboken: John Wiley & Sons.

圖解綠建築(Green Building Illustrated)--世界名師經典

作　　者：Francis D. K. Ching and Ian M. Shapiro
譯　　者：江　軍
企劃編輯：王建賀
文字編輯：王雅雯
設計裝幀：張寶莉
發 行 人：廖文良

發 行 所：碁峰資訊股份有限公司
地　　址：台北市南港區三重路 66 號 7 樓之 6
電　　話：(02)2788-2408
傳　　真：(02)8192-4433
網　　站：www.gotop.com.tw
書　　號：ACC013200
版　　次：2018 年 03 月初版
建議售價：NT$580

國家圖書館出版品預行編目資料

圖解綠建築(Green Building Illustrated)：世界名師經典 / Francis D. K. Ching and Ian M. Shapiro 原著；江軍譯. -- 初版. -- 臺北市：碁峰資訊, 2018.03
　　面；　公分
　　譯自：Green Building Illustrated
　　ISBN 978-986-476-572-0(平裝)
　　1.綠建築　2.建築節能
441.577　　　　　　　　　　　　　　　　　106014707

讀者服務
● 感謝您購買碁峰圖書，如果您對本書的內容或表達上有不清楚的地方或其他建議，請至碁峰網站：「聯絡我們」\「圖書問題」留下您所購買之書籍及問題。(請註明購買書籍之書號及書名，以及問題頁數，以便能儘快為您處理)
http://www.gotop.com.tw

● 售後服務僅限書籍本身內容，若是軟、硬體問題，請您直接與軟體廠商聯絡。

● 若於購買書籍後發現有破損、缺頁、裝訂錯誤之問題，請直接將書寄回更換，並註明您的姓名、連絡電話及地址，將有專人與您連絡補寄商品。

● 歡迎至碁峰購物網
http://shopping.gotop.com.tw
選購所需產品。